Maya
建模技术解析

姚 明◎编著

人民邮电出版社

北 京

图书在版编目（CIP）数据

Maya建模技术解析 / 姚明编著. -- 北京 ：人民邮
电出版社，2017.5
ISBN 978-7-115-42826-4

Ⅰ．①M… Ⅱ．①姚… Ⅲ．①三维动画软件 Ⅳ．
①TP391.41

中国版本图书馆CIP数据核字(2016)第166285号

内 容 提 要

本书从 Maya 建模的基础和 Maya 的软件基础开始讲起，针对性讲述了 Polygon 多边形建模，并通过 4 个完整的建模案例详细讲解了 Maya 建模的思路、方法和技巧，案例涵盖道具建模、场景建模、角色建模和生物建模 4 大建模类型，力求让读者能够快速将所学运用到实际工作中，并具备一定的应用能力。

附赠书中案例的贴图和模型文件，方便读者直接实现书中案例及进行对比学习，掌握学习内容的精髓，同步提升操作技能。

本书案例精良，可作为 Maya 模型制作者的参考书，也可作为相关培训班的指导性教材。

◆ 编　著　姚　明
　　责任编辑　杨　璐
　　责任印制　陈　犇

◆ 人民邮电出版社出版发行　　北京市丰台区成寿寺路 11 号
　　邮编　100164　电子邮件　315@ptpress.com.cn
　　网址　http://www.ptpress.com.cn
　　北京九州迅驰传媒文化有限公司印刷

◆ 开本：787×1092　1/16
　　印张：19.5　　　　　　　　　2017 年 5 月第 1 版
　　字数：513 千字　　　　　　　2024 年 7 月北京第 15 次印刷

定价：79.00 元

读者服务热线：(010)81055410　印装质量热线：(010)81055316
反盗版热线：(010)81055315
广告经营许可证：京东市监广登字 20170147 号

在CG动画及游戏制作领域中，模型制作是动画的基础，建模是制作三维动画过程中的第一个工作环节，只有制作的模型足够精良，才能在后面的工作步骤中很好地完成其他的工作。一个优秀的模型不仅要做到形体上的结构准确，还要考虑其布线的实用性和合理性。可以说建造模型是制作三维动画中的关键步骤，是三维制作模块不可缺少的一部分。

内容安排

本书主要以项目实战的方式展开案例教学，首先讲解Maya软件的基础知识，包括Maya建模的种类、Maya软件的基础操作、缩放对象、创建多边形几何体、Mesh网格菜单、Edit Mesh编辑网格菜单及制作椅子模型的实例，然后通过道具模型——坦克车模型制作、场景模型——古代建筑模型制作、角色模型——卡通人物模型制作和生物模型——蜥蜴模型制作4个完整案例详解三维建模的各种知识和应用技巧。

内容特点

● 独特的学习模式

"项目描述+项目分析+制作流程+本章总结+课后练习"5个环节可以使读者在学习中通过案例制作过程来了解知识点，再通过知识点的详细讲解增进对知识点的深入掌握，以这种方式来熟练操作三维建模部分的实用方法，循序渐进，方便读者在日后的工作、学习中灵活运用。

● 独具实战性和参考性的案例

本书案例具有很强的实战性和参考性，内容丰富，讲解细致。针对性的、高质量的案例，可以帮助读者深入理解Maya软件的建模功能，并掌握相关技巧，快速进入制作流程。

附赠下载资源

提供书中案例的建模文件，相关内容已作为学习资料提供下载，扫描右侧二维码即可获得文件下载方式。便于读者直接实现书中案例及进行对比学习，掌握学习内容的精髓，边学边做，同步提升操作技能。

如果大家在阅读或使用过程中遇到任何与本书相关的技术问题或者需要什么帮助，请发邮件至szys@ptpress.com.cn，我们会尽力为大家解答。

本书读者对象

本书涵盖内容详尽，是用户学习Maya建模的首选参考书。无论是作为课堂教学参考或读者自学的教材，还是对于具有一定工作经验的专业人士继续提高，均有很大帮助，可作为Maya模型制作者的参考书，也可作为相关培训班的指导性教材。

编写过程中难免有不足和疏漏之处，希望广大读者朋友批评、指正。

编者

目录

Contents

第3章　场景模型——古代建筑模型制作

第4章　角色模型——卡通人物模型制作

第 5 章　生物模型——蜥蜴模型制作

第1章 | Maya建模基础

1.1　项目描述

1.1.1　项目介绍

本项目主要学习Maya中有关Polygon（多边形）建模的命令，以及运用Polygon建模的方法。Polygon建模是目前发展最为完善的建模方法之一，这种建模的方法在三维动画及三维游戏中被广泛运用。通过本项目的学习，读者将会对Polygon建模的基础命令及运用方法有所了解与初步掌握。

1.1.2　任务分配

本章节中，将分成6个任务来学习和了解Maya建模的基础知识。

任　务	制作流程概要
任务一	Maya建模的种类
任务二	Maya软件的基础操作
任务三	创建多边形几何体
任务四	Mesh网格菜单
任务五	Edit Mesh编辑网格菜单
任务六	制作椅子模型

1.2　项目分析

1. Maya建模的种类：主要介绍Maya建模的不同种类方法及概念，使读者对建模的学习有初步的认识与了解。

2. Maya软件的基础操作：主要介绍Maya软件的基础操作，其中包含文件的基础操作及变换工具的运用方法。学好这些基础操作可以为以后学习复杂模型的建模打下了良好的基础。

3. 创建多边形几何体：学习多边形几何体的创建方法及参数的基本含义与功能。

4. Mesh网格菜单：讲解Mesh网格菜单中的命令的使用方法，为以后建模制作中Mesh菜单命令的运用打好基础。

5. Edit Mesh编辑网格菜单：讲解Edit Mesh编辑网格菜单中的命令的基本功能及其运用方法。

6. 制作椅子模型：通过椅子模型的制作流程讲解Edit Mesh及Mesh菜单下的命令在实际模型制作中的应用方法。

1.3 制作流程

1.3.1 任务一：Maya建模的种类

1. NURBS建模

NURBS建模也称为曲线建模，是常用的建模方法之一，它能产生平的、连续的曲面，是专门做曲面物体的一种造型方法。它是由曲线和曲面来定义的，可以用它做出各种复杂的曲面造型和表现特殊的效果，这种建模方法适用于工业造型及生物模型的创建，如流线型的跑车，以及人的皮肤和面貌等，如图1-1和图1-2所示。

图1-1

图1-2

2. Polygon（多边形）建模

Polygon（多边形）建模是目前的制作方法中最常见的建模方式。Polygon（多边形）建模的发展最为完善，应用也最为广泛。该建模方法的特点是在创建复杂模型时，细节部分可以任意加线，再通过编辑点、线的位置来完成相应的结构与实现细致效果。目前主流三维制作软件中都包含多边形建模功能。Polygon（多边形）建模制作应用十分广泛，涉及三维游戏、大型场景和特效动画（包括电影）等制作领域，如图1-3和图1-4所示。

图1-3

图1-4

1.3.2 任务二：Maya软件的基础操作

1. 新建工程项目

`STEP 01` 在开始工作之前，先设置工程目录的名称和存放位置，这样能够合理地存放所制作的模型的相关文件。

STEP 02 鼠标单击File>Project Window（项目窗口）命令，弹出Project Window（项目工程）窗口，如图1-5所示。

STEP 03 Project Window（项目工程）上方的Current Project（当前项目）和Location（位置）可以用来定义新建工程的名称及位置，如图1-6所示。

STEP 04 鼠标单击Accept（接受），新的工程文件夹就被建立了，以后的工程文件也是默认在此文件夹中被打开，方便今后查找与操作，如图1-7所示。

图1-5

图1-6

图1-7

2. 新建场景

STEP 01 New Scene（新建场景）命令用来创建一个新的场景文件。鼠标单击File>New Scene（文件>新建场景），快捷键为【Ctrl+N】，如图1-8所示。

STEP 02 如果有需要设置的场景参数，可以用鼠标单击New Scene命令后面的█按钮，弹出New Scene Options窗口，该窗口可以对新建场景参数进行设置。通常会对Time（时间）及Default Time Slider Settings（默认时间滑块）进行设置。设置完成后单击New按钮创建新的场景，单击Apply（接受）按钮保存新建场景，如图1-9所示。

图1-8

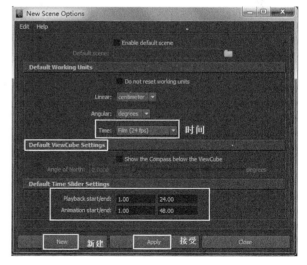

图1-9

3. 保存场景

STEP 01 鼠标单击File>Save Scene（文件>保存场景）命令保存场景文件，快捷键为【Ctrl+S】，如图1-10所示。

STEP 02 打开保存文件窗口，从窗口中可以看到Look in（文件路径）和File name（文件名称）。在Look in文本框中可以设定项目保存的路径。在File name文本框中可以输入文件名称，制作者可以根据自己的习惯来为项目命名。然后单击Save As（另存为）按钮保存文件，如图1-11所示。

图1-10

图1-11

4. 导入/导出文件

STEP 01 导入文件就是将一个场景文件载入到当前正在执行的场景文件中。鼠标单击File>Import（文件>导入）命令，选择需要导入的文件，单击Import（导入）按钮导入，如图1-12和图1-13所示。

图1-12

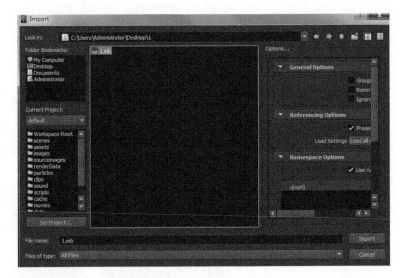

图1-13

STEP 02 与导入文件相对应的操作就是导出文件。鼠标单击File>Export All（文件>导出全部）命令。在File name（文件命名）中输入导出文件名称，命名完成后鼠标单击Export All（导出全部）导出项目文件，如图1-14和图1-15所示。

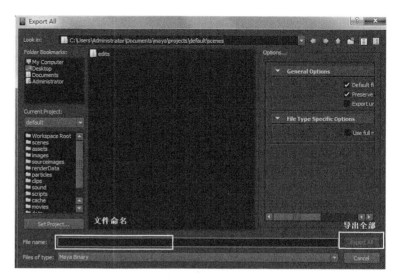

图1-15

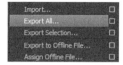

图1-14

5. 移动对象

STEP 01 单击移动工具图标（快捷键为【W】），再单击场景要移动的对象，如图1-16和图1-17所示。

图1-16

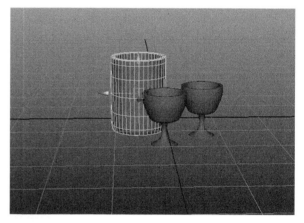

图1-17

STEP 02 单击要移动的对象后，会显示红、绿和蓝3个不同颜色的手柄操作器，分别对应的是x轴移动手柄操作器、y轴移动手柄操作器和z轴移动手柄操作器，如图1-18所示。

STEP 03 单击其中一个颜色的手柄，手柄就会被激活，显示成黄色。拖动鼠标，物体对象就沿着当前激活手柄的轴向移动，如图1-19到图1-21所示。

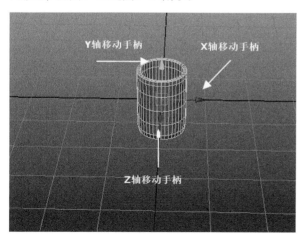

图1-18

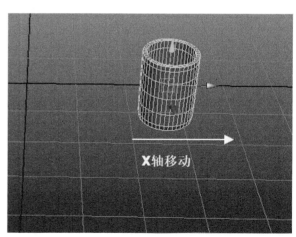

图1-19

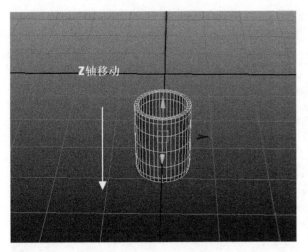

图1-20

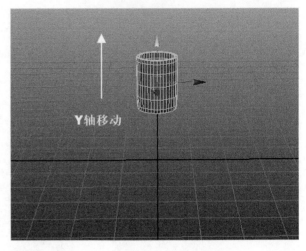

图1-21

6. 旋转对象

STEP 01 单击旋转工具图标（快捷键为【E】），再单击场景要旋转的对象，如图1-22和图1-23所示。

STEP 02 单击要旋转的对象后，会显示4个不同颜色的手柄操作器，其中红、绿和蓝3种颜色的手柄操作器分别对应的是x轴旋转手柄操作器、y轴旋转手柄操作器和z轴旋转手柄操作器，如图1-24所示。

STEP 03 单击其中一个轴向的手柄，手柄就会被激活，显示成黄色，此时可以拖动鼠标沿着当前激活手柄的轴向旋转对象，如图1-25到图1-27所示。

图1-22

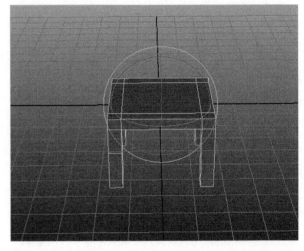

图1-23

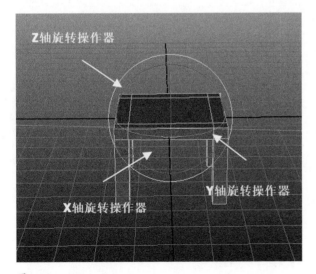

图1-24

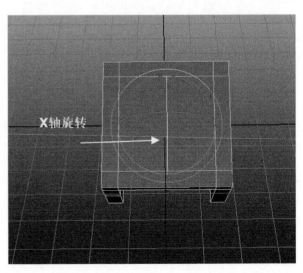

图1-25

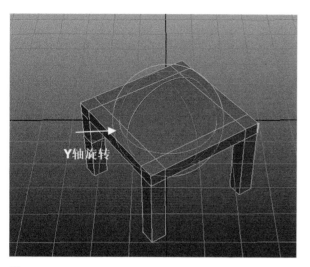

图1-26

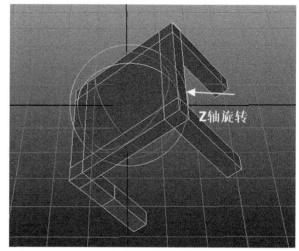

图1-27

7. 缩放对象

STEP 01 单击缩放工具图标（快捷键为【R】），再单击场景要缩放的对象，如图1-28和图1-29所示。

STEP 02 单击要缩放的对象后，会显示4个不同颜色的手柄操作器，其中红、绿和蓝3种颜色的手柄操作器分别相对应的是x缩放手柄操作器、y轴缩放手柄操作器和z轴缩放手柄操作器。黄色手柄操作器为3个方向进行等比例缩放手柄操作器，如图1-30所示。

图1-28

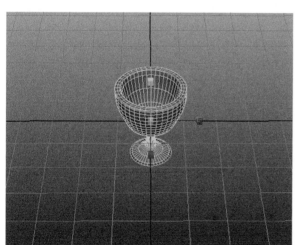

图1-29

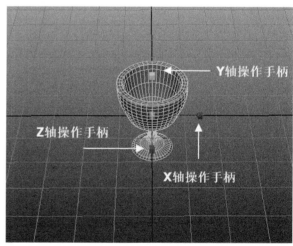

图1-30

STEP 03 单击其中一个轴向的手柄，手柄就会被激活，显示成黄色，此时可以拖动鼠标沿着当前激活手柄的轴向缩放对象，如图1-31到图1-33所示。

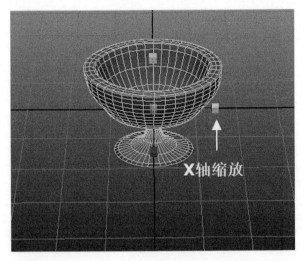

图1-31

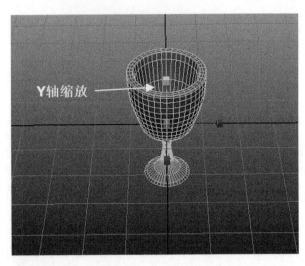

图1-32

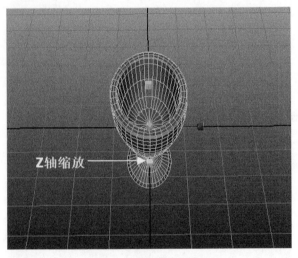

图1-33

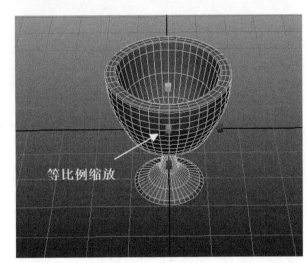

图1-34

1.3.3 任务三：创建多边形几何体

1. 创建多边形基本几何体

鼠标单击Create>Polygon Primitives（创建>创建多边形基本几何体）命令来创建多边形几何体，也可以单击工具栏上的多边形快捷图标来创建多边形几何体，如图1-35和图1-36所示。

图1-35

图1-36

2. 创建Sphere（球体）

STEP 01 鼠标单击Create>Polygon Primitives>Sphere创建多边形球体，也可以单击快捷图标进行创建，如图1-37到图1-39所示。

图1-37

图1-38

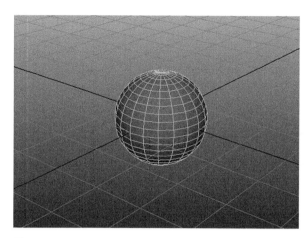

图1-39

STEP 02 单击右侧通道栏中INPUTS下面的Poly Sphere1，更改创建多边形球体的参数属性，如图1-40所示。

STEP 03 其中Radius为多边形球体的半径，参数值决定多边形球体的大小，Maya默认参数值为1；Subdivisions Axis为多边形球体的轴向细分值，Maya默认的参数值为20；Subdivisions Height为多边形球体高度细分值，Maya的默认参数值为20。更改参数值后的效果如图1-41到1-43所示。

图1-40

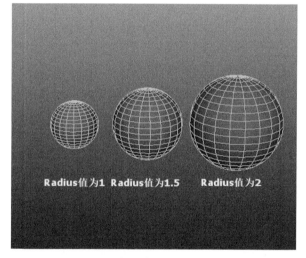

图1-41

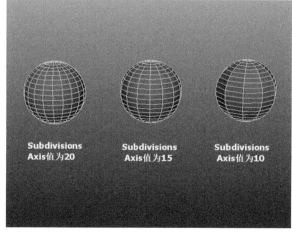

图1-42

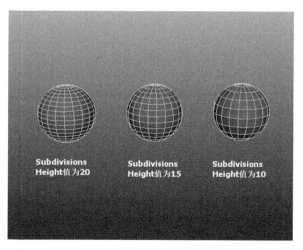

图1-43

3. 创建Cube（立方体）

STEP 01 鼠标单击Create>Polygon Primitives>Cube创建多边形立方体，也可以单击快捷图标进行创建，如图1-44到图1-46所示。

图1-44

图1-45

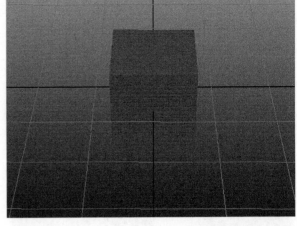

图1-46

STEP 02 单击右侧通道栏中INPUTS下面的polyCube1，更改创建多边形立方体的参数属性，如图1-47所示。

STEP 03 其中Width、Height和Depth分别为立方体的宽度、高度及深度，Maya默认参数值均为1；Subdivisions Width、Subdivisions Height和Subdivisions Depth为立方体的宽度细分值、高度细分值及深度细分值，Maya默认参数值均为1。更改参数值后的效果如图1-48和图1-49所示。

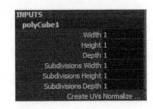

图1-47

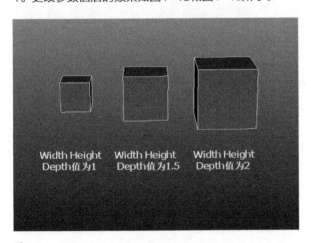

图1-48

图1-49

4. 创建Cylinder（圆柱体）

STEP 01 鼠标单击Create>Polygon Primitives>Cylinder创建多边形圆柱体，也可以单击快捷图标进行创建，如图1-50到图1-52所示。

图1-50

图1-51

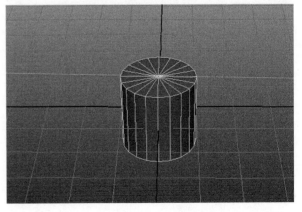

图1-52

STEP 02 单击右侧通道栏中INPUTS下面的PolyCylinder1，更改创建多边形圆柱体的参数属性，如图1-53所示。

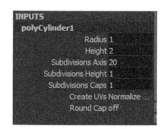

图1-53

STEP 03 其中Radius为多边形圆柱体的半径，Maya默认参数值为1；Height为多边形圆柱体的高度，Maya默认参数值为2；Subdivisions Axis为多边形圆柱体轴向细分，Maya默认参数值为20；Subdivisions Height为多边形圆柱体高度细分，Maya默认参数值为1；Subdivisions Caps为多边形圆柱体盖的细分，Maya默认参数值为1。更改参数值后的效果如图1-54到图1-57所示。

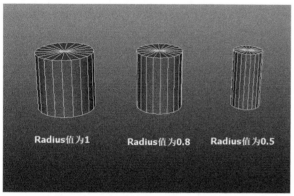

图1-54

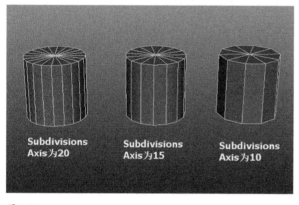

图1-56

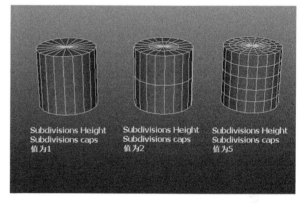

图1-55

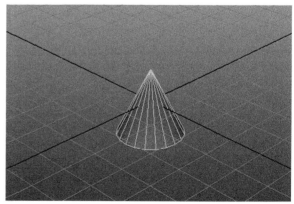

图1-57

5. 创建Cone（圆锥体）

STEP 01 鼠标单击Create>Polygon Primitives>Cone创建多边形圆锥体，也可以单击快捷图标进行创建，如图1-58到图1-60所示。

图1-58

图1-59

图1-60

STEP 02 单击右侧通道栏中INPUTS下面的polyCone1，更改创建多边圆锥体的参数属性，如图1-61所示。

STEP 03 其中Radius为多边形圆锥体的半径，Maya默认参数值为1；Height为多边形圆锥的高度，Maya默认参数值为2；Subdivisions Axis为多边形圆锥体轴向细分，Maya默认参数值为20；Subdivisions Height为多边形圆锥体高度细分，Maya默认参数值为1；Subdivisions Cap为多边形圆锥体盖的细分，Maya默认参数值为0。更改参数值后的效果如图1-62到图1-66所示。

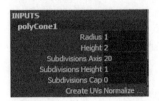

图1-61

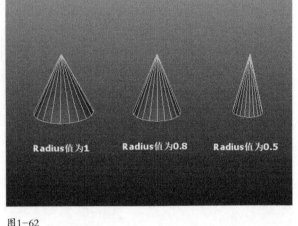

图1-62

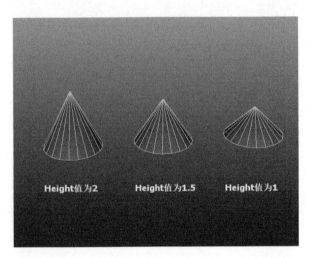

图1-63

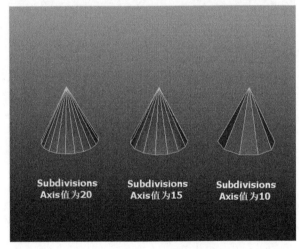

图1-64

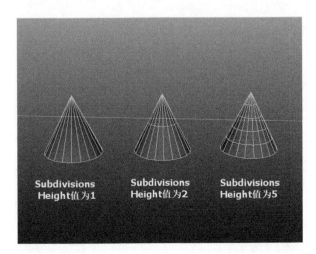

图1-65

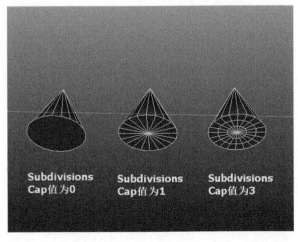

图1-66

6. 创建Plane（平面）

STEP 01 鼠标单击Create>Polygon Primitives>Plane创建多边形平面，也可以单击快捷图标进行创建，如图1-67到图1-69所示。

图1-67

图1-68

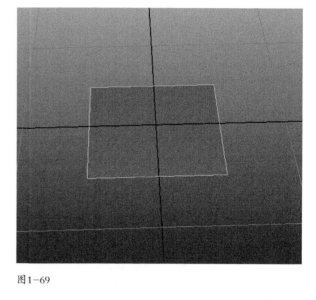

图1-69

STEP 02 单击右侧通道栏中INPUTS下面的polyPlane1，打开创建多边形平面的参数属性栏，如图1-70所示。

STEP 03 其中Width和Height分别为平面的宽度和高度，Maya默认参数值均为1；Subdivisions Width和Subdivisions Height为平面的宽度细分和高度细分，Maya默认参数值均为1。更改参数值后的效果如图1-71和图1-72所示。

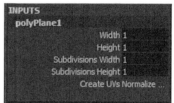

图1-70

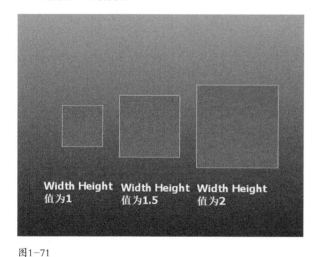

图1-71

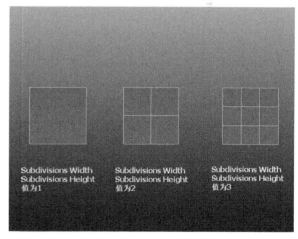

图1-72

7. 创建Torus（圆环）

STEP 01 鼠标单击Create>Polygon Primitives>Torus创建多边形圆环，也可以单击快捷图标进行创建，如图1-73到图1-75所示。

图1-73

图1-74

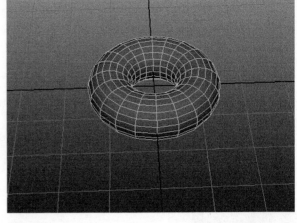

图1-75

STEP 02 单击右侧通道栏中INPUTS下面的polyTorus1,打开创建多边形圆环的参数属性栏,如图1-76所示。

STEP 03 其中Radius为多边形圆环的半径,Maya默认参数值为1;Section Radius为多边形圆环截面半径,Maya默认参数属性为0.5;Twist为多边形圆环扭曲,在多边形圆环高度细分值为默认的时候,扭曲产生的效果不会影响圆环的变形。当圆环高度细分值减少时,调整扭曲数值,会出现模型整体扭曲,扭曲默认参数值为0;Subdivisions Axis为多边形圆环轴向细分,Maya默认参数值为20;Subdivisions Height为多边形圆环高度细分,Maya默认参数值为20。更改参数值后的效果如图1-77到图1-80所示。

图1-76

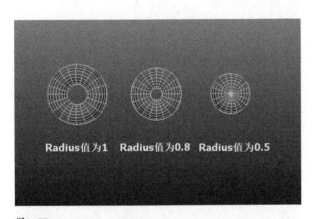

图1-77

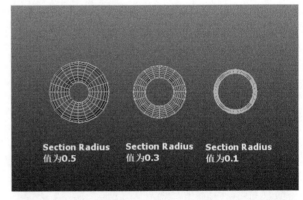

图1-78

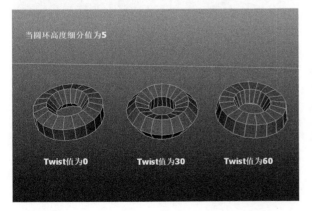

图1-79

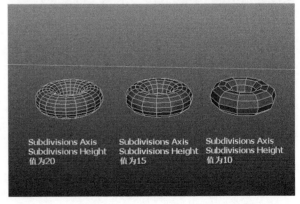

图1-80

8. 创建Prism（棱柱体）

STEP 01 鼠标单击Create>Polygon Primitives>Prism创建多边形棱柱体，如图1-81和1-82所示。

图1-81

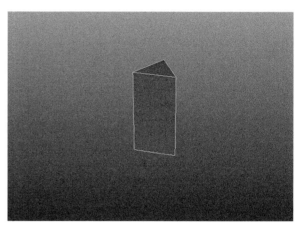

图1-82

STEP 02 单击右侧通道栏中INPUTS下面的polyPrism1，打开创建多边形棱柱体的参数属性栏，如图1-83所示。

STEP 03 其中Length为多边形棱柱体的长度，Maya默认参数值为2；Side Length为多边形棱柱体边长，Maya默认参数属性为1；Number Of Sides为多边形棱柱体底边边数，Maya默认参数值为3；Subdivisions Height为多边形棱柱体高度细分，Maya默认参数值为1；Subdivisions Caps为多边形棱柱体盖的细分，Maya默认参数值为0。更改参数值后的效果如图1-84到图1-88所示。

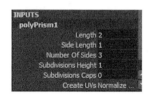

图1-83

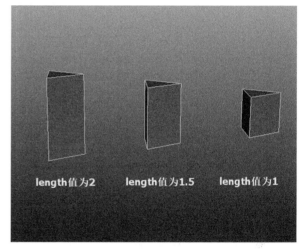

图1-84

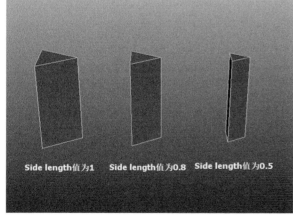

图1-85

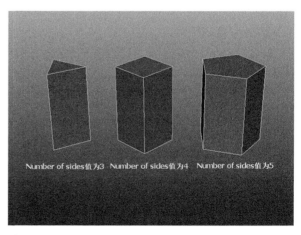

图1-86

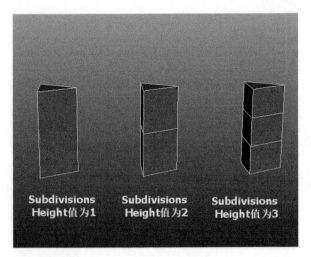

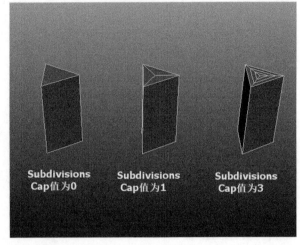

图1-87   图1-88

9. 创建Pyramid（棱锥体）

STEP 01 鼠标单击Create>Polygon Primitives>Pyramid创建多边形棱锥体，也可以单击快捷图标进行创建，如图1-89到图1-91所示。

图1-89

图1-90

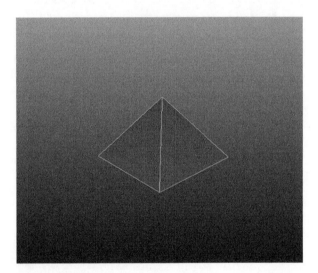

图1-91

STEP 02 单击右侧通道栏中INPUTS下面的poly Pyramid1，打开创建多边形棱锥体的参数属性栏，如图1-92所示。

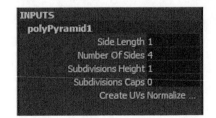

图1-92

STEP 03 Side Length为多边形棱锥体边长，Maya默认参数属性为1；Number Of Sides为多边形棱锥体底边边数，Maya默认参数值为4；Subdivisions Height为多边形棱锥体高度细分，Maya默认参数值为1；Subdivisions Caps为多边形棱锥体盖的细分，Maya默认参数值为0。更改参数值后的效果如图1-93到图1-96所示。

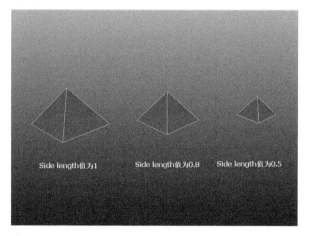

图1-93

图1-94

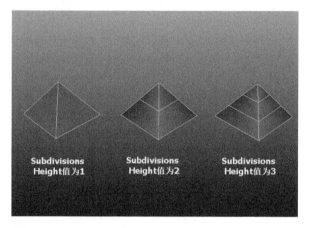

图1-95

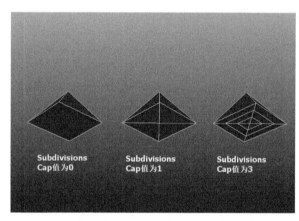

图1-96

10. 创建Pipe（管状体）

STEP 01 鼠标单击Create>Polygon Primitives>Pipe创建多边形管状体，也可以单击快捷图标进行创建，如图1-97到图1-99所示。

图1-97

图1-98

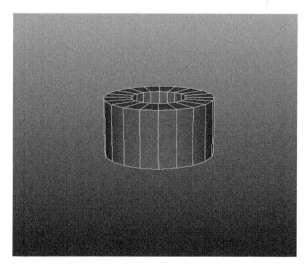

图1-99

STEP 02 单击右侧通道栏中INPUTS下面的polyPipe1，打开创建多边形管状体的参数属性栏，如图1-100所示。

STEP 03 Radius为多边形管状体半径，Maya默认参数属性为1；Height为多边形管状体高度，Maya默认参数值为2；Thickness为多边形管状体的厚度，Maya默认值为0.5；Subdivisions Axis为多边形管状体轴向细分，Maya默认值为20；Subdivisions Height为多边形管状体高度细分，Maya默认参数值为1；Subdivisions Caps为多边形管状体盖的细分，Maya默认参数值为1。更改参数值后的效果如图1-101到图1-105所示。

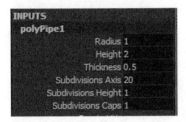

图1-100

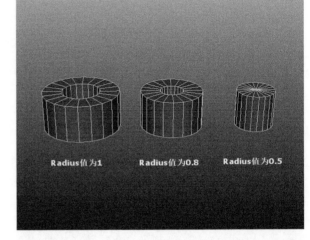

图1-101

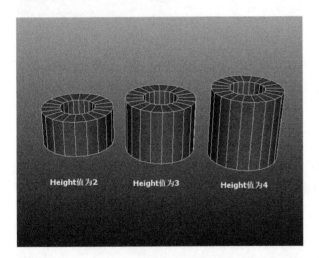

图1-102

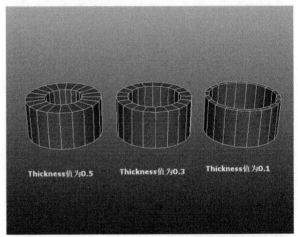

图1-103

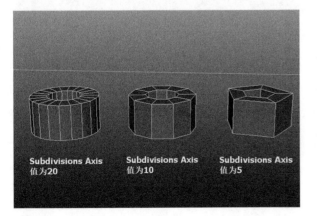

图1-104

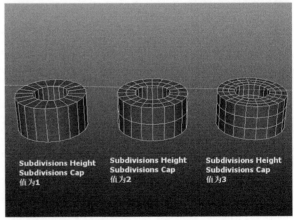

图1-105

11. 创建Helix（螺旋体）

STEP 01 鼠标单击Create>Polygon Primitives>Helix创建多边形管状体，如图1-106和图1-107所示。

STEP 02 单击右侧通道栏中INPUTS下面的polyHelix1，打开创建多边形螺旋体的参数属性栏，如图1-108所示。

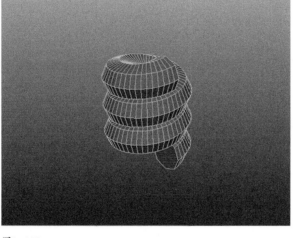

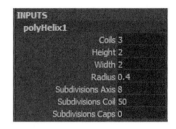

图1-106　　　　　　　　图1-107　　　　　　　　　　　　　　　　　　　　　图1-108

STEP 03 其中Coils为多边形螺旋体的螺旋数，Maya默认参数值为3；Height为多边形螺旋体的高度，Maya默认参数值为2；Width为多边形螺旋体的宽度，Maya默认值为2；Radius为多边形螺旋体的半径，Maya默认参数值为0.4；Subdivisions Axis为多边形螺旋体的轴向细分，Maya默认值为8；Subdivisions Coil为多边形螺旋体的螺旋细分，Maya默认参数值为50；Subdivisions Caps为多边形螺旋体盖的细分，Maya默认参数值为0。更改参数值后的效果如图1-109到图1-113所示。

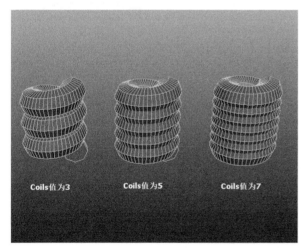

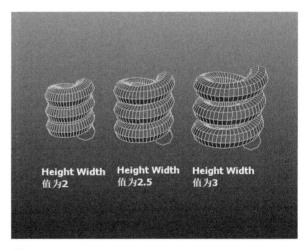

图1-109　　　　　　　　　　　　　　　　图1-110

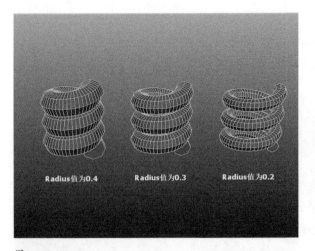

图1-111

图1-112

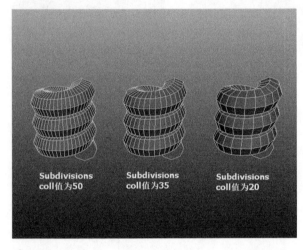

图1-113

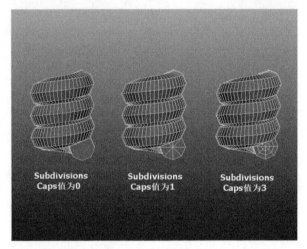

图1-114

12. 创建Soccer Ball（足球体）

STEP 01 鼠标单击Create>Polygon Primitives>Soccer Ball创建多边形足球体，如图1-115和图1-116所示。

STEP 02 单击右侧通道栏中INPUTS下面的polyPrimitiveMisc1，打开创建多边形足球体的参数属性栏，如图1-117所示。

图1-115

图1-116

图1-117

STEP 03 其中Radius为多边形足球体的半径，Maya默认参数值为1；Side Length为多边形足球体的边长，Maya默认参数值为0.404。更改参数值后的效果如图1-118和图1-119所示。

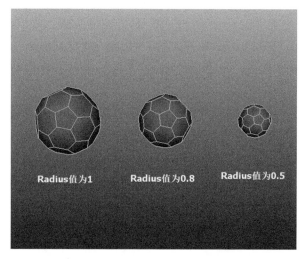

图1-118

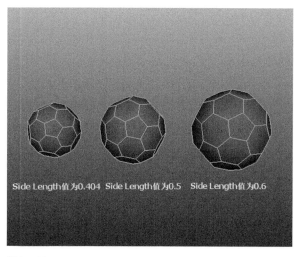

图1-119

13. 创建Platonic Solids（柏拉图多面体）

STEP 01 鼠标单击Create>Polygon Primitives>Platonic Solids创建多边形柏拉图多面体，如图1-120和图1-121所示。

STEP 02 单击右侧通道栏中INPUTS下面的polyPlatonicSolid1，打开创建的柏拉图多面体的参数属性栏，如图1-122所示。

图1-120

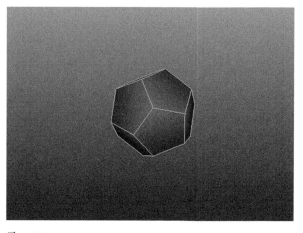

图1-121

图1-122

STEP 03 其中Radius为多边形柏拉图多面体的半径，Maya默认参数值为1；Side Length为柏拉图多面体的边长，Maya默认参数值为0.714。更改参数值后的效果如图1-123和图1-124所示。

图1-123

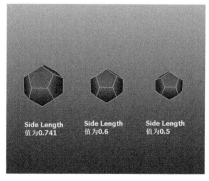

图1-124

1.3.4　任务四：Mesh网格菜单

1. Combine（合并）

将选择多个多边形对象合并为一个单独的对象，合并后的多边形并没有单独的共享边，所以合并后的多边形并不是一个整体，仍然是相互独立的。想要使合并的多边形真正成为一个整体，就需要融合点或者融合边来操作。选择两个或两个以上的多边形，鼠标单击Mesh>Combine执行指令，将多边形合并，如图1-125到图1-127所示。

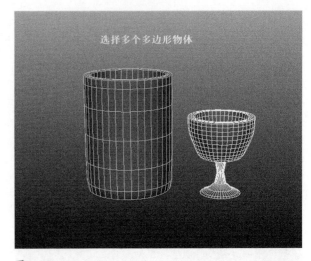

图1-125

图1-126

图1-127

2. Separate（分离）

将已经Combine（合并）过的多边形或无公共共享边的模型进行分离。选择要分离的多边形物体，鼠标单击Mesh>Separate指令，进行分离，如图1-128到图1-130所示。

图1-129

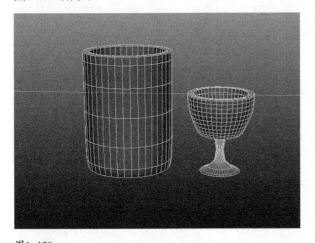

图1-128

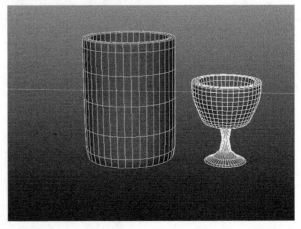

图1-130

3. Extract（提取）

Extract（提取）是将选择的面从多边形模型中分离出来。在多边形模型中选择要提取的面，鼠标单击Mesh>Extract，将选择的面进行分离，如图1-131到图1-133所示。

图1-132

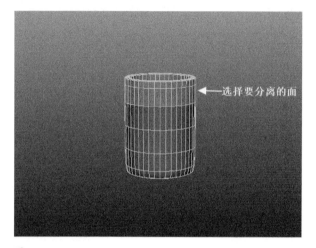

图1-131

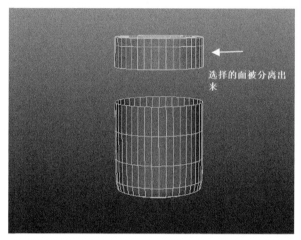

图1-133

4. Booleans（布尔运算）

布尔运算是一种用一个多边形模型来切割另一个多边形模型建模方法。Maya中共有3种类型的布尔运算，分别为Union（并集）、Difference（差集）和Intersection（交集），如图1-134所示。

· Union（并集）：该操作是将两个多边形合并，相对Combine（合并）来说，Union可以做到无缝结合。选择两个要并集的多边形模型，鼠标单击Mesh>Booleans>Union指令，如图1-135到图1-137所示。

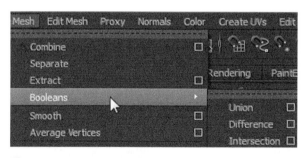

图1-134

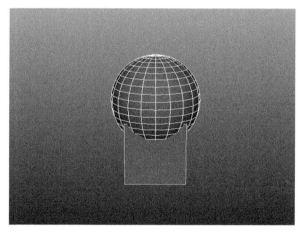

图1-135

图1-136

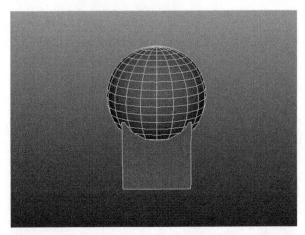

图1-137

·Difference（差集）：该操作是一个多边形模型减去与它相交的另一个多边形模型，得到一个新的多边形模型的运算方式。选择要差集的两个多边形模型，鼠标单击Mesh>Booleans>Difference指令，如图1-138到图1-140所示。

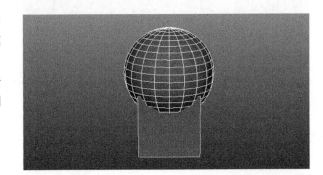

图1-138

图1-139

图1-140

·Intersection（交集）：该操作是留下两个多边形物体相交的部分，并删除其他的部分。选择要交集的两个多边形模型，鼠标单击Mesh>Booleans>Intersection指令，如图1-141到图1-143所示。

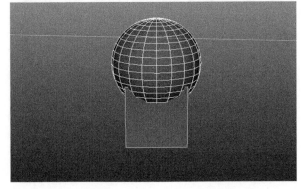

图1-141

图1-142

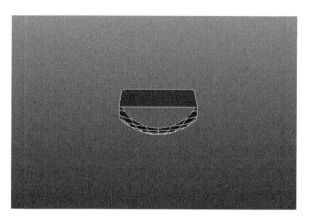

图1-143

5. Smooth（平滑）

Smooth（平滑）是将选择的多边形模型进行细分，并自动编辑点位置达到平滑表面的效果的一种命令。该命令也可以单独对面、边和点进行操作。鼠标单击Mesh>Smooth>■打开平滑选项窗口，如图1-144和图1-145所示。

图1-144

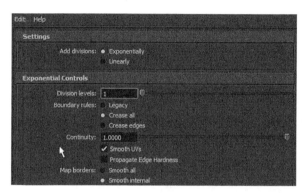

图1-145

其中Division Levels为平滑的细分级别，用于控制平滑的细分次数；Continuity为平滑度，用于控制多边形模型的平滑程度或等级。应用效果如图1-146和图1-147所示。

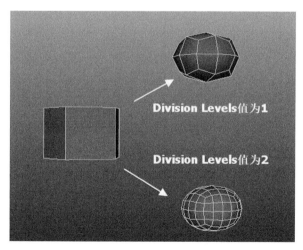

图1-146

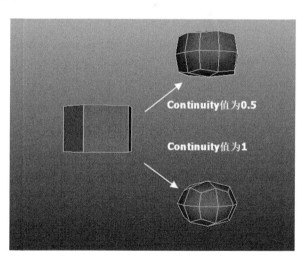

图1-147

6. Average Vertices（平均化顶点）

Average Vertices（平均化顶点）是通过编辑点位置，来平滑多边形网格的一种指令。多边形模型进行平均化顶点后，也会变光滑，但同时会缩小表面积。选择要平滑的多边形模型或者多边形模型的点、边和面，鼠标单击Mesh>Average Vertices命令进行平滑，如图1-148到图1-150所示。

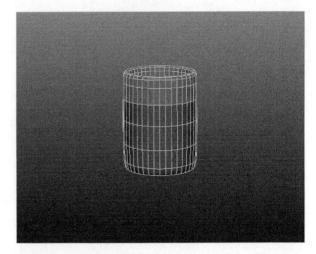

图1-148

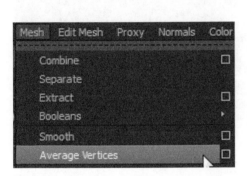

图1-149

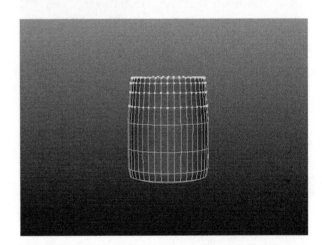

图1-150

7. Reduce（精减）

Reduce（精减）是简化多边形模型，减少所选区域多边形数量的命令。鼠标单击Mesh>Reduce>▢打开Reduce选项窗口，如图1-151和图1-152所示。

图1-151

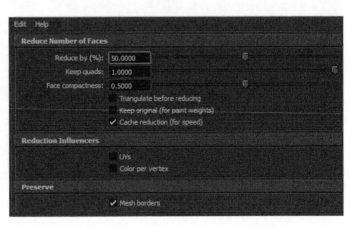

图1-152

其中Reduce by为精简的百分比，通过数值来减少多边形的数量。Keep quads是保持四边形，滑块值在0到1之间。在精简模型中，该数值越接近于1，Maya保持模型的四边面就越好；该数值越接近0，Maya保持的四边面就越差。Face compactness为精简面，数值在0到1之间。该数值越接近于1，精简出来的模型三角面就会越达到最合适的程度，如图1-153到图1-155所示。

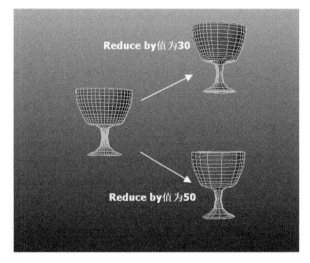

图1-153

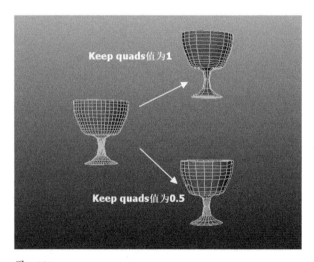

图1-154

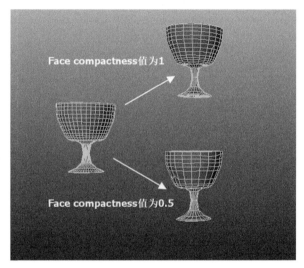

图1-155

8. Paint Reduce Weights Tool（绘制精减权重工具）

Paint Reduce Weights Tool（绘制精减权重工具）是通过笔刷绘制来控制精减区域的多少的一种命令。在执行该命令前需要在Reduce（精减）时勾选Keep original（保持原始多边形网格），该命令才能被应用。在Reduce（精减）时未勾选Keep original（保持原始多边形网格），该命令不能被应用，如图1-156所示。

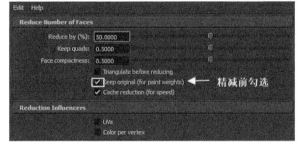

图1-156

在执行命令Reduce（精减）时勾选Keep original（保持原始多边形网格），然后选择初始模型。鼠标单击Mesh>Paint Reduce Weights Tool执行该命令，在绘制过程中注意精减模型的变化。图1-157和图1-158是模型直接精减与模型精减后运用绘制精减权重工具绘制后的效果，通过对比可以看出精减后运用绘制精减权重工具绘制模型的变化。

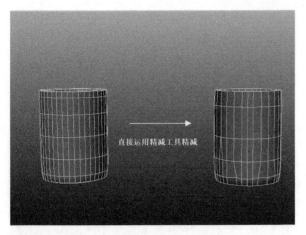

图1-157

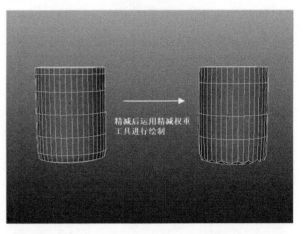

图1-158

9. Cleanup（清除）

该命令可以清除模型中不需要的边和面，节约系统资源。鼠标单击Mesh>Cleanup，打开Cleanup选项窗口，如图1-159所示。

其中Cleanup matching polygons（清除匹配多边形）可以清除被选择的多边形，该选项是默认选项；Select matching polygons（选择匹配多边形）可以选择和设置多边形，但不能执行清除操作。Apply to selected objects（应用于选择的对象）选项是默认选项，勾选时只会清理场景中的多边形模型；Apply to all polygonal objects（应用于所有多边形对象）选项可以清除场景中所有的多边形对象。

Fix by Tesselation（修复镶嵌）选项可以清理不需要或多余的4-sided faces（四边面）、Faces with more then 4 sides（多于四条边的面）、Concave faces（凹面）、Face with holes（有洞的面）和Non-planar faces（非平面的面）。

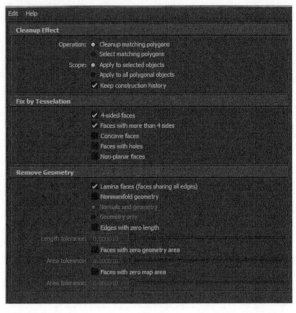

图1-159

10. Triangulate（三角化）

该指令可以将多边形分解为三角形。三角化适合于渲染计算。方法是选择要三角化的模型，鼠标单击Mesh>Triangulate执行命令，如图1-160到图1-162所示。

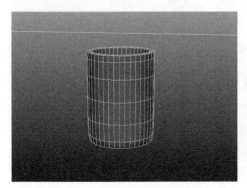

图1-160

图1-161

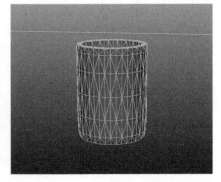

图1-162

11. Quadrangulate（四边化）

该命令可以将选择模型中的三角面转化为四边面，方法是鼠标单击Mesh>Quadrangulate>□打开四边化的选项窗口，如图1-163所示。

图1-163

其中Angle threshold为角度值，Keep face group border为保持面组边界，Keep hard edges为保留硬边，Keep texture border为保留纹理边界，World space coordinates为世界空间坐标系。选择要四边化的模型或面，鼠标单击Mesh>Quadrangulate执行命令，如图1-164到图1-166所示。

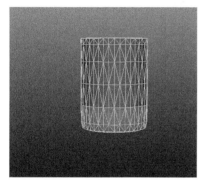
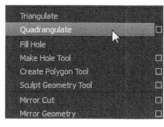
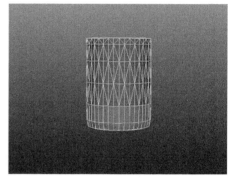

图1-164 图1-165 图1-166

12. Fill Hole（补洞）

该命令可以填补在多边形模型中缺少的面。方法是选择要补洞的多边形模型，鼠标单击Mesh>Fill Hole打开补洞选项窗口，执行命令进行补洞，如图1-167到图1-169所示。

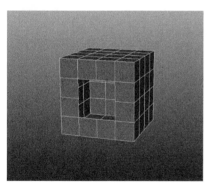

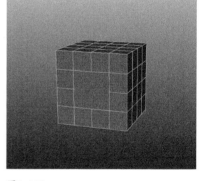

图1-167 图1-168 图1-169

13. Make Hole Tool（创建洞工具）

该命令可在多边形模型上创建指定的形状的洞。方法是鼠标单击Mesh>Make Hole Tool>□打开创建洞工具选项窗口，如图1-170和图1-171所示。

图1-170 图1-171

其中Merge mode为缝合模式，包括First（第一个）、Middle（中间）、Second（第二个）、Project First（投射第一个）、Project Middle（投射到中间）和Project Second（投射第二个）6种模式。选择要创建洞的多边形模型，鼠标单击Mesh>Make Hole Tool命令，如图1-172所示，选择要产生洞的面，再选择图章面（该面决定洞的形状），单击回车键结束，如图1-173和图1-174所示。

图1-172

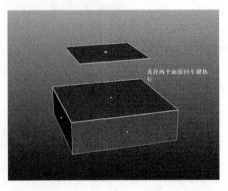
图1-173

图1-174

14. Create Polygon Tool（创建多边形工具）

该命令可以通过点来创建面。方法是鼠标单击Mesh >Create Polygon Tool>□，打开创建多边形工具选项窗口，如图1-175和图1-176所示。

图1-175

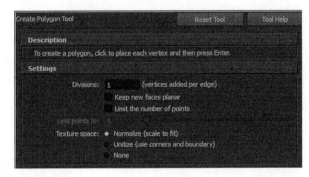
图1-176

其中Divisions为细分数，Maya默认值为1；Keep new faces planar为保持新面共面；Limit the number of points为限定点的数量；Texture space为纹理范围。鼠标单击Mesh >Create Polygon Tool，绘画指定的多边形图案，单击回车键即可建立面，如图1-177到图1-179所示。

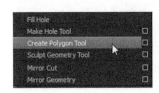
图1-177

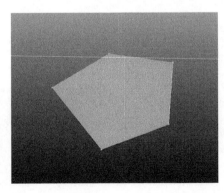
图1-178

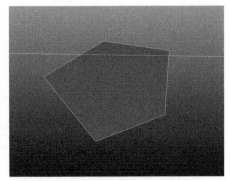
图1-179

15. Sculpt Geometry Tool（雕刻几何工具）

该指令可以通过笔刷来改变NURBS、多边形和细分曲面的形状，采取的绘制方法可以是推、拉多边形顶点。鼠标单击Mesh >Create Polygon Tool>□，打开选项窗口，如图1-180所示。

Sculpt Parameters（雕刻参数）的Operation中共有4种类型的笔刷：▨为推拉笔刷，用于多边形物体表面上进行推拉操作；▨为平滑笔刷，可用于在多边形表面进行平滑处理；▨为松弛/挤压笔刷，可在多边形表面进行松弛/挤压处理；▨为擦除笔刷，使用该笔刷可以擦除对象雕刻过的痕迹。

16. Mirror Cut（镜像剪切）

该命令通过移动操作器来指定镜像中心与镜像方向，镜像后的模型与原模型重叠的部分会自动被裁掉。鼠标单击Mesh>Mirror cut>□打开镜像剪切选项窗口，如图1-181和图1-182所示。

其中Cut along为沿着平面剪切，包括YZ plane（YZ平面）、XZ plane（XZ平面）和XY plane（XY平面）3种选项。Merge with the original为与原对象缝合，该选项为Maya默认选项。选择要镜像剪切的模型，鼠标单击Mesh>Sculpt Geometry Tool执行命令，如图1-183到图1-185所示。

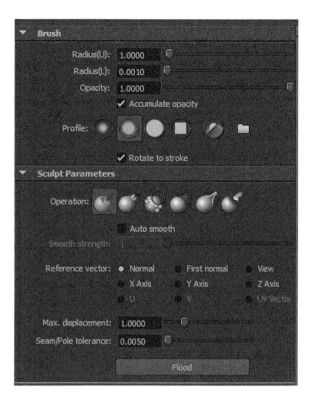

图1-180

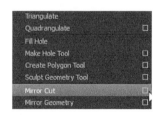

图1-181

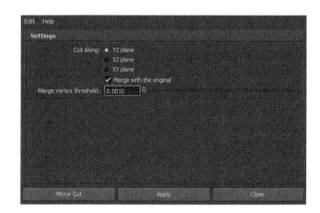

图1-182

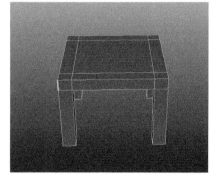

图1-183

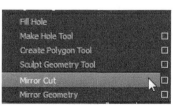

图1-184

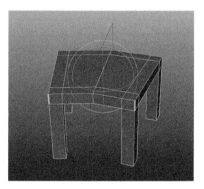

图1-185

17. Mirror Geometry（镜像几何体）

该命令可以对多边形物体进行镜像复制，通常会在创建一些对称的模型时运用到该命令。方法是选择要镜像的模型，鼠标单击Mesh>Mirror Geometry>□打开镜像几何体选项窗口，选择镜像的轴向，单击Apply执行镜像，如图1-186到图1-189所示。

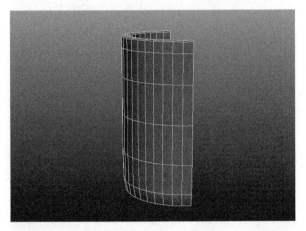

图1-186

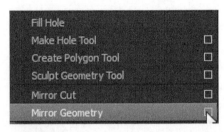

图1-187

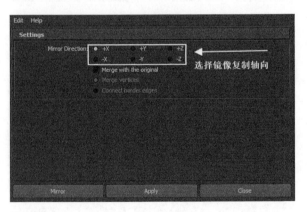

图1-188

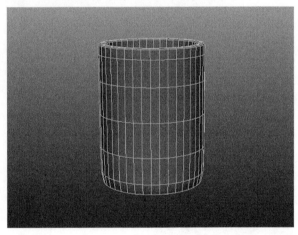

图1-189

1.3.5　任务五：Edit Mesh编辑网格菜单

1. Keep Face Together（保持面连接）

该命令决定模型在进行多个面、边、点挤压操作时，是否享用公共边。选择模型，对要挤压的面、边或点进行挤压。图1-190和图1-191是勾选该指令与取消勾选该指令挤压后的对比。

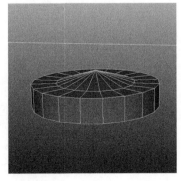

图1-190

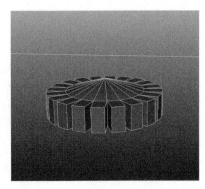

图1-191

2. Extrude（挤出）

该命令可以将所选择的点、边和面向一个方向挤出。鼠标单击Edit Mesh>Extrude>□打开挤出选项窗口，如图1-192和图1-193所示。

图1-192

图1-193

其中Divisions为每次挤压面的分段数，Smoothing angle为挤压出来的几何体边缘的软硬程度，Offset为挤压的偏移值。选择要挤压的面、边和点，鼠标单击Edit Mesh>Extrude进行挤压，如图1-194到图1-196所示。

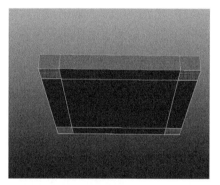

图1-194

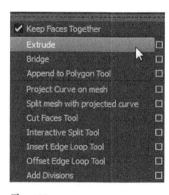

图1-195

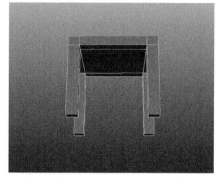

图1-196

3. Bridge（桥接）

该命令可以在两条边或面之间创建一个多边形过渡面。鼠标单击Edit Mesh>Bridge>□打开桥接选项窗口，如图1-197和图1-198所示。

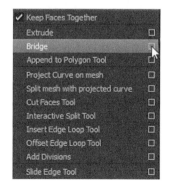

图1-197

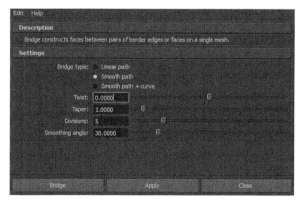

图1-198

其中Bridge type为桥接类型，主要分为Linear path（线性路径）、Smooth path（平滑路径）及Smooth path+curve（平滑路径+曲线）3种类型。Twist为桥接面的扭曲；Taper为桥接面渐变，此参数控制桥接面中部的扩张与收缩；Divisions为桥接面的分段数；Smoothing angle为桥接面的平滑角度。选择要桥接的边或面，鼠标单击Edit Mesh>Bridge指令进行桥接，如图1-199到图1-201所示。

图1-199

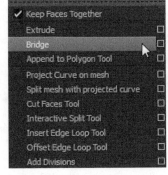
图1-200

图1-201

4. Append to Polygon Tool（添加多边形工具）

该命令可以通过单击边与边生成一个新的面。鼠标单击Edit Mesh>Append to Polygon Tool>□打开添加多边形工具选项窗口，如图1-202和图1-203所示。

其中Divisions为添加多边形工具的分段数，该数值影响追加的多边形边上的细分数目；Keep new faces planar为保持新面共面，勾选该选项可以使新建的顶点在同一水平面上；Limit the number of points为限定点的数量，当连接点等于该数值时，Maya会自动闭合多边形。鼠标单击Edit Mesh>Append to Polygon Tool（添加多边形工具），在选择要生成面的边，单击回车键结束，如图1-204到图1-207所示。

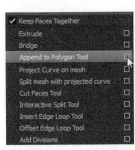
图1-202

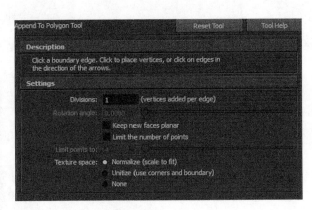
图1-203

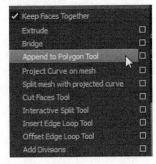
图1-204

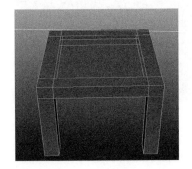
图1-205

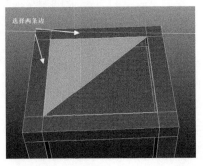
图1-206

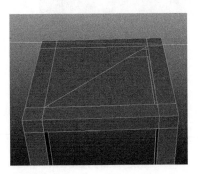
图1-207

5. Cut Face Tool（切面工具）

该命令可以随意在多边形模型上插入斜边，与这条斜边相交的面会被切割。鼠标单击Edit Mesh>Cut Face Tool>回打开切面工具选项窗口，如图1-208和图1-209所示。

其中Cut direction为切面工具的切割方式，其中包括YZ plane、ZX plane和XY plane等3种平面轴向切割，以及Interactive交互式切割。Delete cut faces为切割面删除，勾选该指令后切割模型，会根据切割线操纵器的操作来删除被切割一侧的模型；Extract cut faces为提取切面，勾选该指令可将模型从切割线处分离出来。选择要切面的模型，鼠标单击Edit Mesh>Cut Face Tool执行命令，如图1-210到图1-213所示。

图1-208

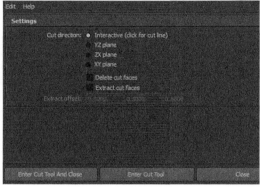
图1-209

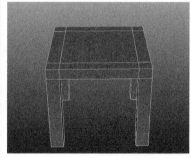
图1-210

图1-211

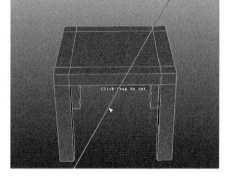
图1-212

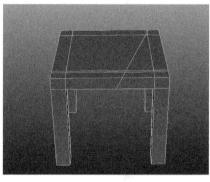
图1-213

6. Interactive Split Tool（交互式分割工具）

该命令可在多边形模型上自由地添加边、线、面。鼠标单击Edit Mesh> Interactive Split Tool>回打开交互式分割工具选项窗口，如图1-214和图1-215所示。

图1-214

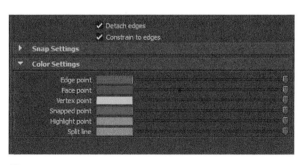
图1-215

其中Detach edges为分离边缘，勾选该选项后，分割后的面会被分离；Constrain to edges为约束到边，勾选该选项后，鼠标指针会吸附到要分割的边上。Color Settings为颜色设置，该选项可以设置分割点、分割线及分割面的颜色。选择多边形模型，鼠标单击Edit Mesh> Interactive Split Tool，在多边形模型上需要分割的边上连续单击，按回车键结束，完成分割，如图1-216到图1-218所示。

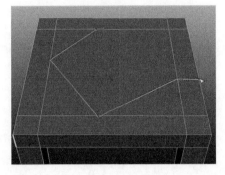

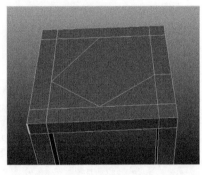

图1-216　　　　　　　　　图1-217　　　　　　　　　　　　　图1-218

7. Insert Edge Loop Tool（插入循环线工具）

该命令可以在多边形模型边插入一条环形线。鼠标单击Edit Mesh>Insert Edge Loop Tool>▣打开插入循环线选项窗口，如图1-219和图1-220所示。

其中Maintain position为保持位置，包括Relative distance from edge相对距离方式与Equal distance from edge等距离方式两种。其中Relative distance from edge为默认选项，两种方式的区别如图1-221所示。

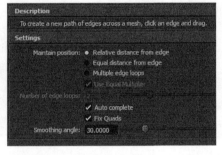

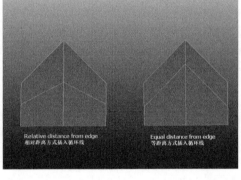

图1-219　　　　　　　　　图1-220　　　　　　　　　　　　　图1-221

鼠标单击Edit Mesh>Insert Edge Loop Tool命令，在模型的一条边上拖曳鼠标插入循环线，释放鼠标完成操作，如图1-222到图1-224所示。

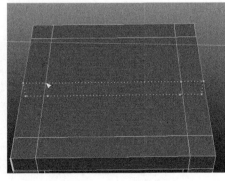

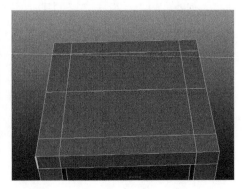

图1-222　　　　　　　　　图1-223　　　　　　　　　　　　　图1-224

8. Offset Edge Loop Tool（偏移环形边工具）

该命令可在多边形模型环形边等距离的两边位置各插入一条新的环形边。鼠标单击Edit Mesh>Offset Edge Loop Tool>□打开偏移环形边工具选项窗口，如图1-225和图1-226所示。

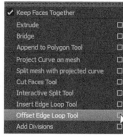

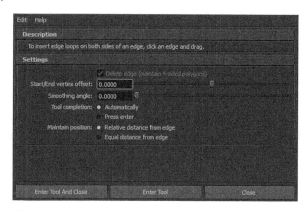

图1-225　　　　　　　　　　　　　　　　图1-226

其中Star/End vertex offset为起始/结束顶点偏移；Smoothing angle为平滑角度；Tool completion为完成工具，包括Automatically（自动）和Press enter（使用回车键）两种选项。Automatically（自动）为默认选项。当选择该选项时，执行Offset Edge Loop Tool命令在模型的一条边上拖曳鼠标，释放鼠标，新边生成；当选择Press enter（使用回车键）选项时，插入的边一直保持预览模式，通过按键盘回车键完成操作，新边生成。Maintain position为保持位置，包括Relative distance from edge相对距离与Equal distance from edge等距离两种方式。鼠标单击Edit Mesh> Offset Edge Loop Tool命令，在模型的一条边上拖曳鼠标，插入偏移环形边，释放鼠标完成操作，如图1-227到图1-229所示。

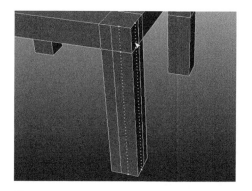

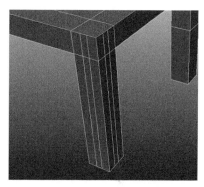

图1-227　　　　　　　　　图1-228　　　　　　　　　　　图1-229

9. Add Divisions（添加细分）

该命令可将多边形模型面细分为三边面或四边面。鼠标单击Edit Mesh>Add Divisions>□打开添加细分选项窗口，如图1-230和图1-231所示。

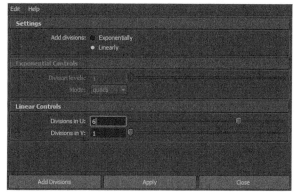

图1-230　　　　　　　　　　　　　　　　图1-231

其中Add divisions为添加分段的方式，包含Exponentially（指数）与Linearly（线性）两种方式。当勾选Exponentially（指数）时，Division Levels为分段级别。Mode为细分模式，包含quads（四边面）和Triangles（三角面）两种模式。当勾选Linearly（线性）时，Divisions in U为U方向分段数，Divisions in V为V方向分段数。选择模型要细分的面，鼠标单击Edit Mesh>Add Divisions执行命令，如图1-232到图1-234所示。

图1-232

图1-233

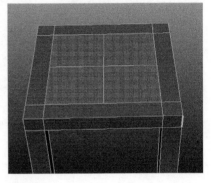
图1-234

10. Slide Edge Tool（滑边工具）

该命令可以拖动鼠标沿着多边形模型的面来移动此面的一条边。鼠标单击Edit Mesh>Slide Edge Tool>▢打开滑边工具选项窗口，如图1-235和图1-236所示。

其中Snapping Settings为吸附设置。Use Snapping为使用吸附，勾选该选项时可以使用吸附设置。Snapping Points（吸附点）选项控制吸附点的数量；Snapping Tolerance为吸附容差，该选项可以控制顶点与吸附点之间的距离。鼠标右键单击模型，在弹出的快捷选项中选择Edge进入边选择模式。鼠标单击Edit Mesh>Slide Edge Tool执行指令。鼠标中键拖动模型的一条边或者环形边，释放鼠标中键完成操作，如图1-237到图1-240所示。

图1-235

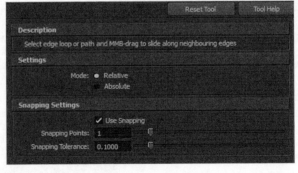
图1-236

图1-237

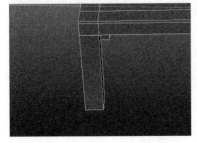

图1-238

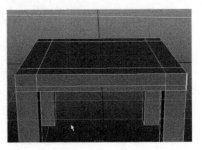
图1-239

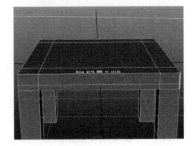
图1-240

11. Flip Triangle Edge（翻转三角面）

该命令可将模型中的三角边方向进行反转。选择要反转的三角边，鼠标单击Edit Mesh>Flip Triangle Edge指令进行反转，如图1-241到图1-243所示。

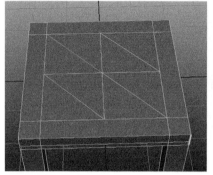

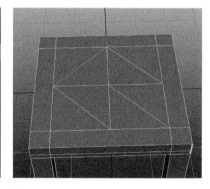

图1-241   图1-242   图1-243

12. Spin Edge Forward（向前旋转边）

该命令可将两个面的公共边向前旋转。选择要旋转的边，鼠标单击Edit Mesh> Spin Edge Forward指令，将边旋转，如图1-244到图1-246所示。

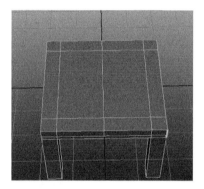

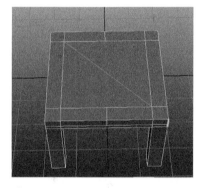

图1-244   图1-245   图1-246

13. Spin Edge Backward（向后旋转边）

该指令可将两个面的公共边向后旋转。选择要旋转的边，鼠标单击Edit Mesh> Spin Edge Backward指令，将边旋转，如图1-247到图1-249所示。

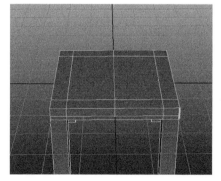

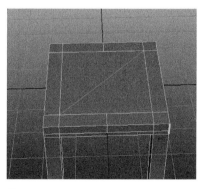

图1-247   图1-248   图1-249

14. Poke Face（凸起面）

该命令可以将面生成一个新的顶点，该顶点由手柄来控制，通过控制手柄使面得到凸起或凹陷的效果。鼠标单击Edit Mesh>Poke Face>▣打开凸起面的选项窗口，如图1-250和图1-251所示。

图1-250

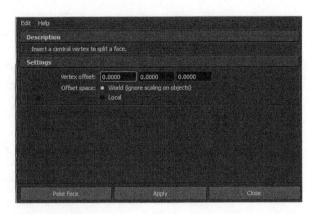

图1-251

其中Vertex offset为顶点偏移，可以通过数值来指定凸起的顶点x、y、z轴向距离的偏移。Offset space为偏移空间，包括World（世界坐标空间）及Local（局部坐标空间）。选择要凹凸的面，鼠标单击Edit Mesh>Poke Face命令，控制手柄完成操作，如图1-252到图1-254所示。

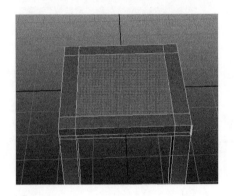

图1-252

图1-253

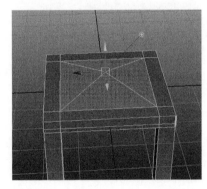

图1-254

15. Wedge Face（楔入面）

该命令可在面和面上一条边形成一个弧度几何体，弧度的大小可通过该命令属性栏进行调节。鼠标单击Edit Mesh>Wedge Face>▣打开楔入面的选项窗口，如图1-255和图1-256所示。

图1-255

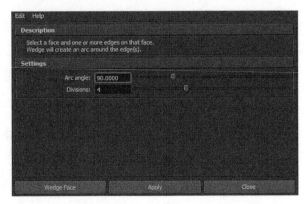

图1-256

其中Arc angle为圆弧角度。Divisions为分度数，该选项可以设定楔入面的细分段数。选择一个面，按住【Shift】键并选择面上的一条边，鼠标单击Edit Mesh>Wedge Face执行命令，如图1-257到图1-259所示。

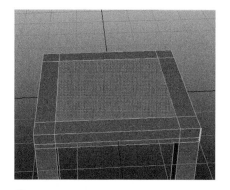

图1-257

图1-258

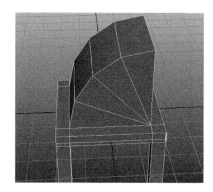

图1-259

16. Duplicate Face（复制面）

该命令可将所选择面进行复制，并脱离模型成为单独的一个面。鼠标单击Edit Mesh>Duplicate Face>▣打开复制面的选项窗口，如图1-260和图1-261所示。

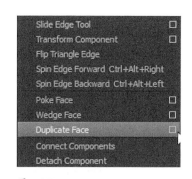

图1-260

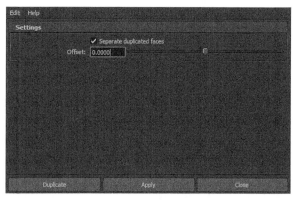

图1-261

其中Separate duplicated faces为分离复制的面。勾选该选项后，复制的面处于选择模式，可以通过操纵器编辑复制的面；不勾选该选项，复制面后，复制的面与原模型都处于面选择模式。Offset为偏移，该选项可以使复制的面产生缩放效果。选择要复制的面，鼠标单击Edit Mesh>Duplicate Face指令将面复制出来，如图1-262到图1-264所示。

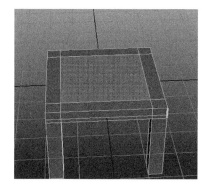

图1-262

图1-263

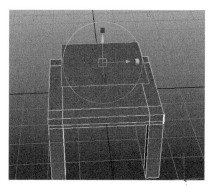

图1-264

17. Connect Components（连接组件）

该命令可以连接所选择的点和边，连接时连接到边的顶点在边的中心处。选择要连接的点和边，鼠标单击Edit Mesh>Connect Components命令将点边相连接，如图1-265到图1-267所示。

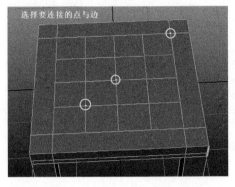

图1-265

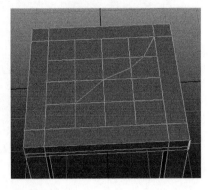

图1-266

图1-267

18. Detach Components（分离组件）

该命令可以对多边形模型共享的点、边进行分离。进行分离后的点、边的位置并无变化，可通过移动工具将这些点、边移动，达到分离的效果。选择要分离的点或边，鼠标单击Edit Mesh>Detach Components命令。用移动工具移动分离后的点和边，观察分离后的效果，如图1-268到图1-273所示。

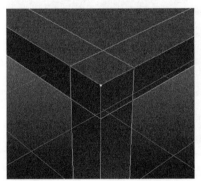

图1-268

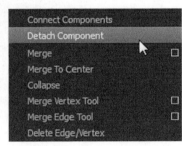

图1-269

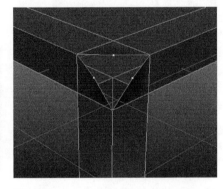

图1-270

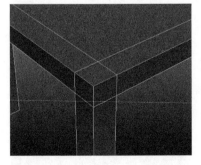

图1-271

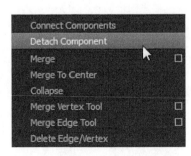

图1-272

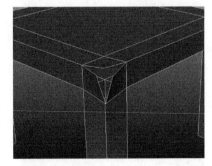

图1-273

19. Merge（缝合）

该命令可以通过设置阈值将所选的模型阈值范围内相近的点进行缝合。在点选择模式下，也可以将所选择的两个或两个以上的点缝合为一个点。鼠标单击Edit Mesh>Merge>▣打开缝合的选项窗口，如图1-274和图1-275所示。

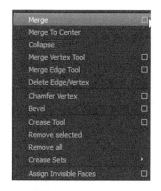

图1-274

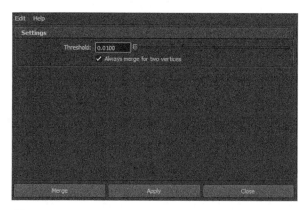

图1-275

其中Threshold为缝合的阈值，可以设置缝合的阈值。当两点阈值大于该数值时，两点将不会被缝合。选择要合并的点，鼠标单击Edit Mesh>Merge指令，将点缝合，如图1-276到图1-278所示。

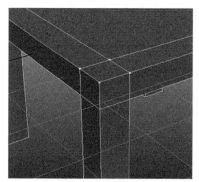

图1-276

图1-277

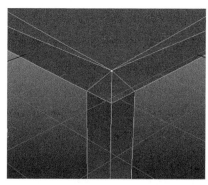

图1-278

20．Merge To Center（缝合到中心）

该命令可将所选的点、边、面缝合到中心位置。选择要缝合的点、边或面，鼠标单击Edit Mesh>Merge To Center将其缝合，如图1-279到图1-231所示。

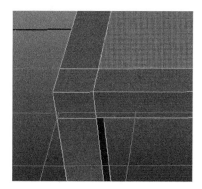

图1-279

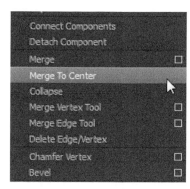

图1-280

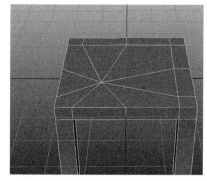

图1-281

21. Collapse（塌陷）

该命令可以将所选择的边或面转化为一个点。选择要塌陷的边，鼠标单击Edit Mesh>Collapse命令，如图1-282到图1-284所示。

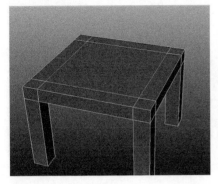
图1-282

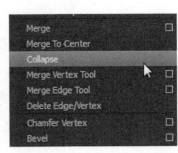
图1-283

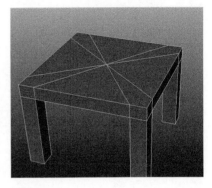
图1-284

22. Merge Vertex Tool（缝合顶点工具）

该命令可将所选择的点移动到要缝合的点之上进行缝合。鼠标单击Edit Mesh>Merge Vertex Tool>□打开缝合顶点工具选项窗口，如图1-285和图1-286所示。

图1-285

图1-286

其中Target vertex为目标点，是Maya的默认选项；Center为中心。应用效果如图1-287和图1-288所示。

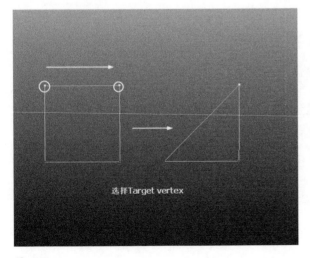
图1-287

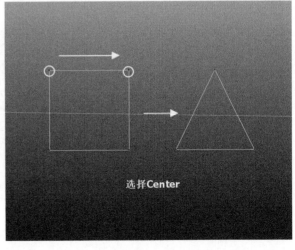
图1-288

鼠标单击Edit Mesh> Merge Vertex Tool指令，按住鼠标左键拖动一个顶点到要缝合操作的另一个顶点上，释放鼠标左键缝合完成，如图1-289到图1-291所示。

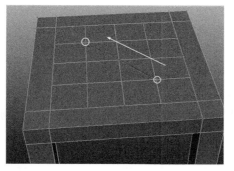

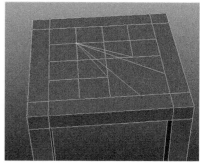

图1-289 图1-290 图1-291

23. Merge Edge Tool（缝合边工具）

该命令可将所选择的两条边缝合成一条边。鼠标单击Edit Mesh>Merge Edge Tool>□打开缝合边工具选项窗口，如图1-292和图1-293所示。

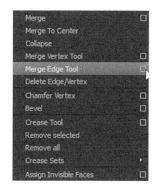

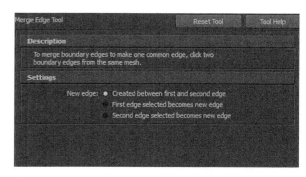

图1-292 图1-293

其中Created between first and second edge为在第一条边与第二条边创建，该选项为默认选项。选择该选项，新生成的边将位于选择的第一条边和第二条边的中间，并且自动将两条选择的边删除。First edge selected becomes new edge为第一条被选中的边作为新边。选择该选项后，选择的两条边会缝合到初始选择的第一条边，选择的第二条边将会被删除。Second edge selected becomes new edge为第二条选择的边作为新边，选择该选项后，选择的两条边缝合到初始选择的第二条边，选择的第一条边将会被删除。鼠标单击Edit Mesh>Merge Edge Tool指令，选择要合并的两条边，单击回车键完成，如图1-294到图1-296所示。

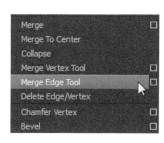

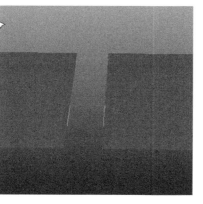

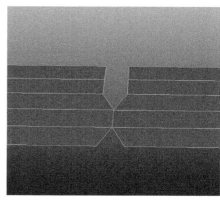

图1-294 图1-295 图1-296

24. Delete Edge/Vertex（删除边/顶点）

该命令可删除所选择边及边上的点。选择要删除的边，鼠标单击Edit Mesh>Delete Edge/Vertex命令，边与边上的点被删除，如图2-297到图2-299所示。

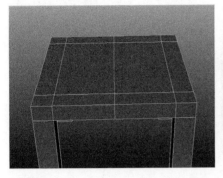

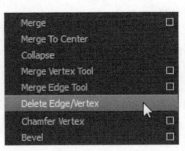

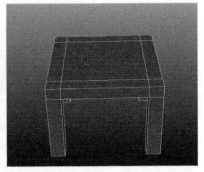

图1-297 　　　　　　　　　　　　　　　　　图1-298 　　　　　　　　　　　　　　　　　图1-299

25. Chamfer Vertex（斜切顶点）

该命令可将点转化为面。如果选择的点为角的顶点，那么执行命令后所选择的顶点将变成斜切面。鼠标单击Edit Mesh>Chamfer Vertex>□打开斜切顶点选项窗口，如图1-300和图1-301所示。

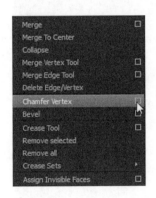

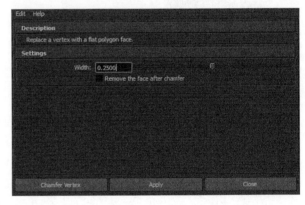

图1-300 　　　　　　　　　　　　　　　　　　　　　图1-301

其中Width为斜切顶点的宽度。该选项可以设定所选的顶点位置与产生的切面位置之间的距离。Remove the face after chamfer为删除斜切面，勾选该选项时斜切顶点所生成的斜切面将会被删除。选择要转化的点，鼠标单击Edit Mesh>Chamfer Vertex执行命令，如图1-302到图1-304所示。

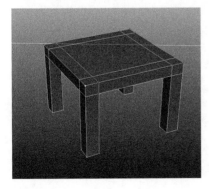

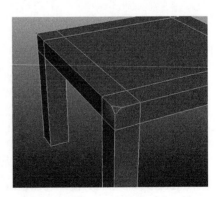

图1-302 　　　　　　　　　　　　　　　　　图1-303 　　　　　　　　　　　　　　　　　图1-304

26. Bevel（倒角）

该命令可以将边缘线或角变得更加圆滑。鼠标单击Edit Mesh>Bevel>□打开倒角的选项窗口，如图1-305和图1-306所示。

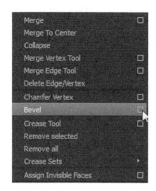

图1-305

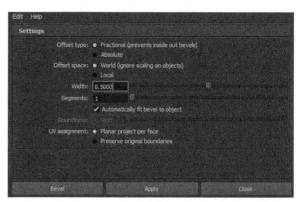

图1-306

其中Offset space为偏移空间，包括World（世界）及Local（局部）两种方式。Width为倒角偏移程度，取值范围在0到1之间。数值越接近1时所导出的角越宽，反之该数值越接近于0时，导出的角越窄。Segments为倒角边的分段数。该选项可以设定倒角面平行于所选边方向的段数。选择要倒角的边缘线，鼠标单击Edit Mesh>Bevel命令进行倒角，如图1-307到图1-309所示。

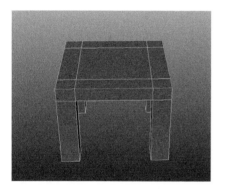

图1-307

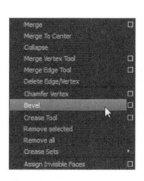

图1-308

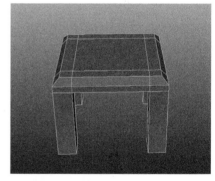

图1-309

1.3.6 任务六：制作椅子模型

下面讲解椅子模型的制作流程，如图1-310所示。

图1-310

STEP 01 鼠标单击Create>Polygon Primitives>Cube创建多边形立方体，单击缩放工具进行y轴缩放，如图1-311和图1-312所示。

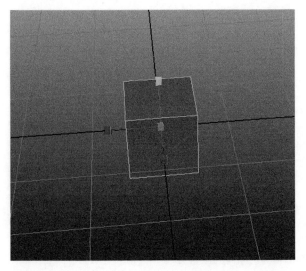

图1-311

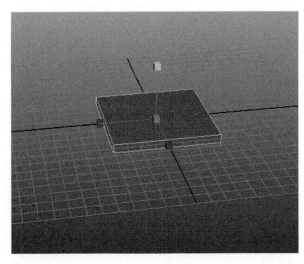

图1-312

STEP 02 选择立方体底面，鼠标单击Edit Mesh>Extrude命令进行挤压。选择缩放工具进行缩放，鼠标再次单击Edit Mesh>Extrude进行挤压，选择移动工具将面向下移动，如图1-313和图1-314所示。

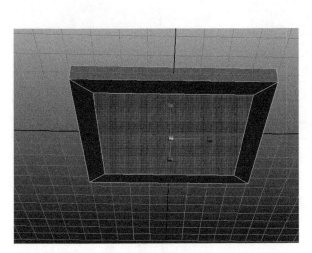

图1-313

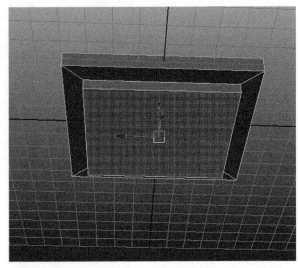

图1-314

STEP 03 接着上步骤操作，鼠标单击Edit Mesh>Extrude指令进行挤压，单击缩放工具将面放大。再次鼠标单击Edit Mesh>Extrude指令将面进行挤压，单击移动工具向下移动，如图1-315和图1-316所示。

STEP 04 下面制作椅子的前腿。鼠标单击Create>Polygon Primitives>Cube创建多边形立方体，单击缩放工具，进行y轴缩放。单击移动工具，移动到椅子前腿处，单击缩放工具，调整椅子前腿的大小，如图1-317和图1-318所示。

STEP 05 接着上步操作，选择椅子前腿，鼠标单击网格吸附，按键盘上的【Insert】键将模型中心点移动到世界坐标中心，如图1-319和图1-320所示。

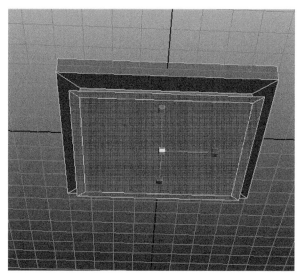

图1-315

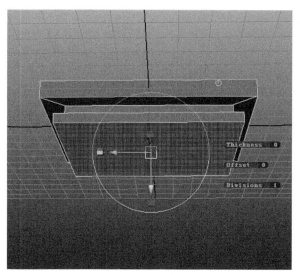

图1-316

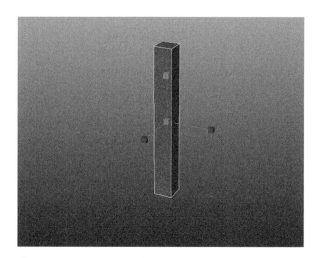

图1-317

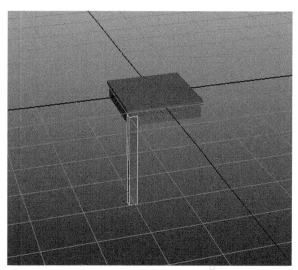

图1-318

图1-319

图1-320

STEP 06 鼠标单击Edit>Duplicate Special（镜像复制）>▣打开选项窗口。单击Instance（相关联），并将Scale的*x*值改为-1。单击Apply进行*x*轴关联复制，如图1-321和图1-322所示。

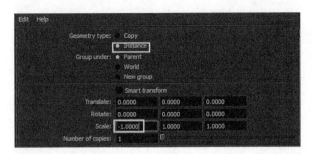

图1-321

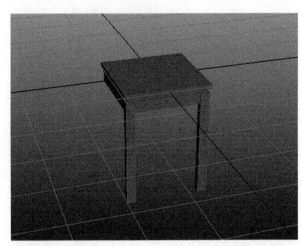

图1-322

STEP 07 下面开始制作椅子后腿及靠背模型。鼠标单击Create>Polygon Primitives>Cube创建多边形立方体，单击缩放工具，进行*y*轴缩放。单击移动工具，移动到椅子后腿处。单击缩放工具，调整椅子后腿的大小，效果如图1-323所示。

STEP 08 鼠标单击Edit Mesh>Insert Edge Loop Tool，在图1-324所示处加入循环线，并编辑点调整椅子后腿形状，如图1-325所示。

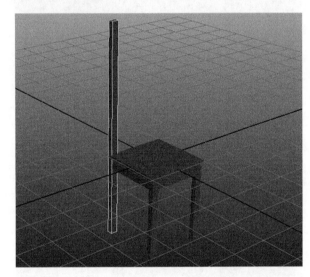

图1-323

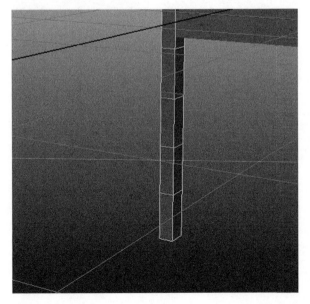

图1-324

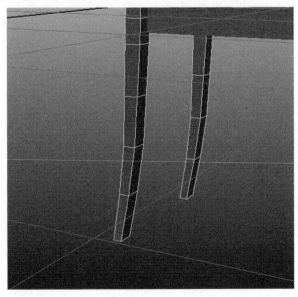

图1-325

STEP 09 鼠标单击Edit Mesh>Insert Edge Loop Tool，在图1-326所示处加入两条循环切线，并选择两条切线之间的面进行挤压。鼠标单击网格吸附，单击移动工具将挤压的面向x轴移动，并将所选择的面删除，如图1-327和图1-328所示。

图1-326

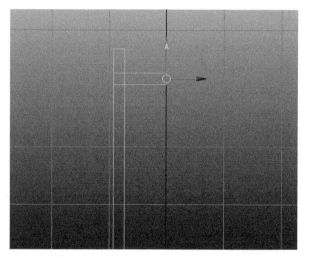

图1-327

按键盘Delete键将面删除

图1-328

STEP 10 鼠标单击网格吸附，按键盘上的【Insert】键将椅子后腿的模型中心点移动到世界坐标中心，鼠标单击Edit>Duplicate Special进行x轴关联复制，如图1-329所示。

STEP 11 鼠标单击Edit Mesh>Insert Edge Loop Tool，在图1-330所示处插入循环切线，并编辑点调整椅子靠背结构，如图1-331所示。

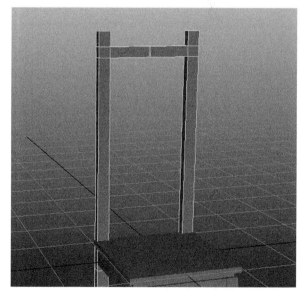

图1-329

图1-330

图1-331

STEP 12 选择图1-332所示的面，鼠标单击Edit Mesh>Extrude进行挤压，单击移动工具向下移动，如图1-333所示。

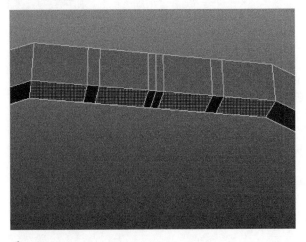

图1-332

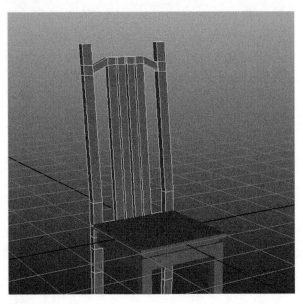

图1-333

STEP 13 选择椅子靠背的顶边，如图1-334所示，鼠标单击Edit Mesh>Bevel进行倒角，如图1-335所示。

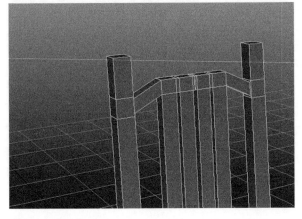

图1-334

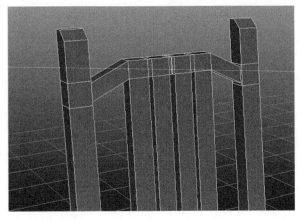

图1-335

STEP 14 选择椅子前腿部分模型，鼠标单击Edit Mesh>Insert Edge Loop Tool，在图1-336所示处插入两条循环切线。选择切线之间的面，鼠标单击Edit Mesh>Extrude进行挤压，单击移动工具，向z轴方向移动，如图1-337所示。

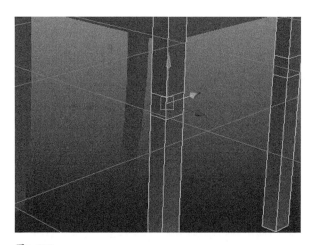

图1-336

图1-337

STEP 15 选择椅座上面，鼠标单击Edit Mesh>Extrude指令进行挤压。选择缩放工具进行缩放。鼠标再次单击Edit Mesh>Extrude进行挤压，选择移动工具将面向下移动，如图1-338所示。

STEP 16 选择椅子靠背左右两侧模型，如图1-339所示，鼠标单击Mesh>Combine，将左右两侧模型合并成一个模型，然后鼠标单击Edit Mesh>Merge，将椅子靠背的中间点缝合。椅子的模型就制作完成了，如图1-340所示。

图1-338

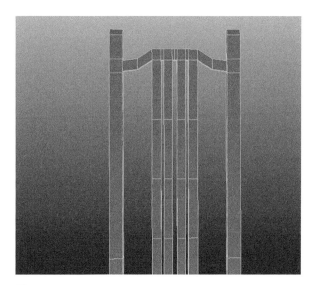

图1-339

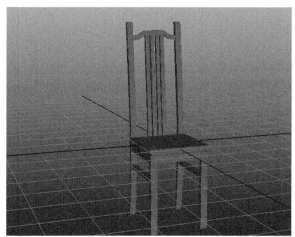

图1-340

STEP 17 下面给做好的模型添材质，鼠标右键单击模型，在弹出的快捷选项中选择Assign Favorite Material> Blinn，给模型添加Blinn材质球，如图1-341所示。

STEP 18 鼠标单击Window>Rendering Editors>Hypershade打开材质编辑器，如图1-342所示。选择给模型新添加的Blinn材质球，鼠标单击材质球的Color属性节点，如图1-343所示，在弹出的对话框中选择Wood（木材），给材质球的颜色属性添加木材材质节点，如图1-344所示。

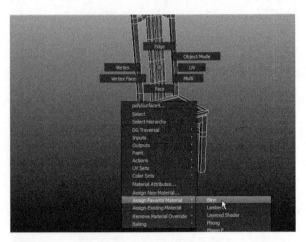

图1-341

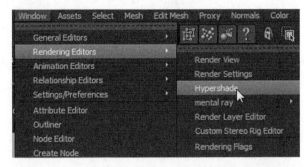

图1-342

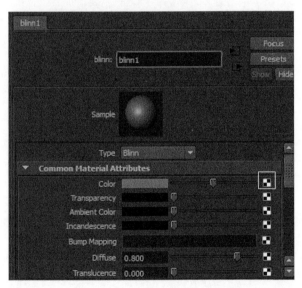

图1-343

图1-344

STEP 19 手动调节木材材质节点的参数属性，渲染测试来达到较真实的效果。最终渲染效果如图1-345和图1-356所示。

图1-345

图1-346

1.4 项目总结

1.4.1 制作概要

Polygon（多边形）建模是最常用的建模方式。本项目通过Maya建模的种类、Maya基础操作、创建多边形几何体、Mesh菜单、Edit Mesh菜单的应用及简单模型的制作流程来讲解Polygon（多边形）建模的基础。其中Mesh菜单、Edit Mesh菜单是本项目的重点和难点，熟练地运用Mesh菜单、Edit Mesh菜单中的命令，可以为复杂模型制作打好基础。

1.4.2 所用命令

（1）创建多边形几何体：Create（创建）>Polygon Primitives（创建多边形基本几何体）。

（2）合并：Mesh（网格）>Combine（合并）。

（3）分离：Mesh（网格）>Separate（分离）。

（4）提取：Mesh（网格）>Extract（提取）。

（5）布尔运算：Mesh（网格）>Booleans（布尔运算）。

（6）平滑：Mesh（网格）>Smooth（平滑）。

（7）平均化顶点：Mesh（网格）Average Vertices（平均化顶点）。

（8）精减：Mesh（网格）>Reduce（精减）。

（9）绘制精减权重工具：Mesh（网格）>Paint Reduce Weights Tool（绘制精减权重工具）。

（10）清除：Mesh（网格）>Cleanup（清除）。

（11）三角化：Mesh（网格）>Triangulate（三角化）。

（12）四边化：Mesh（网格）>Quadrangulate（四边化）。

（13）补洞：Mesh（网格）>Fill Hole（补洞）。

（14）创建洞工具：Mesh（网格）>Make Hole Tool（创建洞工具）。

（15）创建多边形工具：Mesh（网格）>Create Polygon Tool（创建多边形工具）。

（16）雕刻几何工具：Mesh（网格）>Sculpt Geometry Tool（雕刻几何工具）。

（17）镜像剪切：Mesh（网格）>Mirror Cut（镜像剪切）。

（18）镜像几何体：Mesh（网格）>Mirror Geometry（镜像几何体）。

（19）保持面连接：Edit Mesh（编辑网格）>Keep Face Together（保持面连接）。

（20）挤压：Edit Mesh（编辑网格）>Extrude（挤压）。

（21）桥接：Edit Mesh（编辑网格）>Bridge（桥接）。

（22）添加多边形工具：Edit Mesh（编辑网格>）Append to Polygon Tool（添加多边形工具）。

（23）切面工具：Edit Mesh（编辑网格）>Cut Face Tool（切面工具）。

（24）交互式分割工具：Edit Mesh（编辑网格）>Interactive Split Tool（交互式分割工具）。

（25）插入循环线工具：Edit Mesh（编辑网格）>Insert Edge Loop Tool（插入循环线工具）。

（26）偏移环形边工具：Edit Mesh（编辑网格）>Offset Edge Loop Tool（偏移环形边工具）。

（27）添加细分：Edit Mesh（编辑网格）>Add Divisions（添加细分）。

（28）滑边工具：Edit Mesh（编辑网格）>Slide Edge Tool（滑边工具）。

（29）变化组件：Edit Mesh（编辑网格）>Transform Component（变化组件）。

（30）翻转三角面：Edit Mesh（编辑网格）>Flip Triangle Edge（翻转三角面）。

（31）向前旋转边：Edit Mesh（编辑网格）>Spin Edge Forward（向前旋转边）。

（32）向后旋转边：Edit Mesh（编辑网格）>Spin Edge Backward（向后旋转边）。

（33）凸起面：Edit Mesh（编辑网格）>Poke Face（凸起面）。

（34）楔入面：Edit Mesh（编辑网格）>Wedge Face（楔入面）。

（35）复制面：Edit Mesh（编辑网格）>Duplicate Face（复制面）。

（36）连接组件：Edit Mesh（编辑网格）>Connect Components（连接组件）。

（37）分离组件：Edit Mesh（编辑网格）>Detach Components（分离组件）。

（38）缝合：Edit Mesh（编辑网格）>Merge（缝合）。

（39）缝合到中心：Edit Mesh（编辑网格）>Merge To Center（缝合到中心）。

（40）塌陷：Edit Mesh（编辑网格）> Collapse（塌陷）。

（41）缝合顶点工具：Edit Mesh（编辑网格）>Merge Vertex Tool（缝合顶点工具）。

（42）缝合边工具：Edit Mesh（编辑网格）>Merge Edge Tool（缝合边工具）。

（43）删除边/顶点：Edit Mesh（编辑网格）>Delete Edge/Vertex（删除边/顶点）。

（44）斜切顶点：Edit Mesh（编辑网格）>Chamfer Vertex（斜切顶点）。

（45）倒角：Edit Mesh（编辑网格）>Bevel（倒角）。

（46）褶皱工具：Edit Mesh（编辑网格）>Crease Tool（褶皱工具）。

（47）移除所选：Edit Mesh（编辑网格）>Remove selected（移除所选）。

（48）移除所有：Edit Mesh（编辑网格）>Remove all（移除所有）。

（49）褶皱集：Edit Mesh（编辑网格）>Crease Sets（褶皱集）。

1.4.3　重点制作步骤

（1）Maya建模的种类：Polygon建模和NURBS建模是目前最为常用的两种建模方法。尤其Polygon建模在电影，三维游戏等领域中应用十分广泛。

（2）Maya基础操作：工程项目、新建/保存、导入/导出、变换工具的应用是Maya常用的基础操作。通过掌握这些基础操作，才能顺利地进行后面的学习。

（3）创建多边形几何体：通过鼠标单击Create>Polygon Primitives命令来创建多边形几何体，可也以单击工具栏上多边形快捷图片来创建多边形几何体。在多边形几何体中，立方体，圆柱体以及平面是建模最常用的基础多边形几何体。

（4）Mesh网格菜单：主要介绍Mesh网格菜单中命令的运用方法，其中Combine（合并）、Separate（分离）、Extract（提取）、Booleans（布尔运算）和Smooth（平滑）为多边形建模最为常用的命令。

（5）Edit Mesh编辑网格菜单：介绍Edit Mesh编辑网格菜单中命令的运用方法，其中Keep Faces Together（保持面合并）、Extrude（挤压）、Interactive Split Tool（交互式分割工具）、Insert Edge Loop Tool（插入循环切线工具）、Merge（缝合）和Bevel（倒角）为多边形建模最为常用的命令。

（6）椅子模型的制作：熟练的运用前面所学的Extrude（挤压）、Insert Edge Loop Tool（插入循环切线工具）、Merge（缝合）和Bevel（倒角）等命令来制作椅子的模型，在制作过程中注意模型的布线要规整，比例要准确。

1.5　课后练习

1. 制作图1-347所示的客桌模型。

图1-347

2. 制作要求。

（1）对比参考图，对模型的细节刻画能够达到较高的还原度。

（2）保证模型的比例准确，模型的布线要规整。

第2章 | 道具模型——坦克车模型制作

2.1　项目描述

2.1.1　项目介绍

　　本章道具模型制作中，将以坦克车为原型参考进行动画道具模型的制作。坦克车是一种能用履带行进的装甲战斗车辆，它集火力、保护性和机动性于一身。坦克车的驾驶室位于车体前部，战斗武器部分位于车体中部，炮塔、高射机枪等武器就在这个部位。发动机部分位于车体后部。了解坦克车的整体结构布局，有利于对模型进行准确的制作。

2.1.2　任务分配

　　本章节中，将分成9个制作任务来完成坦克车道具模型的制作。

任　务	制作流程概要
任务一	导入参考图片
任务二	创建用于比例参考的坦克车比例参考模型
任务三	制作旋转炮塔
任务四	制作坦克车车身
任务五	制作坦克车履带
任务六	制作坦克车车轮
任务七	制作坦克车炮塔和机枪
任务八	制作坦克车其他结构部件
任务九	学习OCC渲染模型和制作模型的材质贴图

2.2　项目分析

　　1. **导入参考图片：** 学习如何将参考图片导入到Maya软件中，根据参考图片对坦克车模型进行制作。

　　2. **创建用于比例参考的坦克车比例参考模型：** 使用基础几何体搭建用于比例参考的坦克车比例参考模型，以比例参考模型为比对参照，把比例参考模型和精细制作的模型进行结构和比例关系的对比，保证最终制作的精细模型准确。

3. **制作旋转炮塔**：主要使用Insert Edge Loop Tool（插入循环线工具）命令在加线后对正方体形态进行调整，制作出旋转炮塔的外形。

4. **制作坦克车车身**：使用Duplicate Face（复制面）的命令对车身侧的面进行复制，通过对复制的面使用Extrude（挤压）命令来制作坦克车两侧的挡板。

5. **制作坦克车履带**：学习使用动画模块下的Attach to Motion Patch（连接到运动路径）和Create Animation Snapshot（创建动画快照）命令来制作履带。

6. **制作坦克车车轮**：创建基础模型后使用Extrude（挤压）塑造车轮的轮廓，确定好车轮的结构后学习使用Insert Edge Loop Tool（插入循环线工具）命令对挤压后的模型进行加线。

7. **制作坦克车炮筒和机枪**：使用简单的基础模型来搭建炮筒及枪管的形体，再通过编辑点来调整外部形体。

8. **制作坦克车其他结构部件**：利用基础模型的形体制作坦克车其他结构部件，并调整细节。

9. **学习OCC渲染模型和制作模型的材质贴图**：初步了解Occlusion渲染，简要学习将制作完成的模型材质贴图导入到模型上的方法，并渲染最终效果图。

2.3 制作流程

下面进入坦克车道具模型的制作当中，此案例将通过9个任务来完成坦克车模型的制作。

2.3.1 任务一：导入参考图片

1. 设置工程目录的名称和存放位置

在制作模型之前，先设置工程目录的名称和存放位置，这样能够合理地存放所制作的模型相关文件。

鼠标单击File>Project Window（项目窗口）打开可选择的存放路径，如图2-1所示。Current Project为创建的工程文件夹的命名，Location为存放路径，其他选项只需要选择Secondary Project Locations下的Use defaults的默认选项。单击New创建一个新的工程文件夹，重新命名为"Tank_Project"，如图2-2所示。

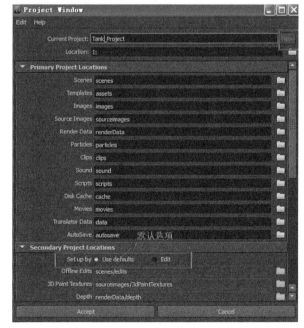

图2-1

图2-2

鼠标单击Accept（同意），新的工程文件夹就这样被建立了，以后的工程文件也是默认在此文件夹中被打开的。

2. 导入参考图

STEP 01 制作前先搜集相关的图片进行参考，如图2-3所示，之后将3张参考图片导入进Maya软件中。方法是将视图窗口切换到顶视图（Top），鼠标单击View>Image Plane>Import Image导入顶视图图片，如图2-4和图2-5所示。

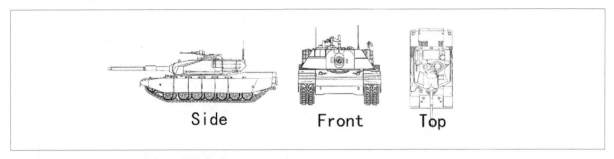

图2-3

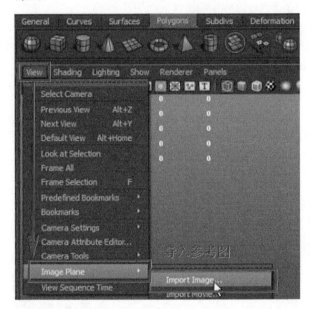

图2-4

图2-5

STEP 02 使用同样的方法将其他两张参考图片导入Maya软件中，如图2-6所示。

STEP 03 选择顶视图的参考图并改变它的Image Center Y属性，在y轴上移动，将其移出世界坐标中心，如图2-7所示。

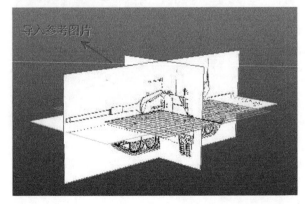

图2-6

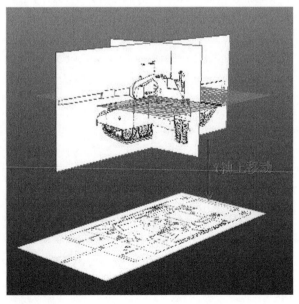

图2-7

STEP 04 分别对侧视图和前视图的image Center X和image Center Z属性进行调整，以达到将参考图移出世界中心的目的，如图2-8所示。

图2-8

2.3.2 任务二：创建用于比例参考的坦克车比例参考模型

制作模型的过程中需要对模型的整体比例有所掌握。首先在Maya软件里使用基础几何体搭建用于比例参考的坦克车比例参考模型，以比例参考模型为比对参照，把比例参考模型和精细制作的模型进行结构和比例关系的对比，保证最终制作的精细模型准确。

1. 调整参考图片位置及比例正确

STEP 01 鼠标单击Create>Polygon primitives>Interactive Creation（交互式创建），如图2-9所示，不勾选该选项的时候，创建的物体将默认在世界坐标轴中心出现，如图2-10所示，勾选该选项的时候，创建的物体将被拖选出现，如图2-11所示。

图2-9

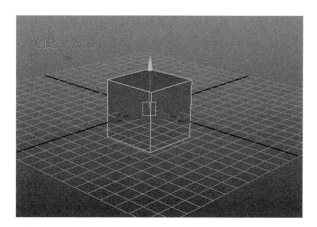

图2-10

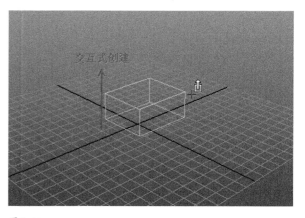

图2-11

STEP 02 在不勾选Interactive Creation的设置下创建一个正方体，如图2-12所示。

图2-12

注释： 也可以单击Polygons快捷栏的图标来创建几何体，如图2-13所示。

图2-13

STEP 03 由于参考图的尺寸大小等原因，导入进来的正视图、侧视图和顶视图中的大小并不匹配，这里我们可以利用正方体作参考，来对导入的参考图进行大小调整。首先以正视图作参考，用正方形来确定坦克车的高度，如图2-14所示。当切换到侧视图后观察正方形的轮廓，这时能发现侧视图的坦克车的高度和正视图的不在同一水平线上，如图2-15所示。

图2-14

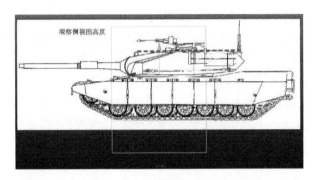

图2-15

STEP 04 以正视图为参考标准来修改侧视图的大小比例，选择参考图片的属性，对Width（宽度）值和Height（高度）值的属性进行修改，这两个属性的数值必须保持一致，不管是宽度值还是高度值，进行单方面的改变都会对图片中的物体造成形变。具体修改的参考高度还是对照刚确定的正方体，如图2-16所示。长宽调整完毕后，对图片的x、y、z轴进行调整，如图2-17所示。

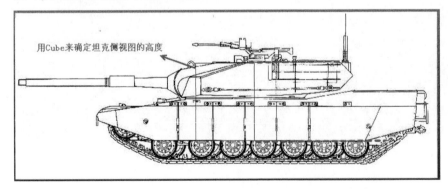

图2-16

图2-17

STEP 05 对顶视图参考图进行调整。在侧视图中，用正方体大概拉出坦克车的车身长度，如图2-18所示，之后依然对顶视图片的Width和Height属性进行修改，如图2-19所示。

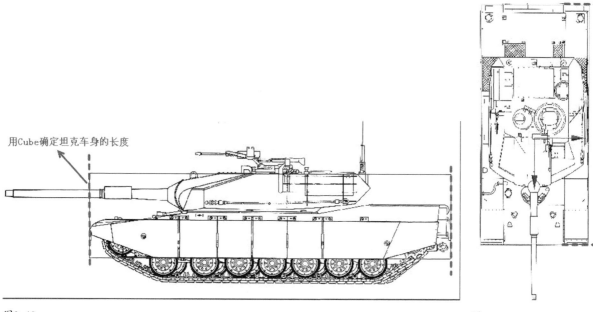

图2-18

图2-19

2. 搭建坦克车的旋转炮台

STEP 01 鼠标单击Create>Polygon Primitives>Cube创建一个正方体，搭建出坦克车的旋转炮台，移动Cube的点，如图2-20和图2-21所示。

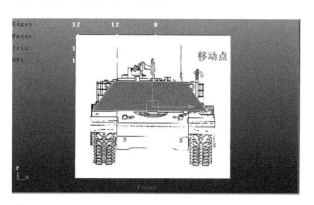

图2-20

图2-21

STEP 02 鼠标单击Edit mesh>Insert Edge Loop Tool（插入循环线工具）为物体增加一圈环线，然后根据参考图调整形体，如图2-22所示。

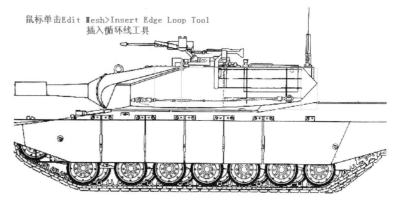

图2-22

技术看板：

插入环形边工具：Edit Mesh（编辑网格）>Insert Edge Loop Tool（插入环形边工具）

（1）功能说明：可以在多边网格的整个或部分环形边上插入一个或多个循环边。插入循环边时，会分割与选定与环形边相关的多边形面。

（2）操作方法：单击命令，然后在模型的一条边上按住鼠标左键并拖曳。观察新插入环形边的位置与走向，确认后释放鼠标左键即完成操作。

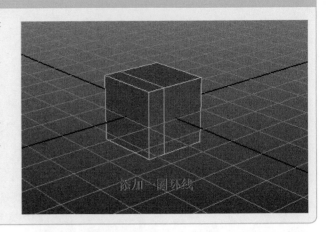

STEP 03 鼠标单击Edit mesh>Marge To Center（缝合到中心处）将边合并至中心处成为一个点，将旋转炮塔尾部的边合并为一个点，如图2-23所示。

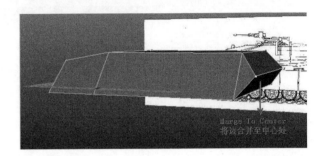

图2-23

3. 搭建坦克车车体

STEP 01 对坦克车的车体进行搭建。鼠标单击Create>Polygon Primitives>Cube（正方体），对它的点分别在顶视图、前视图和侧视图中进行编辑，根据车身来对在透视图中的物体的形体进行调整，如图2-24所示。

STEP 02 鼠标单击Edit Mesh>Insert Edge Loop Tool（插入循环线工具），为物体增加环线，调整基本轮廓，如图2-25所示。

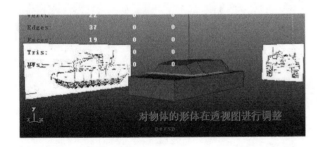

图2-24

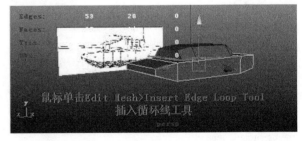

图2-25

4. 创建坦克车履带

STEP 01 鼠标单击Create>Polygon Primitives>Cube（正方体）创建一个正方体，通过调整点来确定履带的位置和轮廓的大小，如图2-26所示。

STEP 02 按快捷键【Ctrl+D】直接复制这个履带。选择履带，按键盘上的【Insert】键进入中心点模式，单击Maya软件中的网格吸附工具，如图2-27所示，将中心点吸附到世界坐标中心，如图2-28所示。

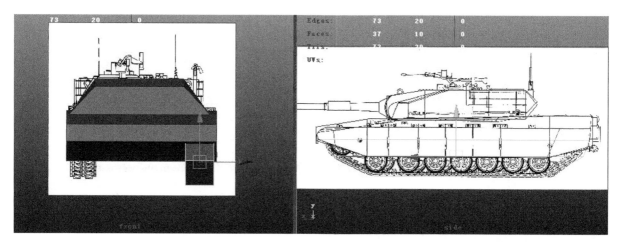

图2-26

STEP 03 鼠标单击Edit>Duplicate Special（特殊复制），如图2-29所示，在弹出的对话框中，Scale后的3个参数设置分别代表了x、y、z。由于需要在x轴上进行复制，因此将模型的x轴参数改为-1，如图2-30所示。单击Apply确定后，履带就被复制到世界中心的左边位置，如图2-31所示。

图2-27

图2-28

图2-29

图2-30

图2-31

5. 创建坦克车炮台

下面来制作炮台的基础模型。创建一个Cube，增加一圈环线后调点制作出炮筒和旋转炮台的连接部位，如图2-32所示。

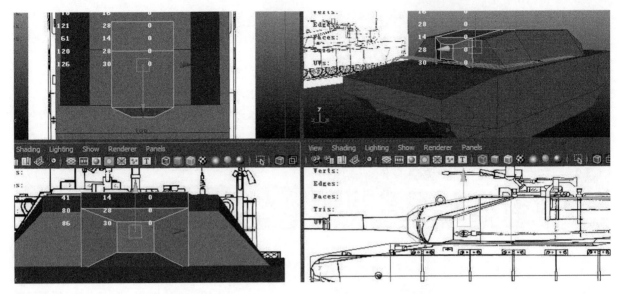

图2-32

6. 创建坦克车炮筒

STEP 01 鼠标单击Creae>Polygons Primitives>cylinder（圆柱体），创建出一个圆柱体，将圆柱体旋转并移动到参考图的炮筒处后，使用缩放工具对它进行调整，如图2-33所示。

STEP 02 鼠标单击Edit>Duplicate（复制），对刚制作的炮筒进行复制，也可以使用快捷键【Ctrl+D】来复制。对照参考图将复制出来的圆柱体进行缩放，如图2-34所示。

图2-33

图2-34

7. 创建Display层

当坦克车的比例参考模型基本完成的时候，新建一个Layer层将模型放入Display层中，这样容易对模型进行隐藏和显示，会在之后的制作中方便观察和参考比例，如图2-35所示。

图2-35

2.3.2 任务三：制作旋转炮塔

1. 创建旋转炮塔的基本形状

STEP 01 通过对旋转炮塔素材的观察，可以看出整个形状偏方体。在制作旋转炮塔时，推荐选用的基础模型是Cube（正方体），对照三视图大概调整一下外形，如图2-36所示。

STEP 02 选中旋转炮塔末端的边，如图2-37所示，然后按住快捷键【Ctrl+鼠标右键单击】，在弹出的快捷操作选项中，选择左下角的命令Edge Ring Utilities，如图2-38所示。再选择右下角的命令To Edge Ring and Split，如图2-39所示，这样可以快捷地为一条边添加中线，如图2-40所示。

STEP 03 删除一半模型对它进行镜像复制，鼠标单击Edit>Duplicate Special Options打开参数设置。由于是在x轴上进行镜像，因此将Scale X参数设置为-1。Geometry type（几何体类型）的类型为Instance（关联复制），如图2-41所示，在对一半物体进行操作的时候，另一半复制出的物体也会进行相同的操作。

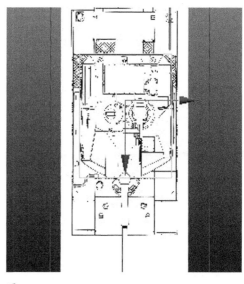

图2-36

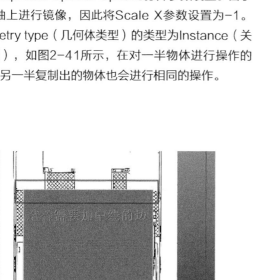

图2-37

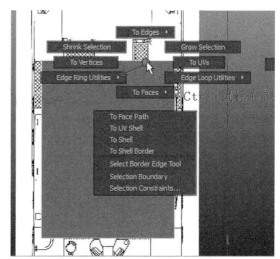

图2-38

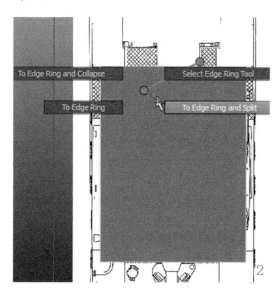

图2-39

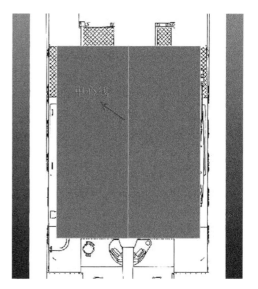

图2-40

STEP 04 切换到顶视图窗口，增加一条中心线后，调整点的位置，根据参考图将模型前端制作出圆弧状，如图2-42所示。

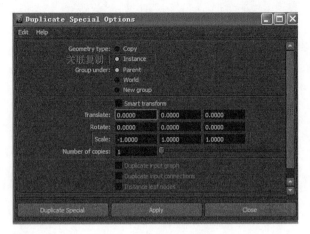

图2-41

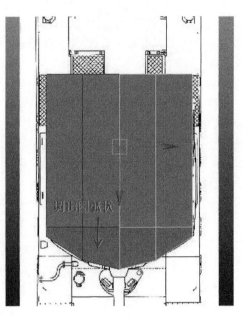

图2-42

STEP 05 在加线调整的时候不能停留在一个视图进行调整，也要在其他视图中根据参考图对点进行移动，在正视图中移动点做出一个坡度，如图2-43所示。

STEP 06 在侧视窗口中，根据参考图对点进行移动，如图2-44所示。

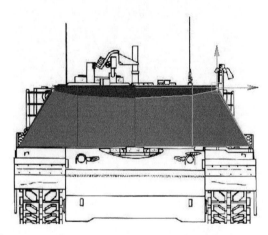

图2-43

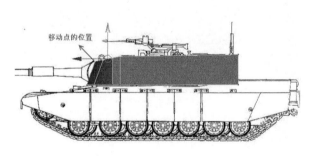

图2-44

STEP 07 在侧视窗口中，由于还缺少点，使得模型在造型上还比较局限，可通过加线调点的方式对造型进行修改，如图2-45所示。

STEP 08 旋转炮台的末端是一个呈三角状的造型，如图2-46所示，所以要将旋转炮塔模型上的四边面改成三角面，如图2-47所示。选择需要修改的边，如图2-48所示，鼠标单击Edit Mesh>Merge To Center（缝合到中心处），将该边连接为一个中心点，如图2-49所示。

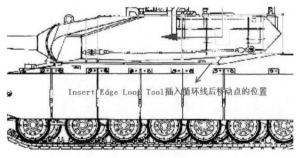

图2-45

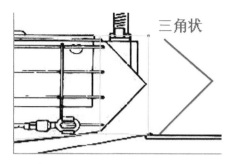

图2-46

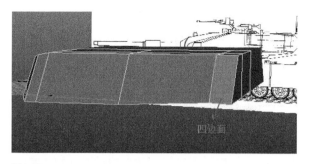

图2-47

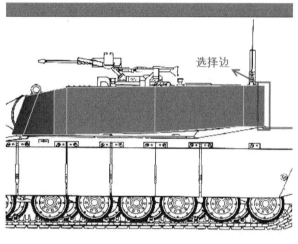

图2-48

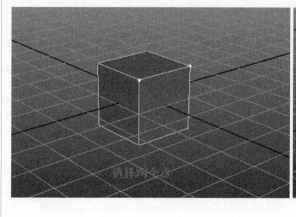

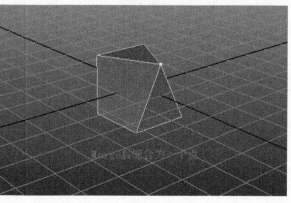

图2-49

技术看板:

缝合: Edit Mesh (编辑网格) >Merge (缝合)

（1）功能说明：缝合设定范围内的顶点，对于对称的模型，常常只创建其中一半，然后镜像复制模型，再执行Combine（合并）命令，把两半模型合并成为一个模型，然后使用Merge（缝合），从而把模型真正地缝合起来。此外，使用Merge（缝合）还可以填充模型上的小洞，删除在模型中多余的顶点。

（2）操作方法：选择需要缝合的顶点，单击执行。

STEP 09 将模型尾部的结构修改成斜坡状，如图2-50和图2-51所示。

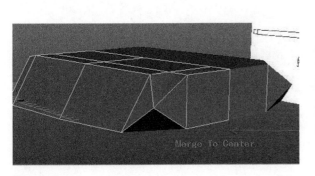

图2-50

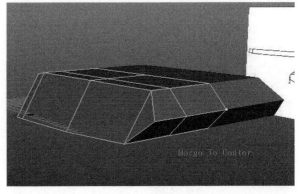

图2-51

2. 合并旋转炮台的两个部分

STEP 01 当整个旋转炮台的外形轮廓确定的时候，切换到顶视图，根据参考图来进行一些结构上的细化。通过对比观察模型和参考图，能看出整个模型因缺线的问题导致不够圆滑，所以要为它增加一条环线，如图2-52所示。

STEP 02 从顶视图参考图可以观察到旋转炮台的左右两边的结构并不是对称的，要分别对细节进行调整。接下来先把旋转炮台的两个部分合并在一起，选择需要合并的两个部分，鼠标单击Mesh>Combine（合并），两个物体就合并为一个物体了。但是物体合并后连接处的点并没有进行缝合，依然需要手动将未连接的点进行处理。连接点的方法：选择连接处的所有的点，使用缩放工具，按住x轴方向坐标向中心点移动，这样所有的点就在一条水平直线上了，如图2-53所示。鼠标单击Edit Mesh>Marge（缝合）命令后的设置，将参数调整为0.0010，鼠标单击Marge（缝合），如图2-54所示，这样所有接缝处的点也缝合上了。

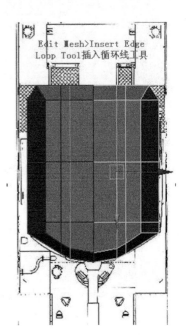

图2-52

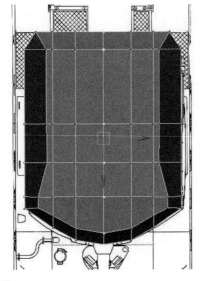

图2-53

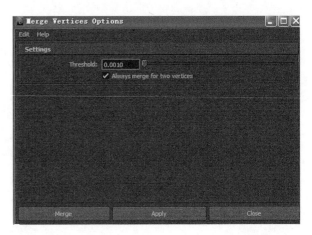

图2-54

技术看板：

合并：Mesh（网格）>Combine（合并）

（1）功能说明：将所选的多个多边形对象合并成一个单独的对象，合并后的多边形并没有共享边，它们自身在形状上是相互独立的，只是这些多边形可以当做一个多边形来操作。

（2）操作方法：同时选择两个或两个以上的多边形，单击执行。

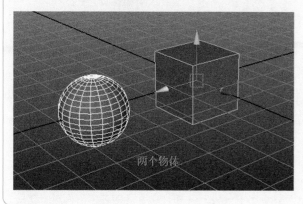
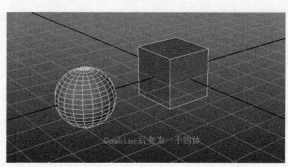

3. 对旋转炮台的整体模型深入调整

STEP 01 为突出旋转炮台和炮筒连接处的结构，这里需要改一下线的走向以便塑造结构。在车身表面添加两条环线，如图2-55所示。

STEP 02 添加完足够的线以后，就可以通过加点和调点来完成对模型结构的修改，鼠标单击Edit Mesh>Interactive Split Tool，在模型的表面手动添加线，如图2-56所示。

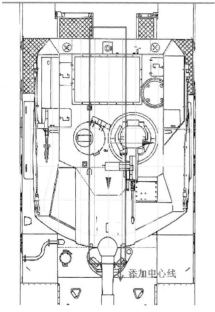

图2-55

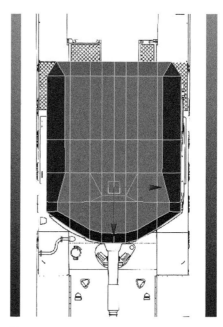

图2-56

4. 制作并调整旋转炮台的细节结构

STEP 01 删除多余的线后将添加的线沿y轴正方向上移动，以达到突显这块结构的目的，如图2-57所示。

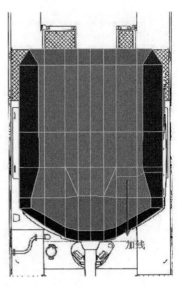

STEP 02 旋转炮台通常会有2到3个开口，所以在制作的时候需要注意模型的结构，为了刻画开口处的结构，沿着参考图的边手动加一条线，如图2-58所示。

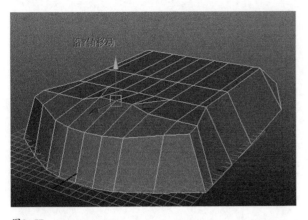

图2-57

图2-58

STEP 03 选择需要做开口的面，如图2-59所示，单击Edit Mesh>Extrude（挤压）命令对选择的面进行挤压操作，沿着z轴向下挤压，如图2-60所示。

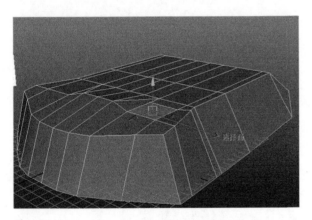

图2-59

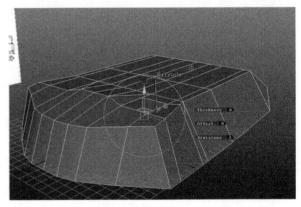

图2-60

技术看板：

　　挤压：Edit Mesh（编辑网格）>Extrude（挤压）

　　（1）功能说明：将所选的面向一个方向挤出。

　　（2）操作方法：选择要挤压的面，单击执行。如果需要挤压多个面或边，可先选择要挤压的面或边，然后按下【Shift】键+选面或边。如果需要沿已有的曲线挤出面，可选择要挤压的面，然后按【Shift】键+选曲线作为挤压路径，单击执行。

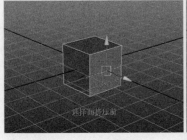
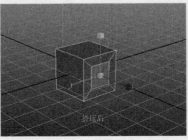
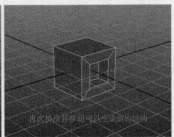

STEP 04 由于旋转炮台的左右两侧并不对称，因此左侧的结构依然需要单独进行调整，如图2-61所示。

STEP 05 对刚调好形状的面进行挤压，挤压后单击缩放工具，将整个面整体缩小，如图2-62所示。之后再次执行挤压命令，这次将挤压后的z轴往下方移动，挤压的厚度不要太大，如图2-63所示。

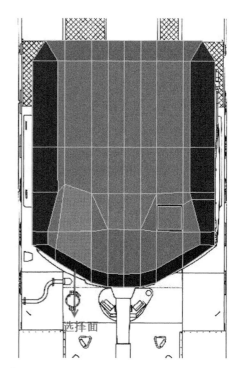

图2-61

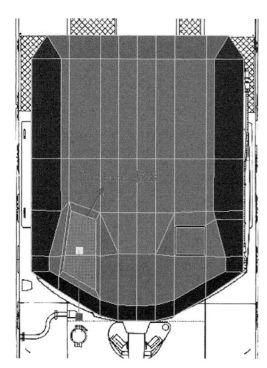

图2-62

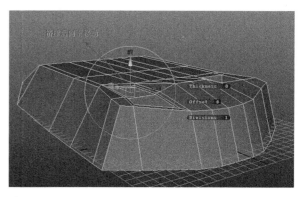

图2-63

STEP 06 对旋转炮台的驾驶舱出口和舱盖进行制作，需要运用一个命令，即Booleans布尔运算。单击Create>Polygon Primitives>Cylinder（圆柱体），将圆柱体属性中的Subdivisions Axis段数调整为12，如图2-64所示。将圆柱体移动到参考图中需要进行布尔运算位置，如图2-65所示，先选择旋转炮台再选择圆柱体，操作的顺序是不能颠倒的。单击Mesh>Booleans（布尔运算），单击的方式为第二种Difference，之后通过布尔计算就将两个模型刚重叠的部分删除了，如图2-66所示。

STEP 07 使用同样的方法对左侧的舱口进行布尔运算，如图2-67所示。

STEP 08 在操作完布尔运算以后，模型在布线结构上有点问题，模型的表面出现了很多点的断连，如图2-68所示。稍微修正下布尔以后出现的线，首先添加一条环线，如图2-69所示，以便修改的点/线都固定在这根线的范围之内。

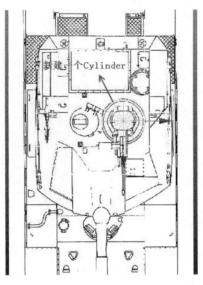

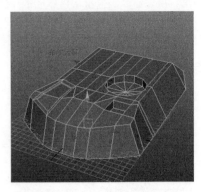

INPUTS
polyCylinder2
细分
Radius 1
Height 2
Subdivisions Axis 12
Subdivisions Height 1
Subdivisions Caps 1
Create UVs Normalize ...
Round Cap off

图2-64　　　　　　图2-65　　　　　　　　图2-66

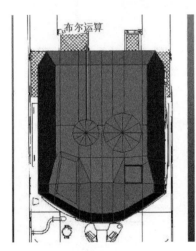

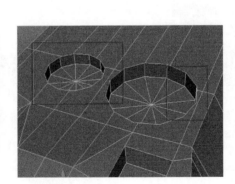

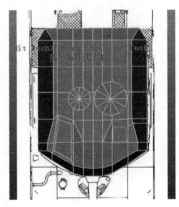

图2-67　　　　　　图2-68　　　　　　　　图2-69

STEP 09 顺着圆柱的中心线处添加一圈
环线，单击Edit Mesh>Insert Edge
Loop Tool（插入循环线工具）先添加
一圈环线，再使用Interactive split Tool
命令将断连的线都连接起来，如图2-70
所示。

STEP 10 将布尔运算后出现的断连的点
给缝合起来，选择需要缝合的两个点，
鼠标单击Edit Mesh>Marge（缝合）
命令，被选择的点就被缝合起来了。之
后将布尔运算后结构附近的线进行修
正，如图2-71所示。

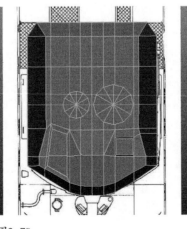

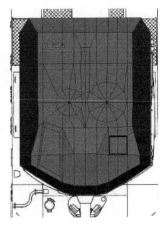

图2-70　　　　　　图2-71

STEP 11 选择右舱口底部的一圈面，在y轴上正方向移动到舱口位置，使用缩放工具对这圈面进行适当缩小，如图2-72所示。选择内圈的面和外圈的面，使用缩放工具在y轴上将它们压平，如图2-73所示。

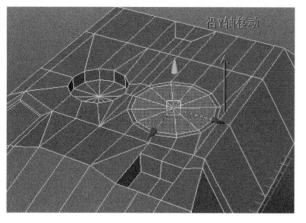

图2-72

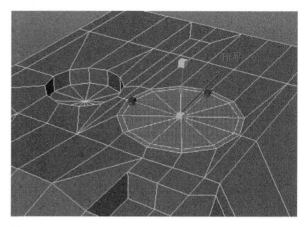

图2-73

STEP 12 单击Edit Mesh>Extrude（挤压）对内圈的面向下挤压，如图2-74所示。

STEP 13 单击Edit Mesh>Extrude（挤压）对外圈的面向上挤压，如图2-75所示。

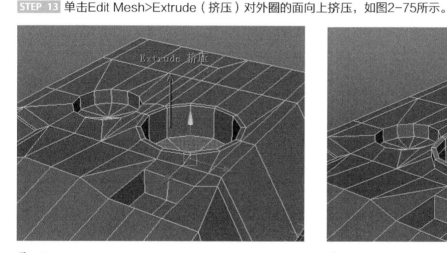

图2-74

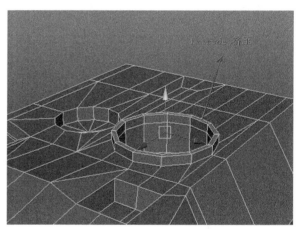

图2-75

STEP 14 在舱口的内侧和外侧处卡一圈线，以固定住圆弧的形状，如图2-76所示。

STEP 15 将窗口切换到侧视图窗口，单击Edit Mesh>Insert Edge Loop Tool（插入循环线工具）增加一圈环线，将外壳的弧度调整得圆滑平整一些，如图2-77所示。

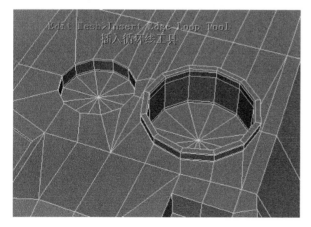

图2-76

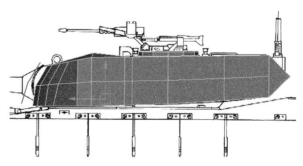

图2-77

STEP 16 当旋转炮台的外形轮廓确定的时候，在模型的一些结构的边缘处加线，以达到在光滑预览的情况下能够保证模型不走样。单击Edit Mesh>Insert Edge Loop Tool（插入循环线工具）为边缘的线加环线，如图2-78所示。

STEP 17 在旋转炮台的前端添加一圈线，如图2-79所示。由于之前挤压的原因，添加环线后发现线的走向被限制在了挤压的结构内，如图2-80所示，这里就需要使用Interactive Split Tool修改线的走向，接着使用Marge命令将多余的线缝合上。删除多余的线后，这条线的走向就修改完成了，如图2-81所示。

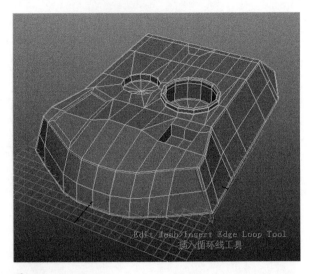

图2-78

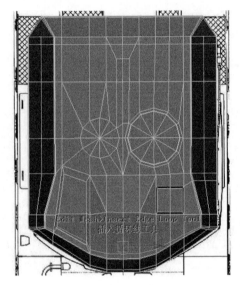

图2-79

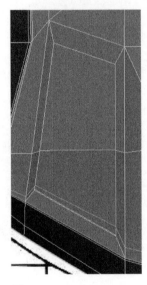

图2-80

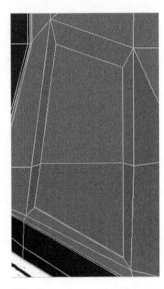

图2-81

STEP 18 鼠标单击Edit Mesh>Cut Faces Tool（切面工具），其参数设置为默认数值，如图2-82所示，这样就添加了一条直线，如图2-83所示。使用Marge命令将多余的点缝合上，如图2-84所示。

STEP 19 鼠标单击Edit Mesh>Interactive Split Tool，在模型表面添加线做出一个三角面，如图2-85所示。在正视图中沿着y轴将新添加的线上的点向下移动，之后再沿着x轴向左移动，这样做的目的是为了卡出一个凸起的结构形体，如图2-86所示。

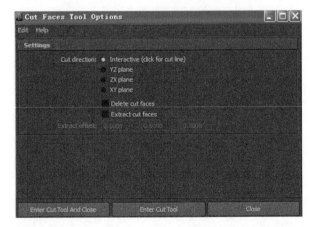

图2-82

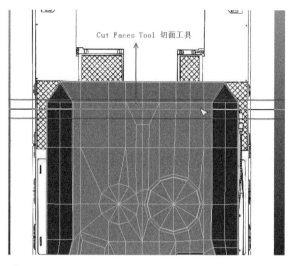

图2-83

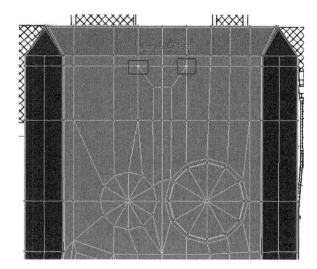

图2-84

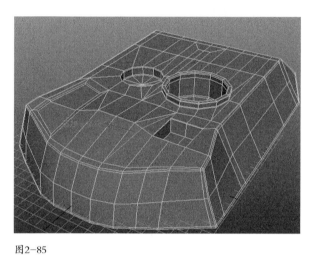

图2-85

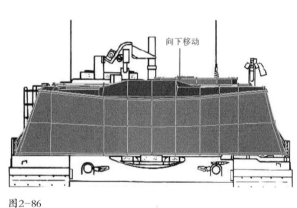

图2-86

STEP 20 在三角面的中心处继续添加一条边,以便于在光滑预览的时候固定住结构的形状,如图2-87所示,之后将左侧的结构也修改成一样,如图2-88所示。

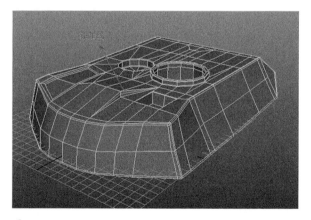

图2-87

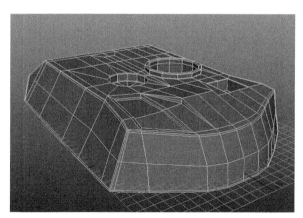

图2-88

通过按键盘上的【3】键达到对模型进行光滑预览的目的，能够发现之前挤压的结构过于圆润，结构的形体变化跟之前比相差较大，这样的坦克车整体结构效果失去了硬朗的特性，如图2-89所示。修改的方法是使用"倒角"的方式，选择需要倒角的边，如图2-90所示，鼠标单击Edit Mesh>Bevel（倒角）命令，模型的边由一条变成了两条，如图2-91所示。

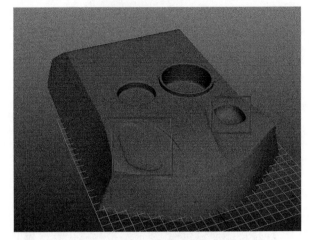

图2-89

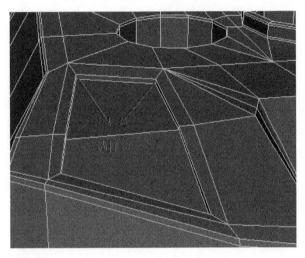

图2-90

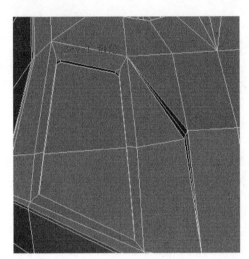

图2-91

技术看板：

倒角：Edit Mesh（编辑网格）>Bevel（倒角）

（1）功能说明：为多边形网格在角或边缘处创建倒角变形，使其变得更加圆滑。

（2）操作方法：选择多边形或多边形的几条边，单击执行。

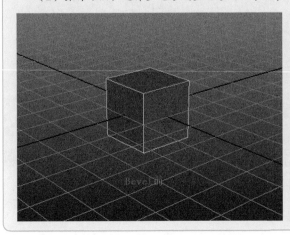

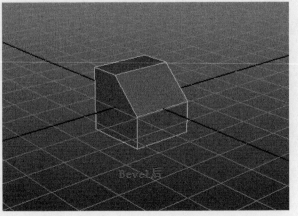

STEP 22 打开操作视窗右方的通道栏，对Bevel的参数设置进行调整，Offset（偏移）参数为0.2，Segments（段数）设置为1，如图2-92所示。

STEP 23 在光滑预览下，倒角后的边缘出现了结构上的错误，如图2-93所示，这是倒角后的点导致了多边面造成的，如图2-94所示。

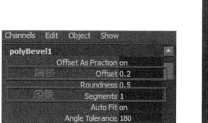

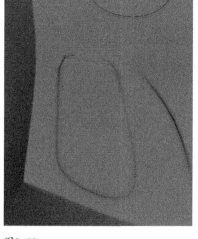

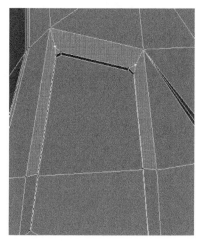

图2-92　　　　　　　　　　图2-93　　　　　　　　　　图2-94

STEP 24 通过移动点的位置来重新布置结构线的走向，单击Marge（缝合）命令将重合的点缝合到一起，如图2-95所示，这样才能在光滑的情况下固定住模型的结构形体。

STEP 25 选择挤压结构前端的两条边，如图2-96所示，单击Bevel倒角命令，Offset偏移值为0.3，Segments段数为1，如图2-97所示。

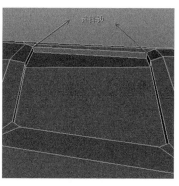

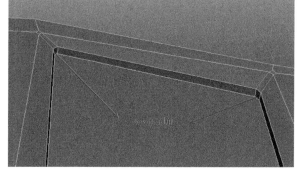

图2-95　　　　　　　图2-96　　　　　　　　　　图2-97

STEP 26 重新布置结构线的走向，首先选择多余的边并将其删除，如图2-98和图2-99所示，继续使用Interactive Split Tool交互式分割工具连接五边面，如图2-99和图2-100所示，单击Insert Edge Loop Tool插入循环线工具卡住结构的两条边缘，以起到在光滑模型时固定住边缘结构的作用，如图2-101所示。

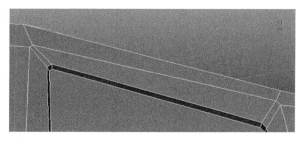

图2-98　　　　　　　　　　　　　　　　图2-99

图2-100

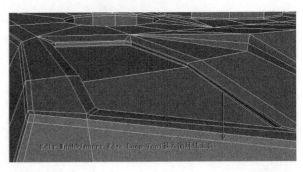

图2-101

STEP 27 当左侧的挤压结构倒角完毕后，右侧的挤压结构也需要进行边缘的处理，否则表面结构在光滑预览的时候会呈圆润状，这并不符合坦克车外壳的钢铁金属特性，如图2-102所示。首先选择结构内部支撑模型高度的4条边，单击Bevel命令对它们进行倒角，倒角的Offset偏移值为0.1，Segments段数为1条，如图2-103所示。

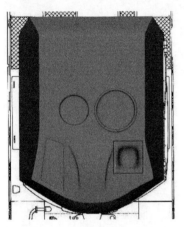

图2-102

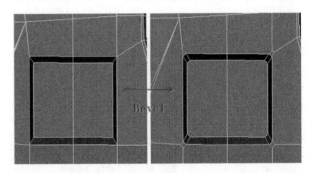

图2-103

STEP 28 为了达到固定住边缘的作用，要在倒角后的结构周围加一圈线，这样才能确保线条内的结构在Smooth的时候不会走形。具体的布线走向是对倒角后出现的五边面进行修改，这样既修改了倒角后并不合理的线条，又能有效地控制住边缘结构，如图2-104所示。

STEP 29 单击Interactive Split Tool交互式分割工具为三角面添加一个点变为四角面，并调节该四边面的形状为正方形，如图2-105所示。当正方形四边面添加成功后，继续单击Interactive Split Tool交互式分割工具，沿着结构外围将倒角后的点进行连接，如图2-106所示。之后用线将边角的点与附近结构上的点进行连接，以达到固定边角的结构不走形的目的，如图2-107所示。

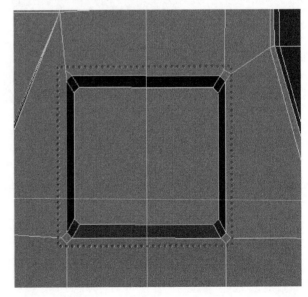

图2-104

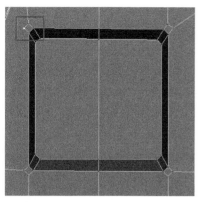

图2-105

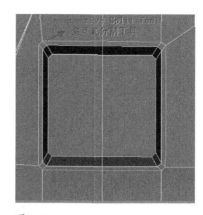

图2-106

图2-107

STEP 30 最后，单击Insert Edge Loop Tool插入循环线工具，在结构内侧添加两条环线，如图2-108所示，这样就有效固定住了结构在高度上的形体。按【3】键在光滑预览的时候，没在内侧加线的情况下，模型结构显得较为圆滑，而加线后变得更加的棱角分明，如图2-109所示。

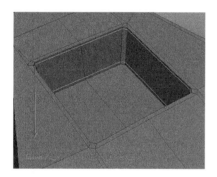

图2-108

图2-109

STEP 31 当坦克车的旋转炮台外形确定下来的时候，如图2-110所示，新建一个Layer层将模型放入Display层中，如图2-111所示，对"Layer2"进行鼠标双击操作，对层进行重命名为Fort，单击Save保存，如图2-112所示。

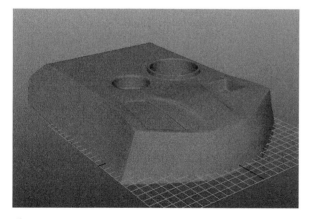

图2-110

图2-111

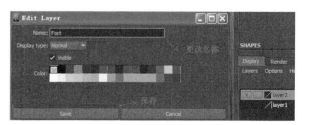

图2-112

STEP 32 单击Layer1层中的"显示/隐藏"按钮，显示Layer1层中的基础模型，如图2-113所示，对比比例参考模型和刚制作完成的旋转炮台的大小比例，通过观察可以发现大小比例还是基本相同的，旋转炮台在前端的结构上和基础模型有了较大的出入，如图2-114所示，这是因为刚开始搭建的比例参考模型缺少线段控制，整个形体上并不能和参考图进行详细的匹配，所以在参考时，主要以整体的结构比例为主。

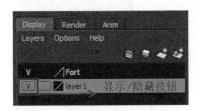

图2-113

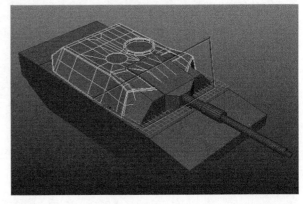

图2-114

2.3.4　任务四：坦克车车身的制作

1．制作坦克车车身主体部分

本节将对坦克车车身进行制作。由于之前制作的比例参考模型的大体结构已经对照参考图调整过，因此对于坦克车车身的起形阶段，可以直接复制制作完毕的比例参考模型。

STEP 01 选择坦克车车身的比例参考模型，按住快捷键【Ctrl+D】，这样该比例参考模型就会被复制创建出来。由于之前的比例参考模型是在Layer1层中的，新复制出的模型的信息也在Layer1中，因此选择Layer1层单击鼠标右键，然后选择Delete Layer命令将该层删除，如图2-115所示。

STEP 02 选择复制出来的比例参考模型，按住快捷键【Ctrl+G】对它们进行打组操作，如图2-116所示，这样这些模型就单独在一个组里了，以后只需要点组里的任何一个模型，再按键盘上的【↑】键可以选择到这个组，这样的打组操作方便整体模型的选择和区分，在学习和工作中是常用到的手段。当基础模型被打组选择后，新建一个新的Layer层，将模型组放入层中并更名为Basic，然后隐藏层，如图2-117所示。

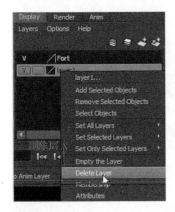

图2-115

图2-116

图2-117

STEP 03 坦克车车身的左右两侧几乎是对称的，这里能够使用镜像制作的手法。在正视图为模型添加一条中心线，具体方法是选择一条线，按住【Ctrl】键并单击鼠标右键，在出现的快捷菜单中选择左下方的Edge Ring Utilities边缘环工具将会出现一个新的快捷菜单，如图2-118所示。在新出现的快捷菜单中选择右下方的To Edge Ring边环，如图2-119所示，这样一条标准的处于模型中心处的线就被创建出来了。选择位于中心线左侧的模型，将其删除，如图2-120所示。选择位于中心线右侧的车体模型，单击Edit>Duplicate Special>设置，在设置中将

Geometry type（几何体类型）改为Instance（关联复制），如图2-121所示，这样复制出来的模型也将受到原有模型的操作影响。由于复制模型是在x轴上进行操作的，因此Scale（缩放）的x轴为"-1"时为对称复制，当值为"1"时就是只在模型的原位置上复制，如图2-122所示。单击Apply（应用）执行特殊复制，如图2-123所示。

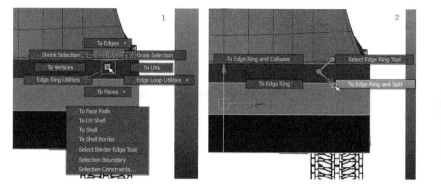

图2-118   图2-119   图2-120

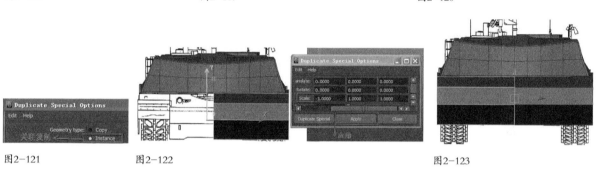

图2-121   图2-122   图2-123

STEP 04 切换到侧视图视窗，基础模型的布线简单导致了模型的整个结构并不完善，如图2-124所示，可以通过单击Edit Mesh>Insert Edge Loop Tool（插入循环线工具）来为模型添加线段，之后通过调节点的位置来达到塑造形体结构的作用，如图2-125所示。

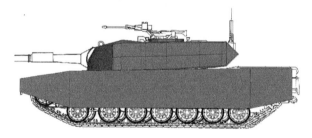

图2-124

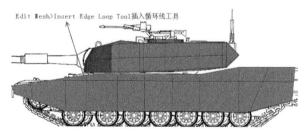

图2-125

STEP 05 切换到正视图视窗，根据图片参考结构的位置，添加一条环线以确定车身和挡板的位置和履带在正视图的宽度，如图2-126所示。

STEP 06 通过对参考图的观察能够看出车体侧面的结构并不是水平对齐的，如图2-127所示。选择车体侧面的点在x轴上向左侧（坦克车内侧）方向移动，位置以大致与参考图对齐为标准，如图2-128所示。

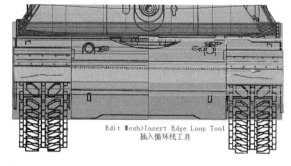

图2-126

STEP 07 在透视图中选择位于结构转折处下方的面，如图2-129所示，单击Edit Mesh>Extrude（挤压）命令后返回正视图进行操作，将挤压后的面在x轴上（坦克车外侧）向右位移，移动的位置大致参考顶视图和正视图，如图2-130所示。

STEP 08 在侧视图窗口中，添加一条环线以起到确定履带位置的作用，如图2-131所示，在透视图窗口中，选择并删除车体容易与坦克车履带出现穿插的面，如图2-132所示。

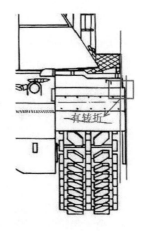
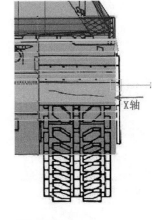

图2-127   图2-128

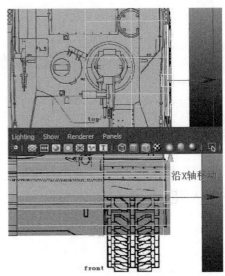

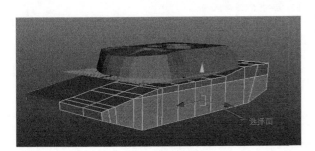

图2-129

图2-130

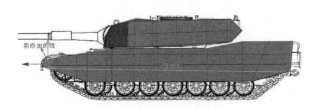

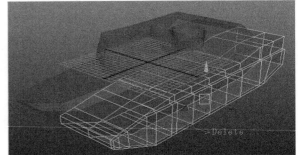

图2-131

图2-132

STEP 09 为避免在制作履带的时候出现穿帮，对车体底部的边缘线进行挤压操作，如图2-133所示，使用缩放工具在x轴上和z轴上操作以起到突出车体边缘的厚度感的作用，如图2-134所示。

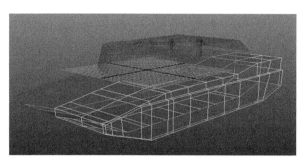

图2-133

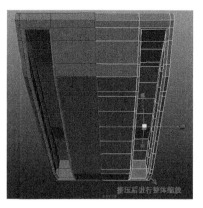

图2-134

2. 制作坦克车车身挡板

STEP 01 对照参考图可以观察到在坦克车机身外侧还有附加一层挡板，选择位于坦克车机身侧部的一块面，如图2-135所示，单击Edit Mesh>Duplicate Face（复制面）将复制该面，将选择的面向x轴正方向上移动，以便稍后要对这块面的形状进行调整并挤压厚度，如图2-136所示。

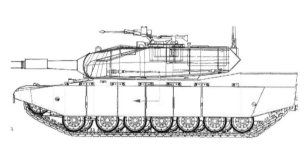

图2-135

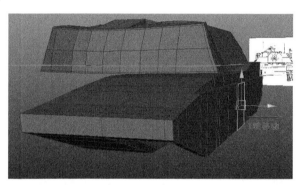

图2-136

STEP 02 在侧视图窗口对照参考图的挡板形状，使用快捷菜单中的Split Polygon Tool分割多边形工具为复制出的面加两条线，如图2-137所示。选择位于挡板外侧的4条边并单击Edit Mesh>Extrude（挤压）进行挤压操作，如图2-138所示。对挤压后的边进行z轴上的缩放，如图2-139所示。对挤压面的点进行位置上的移动，以做出倾斜状的效果，如图2-140所示。选择制作好的挡板，按住快捷键【Ctrl+D】对其进行复制和移动，如图2-141所示。

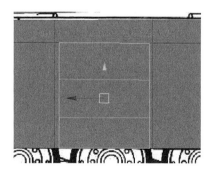

图2-137

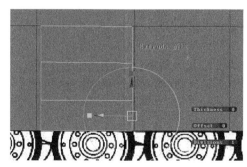

图2-138

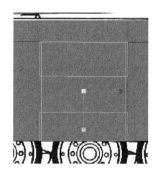

图2-139

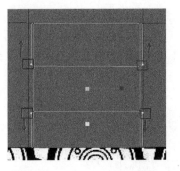

图2-140

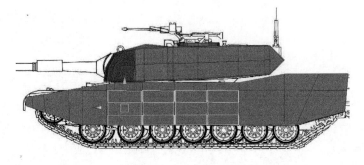

图2-141

技术看板:

分割多边形工具:【Ctrl】键+鼠标右键拖动>Split（分割）拖动>Split Polygon Tool（分割多边形工具）或单击在Polygons（多边形）模块下的▦Split Polygon Tool（分离多边形工具）

（1）功能说明：创建新的面、顶点和边，把现有的面分割为多个面。可以通过跨面绘制一条线以指定分割位置来分割网格中的一个或多个多边形面。

（2）操作方法：单击执行，在多边形需要分割的边上连续单击，按【Enter】键或<Q>键完成分割。

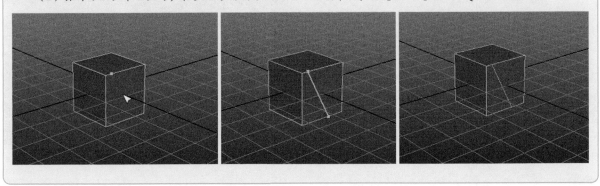

STEP 03 对坦克车机身侧面剩余的挡板进行制作。选择机身侧面的3块面后单击Edit Mesh>Duplicate Face（复制面）将其复制。单击Modify>Center Pivot（置中枢轴点）将中心轴点设置到物体中心，如图2-142所示。鼠标单击Edit Mesh>Insert Edge Loop Tool（插入循环线工具）为挡板添加两条边，如图2-143所示。选择右侧的两条边并使用鼠标单击Edit Mesh>Extrude（挤压），对挤压的边在z轴上进行位移操作，然后移动点来改变挡板的外形，如图2-144所示。

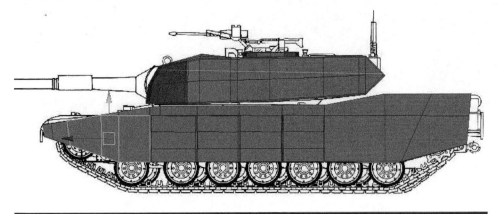

图2-142

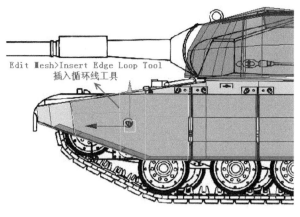

图2-143

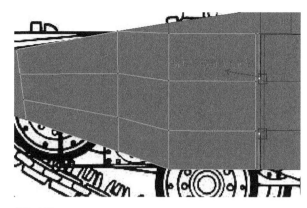

图2-144

STEP 04 使用相同的方法制作出其他部位的挡板，如图2-145所示。选择所有的挡板部件，鼠标单击Mesh>Combine（合并）将所有的部件合并为一体。切换到正视图窗口，选择挡板上的所有点，使用缩放工具沿着*x*轴向中心点位置移动，以达到将所有的点压平的目的，如图2-146所示。单击Modify>Center Pivot（置中枢轴点）将中心轴点设置到物体中心，选择挡板并使用鼠标单击Edit Mesh>Extrude（挤压），如图2-147所示。

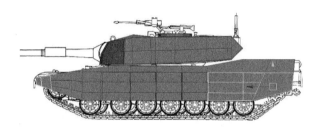

图2-145

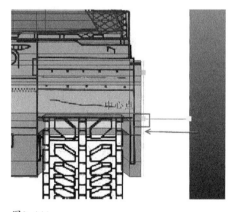

图2-146

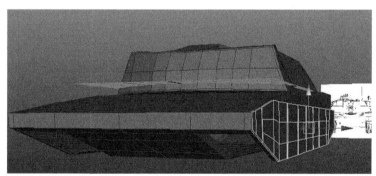

图2-147

STEP 05 鼠标单击Create>Polygon Primitives>Cube创建一个立方体，使用缩放工具将立方体缩放至和参考图的挡板结构同样大小，如图2-148所示，按住快捷键【Ctrl+D】复制另一部分挡板结构，如图2-149所示。

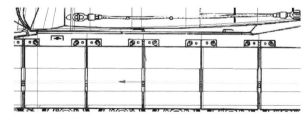

图2-148

图2-149

3. 制作坦克车车身挡板上的零件组

STEP 01 鼠标单击Create>Polygon Primitives>Pipe创建一个软管，在通道栏中改变软管的物体属性，将Subdivisions Axis细分段数设置为12，Thickness厚度设置为0.6，如图2-150所示。选择管状体顶部的4个面，如图2-151所示，鼠标单击Edit Mesh>Extrude（挤压）对其进行挤压操作，如图2-152所示。鼠标单击Edit Mesh>Insert Edge Loop Tool（插入循环线工具）为模型的侧面各添加两条边，如图2-153所示，同时也为圆环内侧添加两条边，如图2-154所示。

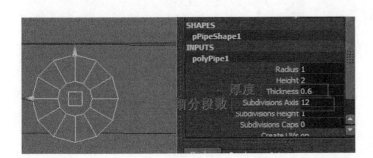

图2-150

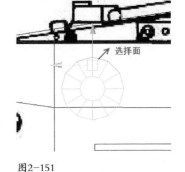

图2-151

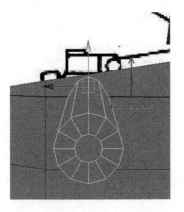

图2-152

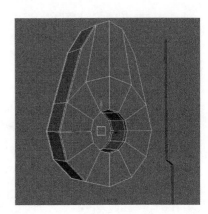

图2-153　　　　　　　　　　　　图2-154

STEP 02 鼠标单击Create>Polygon Primitives>Cylinder创建一个圆柱体并旋转缩放到参考图结构位置，如图2-155所示。将刚完成的管状体结构旋转并缩放到参考图结构位置，如图2-156所示。同时选择管状体和圆柱体，鼠标单击Eidt>Group（组）对这两个模型进行打组操作。然后单击Modify>Center Pivot（置中枢轴点）将中心轴点设置到物体中心，如图2-157所示。坦克车挡板上的一个小零件就制作完成了。

图2-155

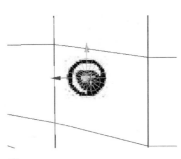

图2-156

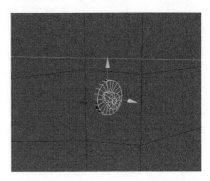

图2-157

STEP 03 鼠标单击Create>Polygon Primitives>Cube 创建一个立方体并缩放移动到参考图位置，如图2-158 所示。按住快捷键【Ctrl+D】复制这块立方体构建出 参考图的结构，如图2-159所示。鼠标单击Create> Polygon Primitives>Cylinder创建一个圆柱体，并将 其旋转缩放到参考图结构位置后复制该物体到另一边， 如图2-160所示。选择并复制挡板上的小零件组，并将 它们旋转缩放到车体上零件部位，如图2-161所示。选 择所有车体上的零件并单击Eidt>Group（组）进行打 组操作，单击Modify>Center Pivot（置中枢轴点）将 中心轴点设置到物体中心，如图2-162所示。

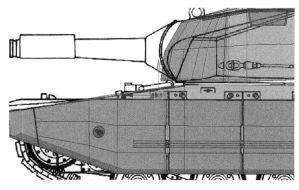

图2-158

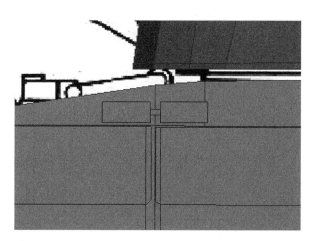

图2-159

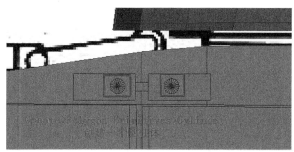

图2-160

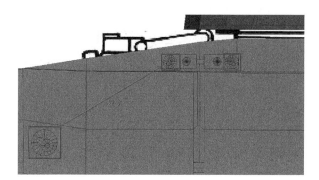

图2-161

图2-162

STEP 04 对车体上的零件组进行复制，移动到参考图的 相应位置，这样整个车身的侧面零件就制作完成了，如 图2-163所示。

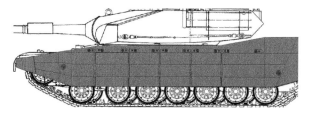

图2-163

4. 把两侧关联复制的车身合并为一个整体

切换到顶视图，选择左右两个对称的车身模型，鼠标单击Mesh>Combine（合并）对这两个模型进行合并。鼠标单击Edit Mesh>Marge将中心接缝处的点连接上，如图2-164所示。选择车身尾部的面，如图2-165所示，鼠标单击Edit Mesh>Extrude（挤压）对这些面进行挤压操作，如图2-166所示。

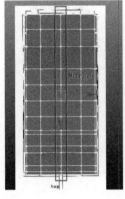
图2-164

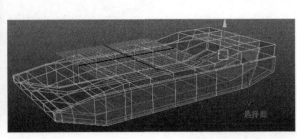
图2-165

图2-166

5. 制作坦克车车体上的网状结构

STEP 01 鼠标单击Create>Polygon Primitives>Plane创建一个平面来为网状结构的基础塑形。选择平面上的所有的点，鼠标单击Edit Mesh> Chamfer Vertex（倒角顶点）来对所有的点进行倒角，如图2-167所示。在通道栏中对倒角属性进行修改，将Width（宽度）设置为0.5，如图2-168和图2-169所示。鼠标单击Edit Mesh>Marge（合并）对平面上重合的点进行连接，选择平面上所有的边，鼠标单击Edit Mesh>Bevel（倒角）对边进行倒角操作，在通道栏中将倒角属性的Offset（偏移值）修改为0.2，如图2-170和图2-171所示。全选平面上所有的点后按【Delete】键将多余的点删除，如图2-172所示。选择平面外圈的边后使用鼠标单击Edit Mesh>Extrude（挤压），如图2-173所示。

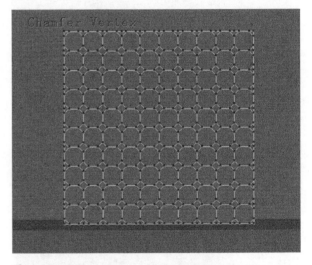
图2-167

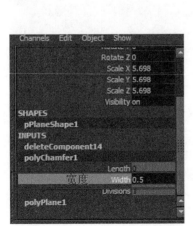
图2-168

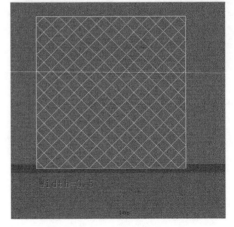
图2-169

图2-170

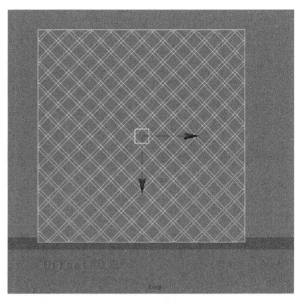

图2-171

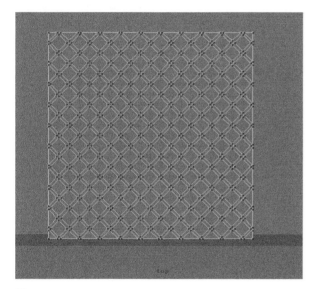

图2-172

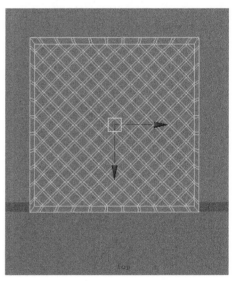

图2-173

STEP 02 选择平面内的面，如图2-174所示，按
【Delete】键将选择的面删除，以做出网状结构空心
处结构，如图2-175所示。选择平面后使用鼠标单击
Edit Mesh>Extrude（挤压）对其进行挤压操作，如
图2-176所示。选择刚制作好的网状结构，按快捷键
【Ctrl+D】对其进行复制，并移动到参考图上合适的位
置，如图2-177所示。选择在形体上多余的网状结构，
使用鼠标单击Edit Mesh>Cut Faces Tool在网状结构
多余的结构上增加一条边，如图2-178所示。选择多余
的网状结构后按【Delete】键将其删除，如图2-179
所示。这样网状结构就被安装在坦克车车身上了，如图
2-180所示。

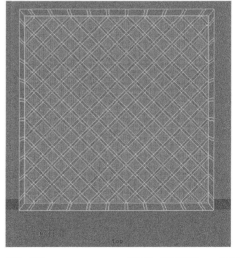

图2-174

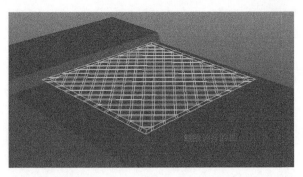

图2-175

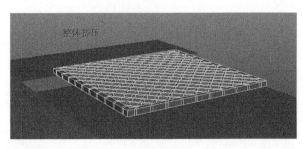

图2-176

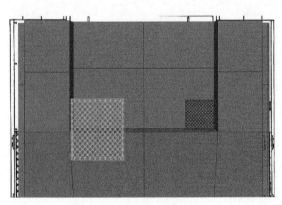

图2-177

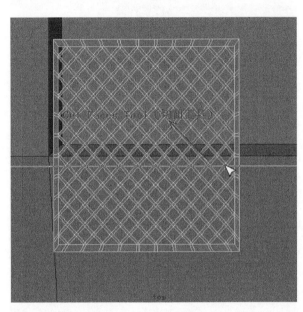

图2-178

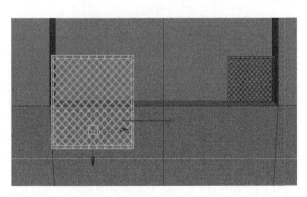

图2-179

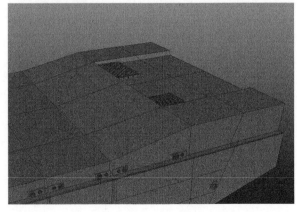

图2-180

2.3.5 任务五：制作坦克车履带

通过参考图对坦克车履带进行观察，履带的结构看似很复杂，对它分析后就便于理解，可以理清制作思路。首先制作出一节履带链，履带链可以首尾相接，最后再将履带链复制串联成整条履带。

1. 制作履带基础形体组

鼠标单击Create>Polygon Primitives>Cube创建一个立方体，调整出长方体的形态。按住快捷键【Ctrl+D】复制长方体，鼠标单击Edit Mesh>Insert Edge Loop Tool（插入循环线工具）为新复制的长方体添加一圈环线，对新长方体的边进行编辑以改变它的形态，如图2-181所示。用相同的制作手法做出一个履带链，如图2-182所示，选择构成履带链的所有模型，单击Edit>Group（组）进行打组操作，单击Modify>Center Pivot（置中枢轴点）将中心轴点设置到物体中心。

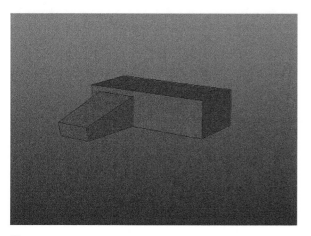

图2-181

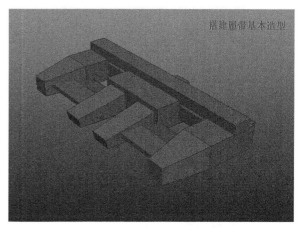

图2-182

2. 制作整条履带

STEP 01 单击Create>NURBS Primitives>Circle（圆环）创建一个圆环，将Rotatez轴旋转设置为90，在通道栏中对圆环属性中的Sections（段数）设置为20，达到让圆环更加圆滑的目的，如图2-183所示。对圆环的点进行编辑，具体是围绕着参考图中履带的外轮廓，如图2-184所示。在正视图窗口中将圆环移动到履带位置处，如图2-185所示。

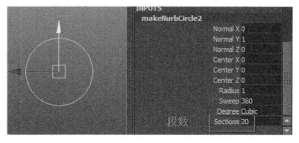

图2-183

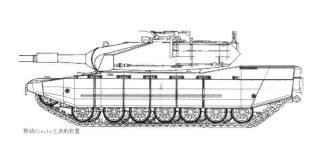

图2-184

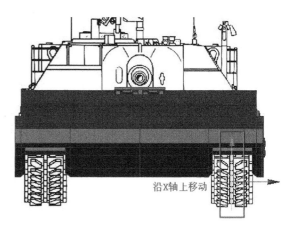

图2-185

STEP 02 将履带链条的大小缩放至和参考图大小相似，如图2-186所示。切换到Animation动画模块，将动画帧修改为300，如图2-187所示。选择履带链条再按住【Shift】键选取圆环曲线，鼠标单击Animate>Motion Paths>Attach to Motion Path（连接到运动路径），打开Attach to Motion Path的参数设置，将Front axis修该为Y，UP axis修改为Z，单击ATTach，如图2-188和图2-189所示。

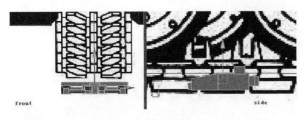

图2-186

图2-187

图2-188

图2-189

STEP 03 选择履带链条，鼠标单击Animate>Create Animation Snapshot（创建动画快照），对Create Animation Snapshot的参数进行设置，Start time（开始时间）为1，End time（结束时间）为300，Increment（增量）为2，单击Snapshot（快照），如图2-190和图2-191所示。

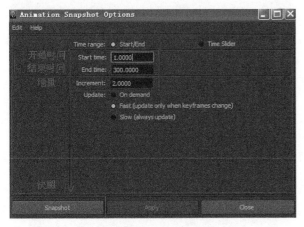

图2-190

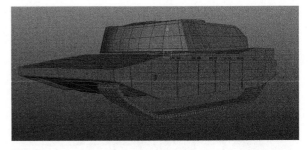

图2-191

3. 制作履带中凸起结构部分

STEP 01 对照坦克车履带参考图可以发现在履带条的中端有凸起的结构来连接，如图2-192所示，由于凸起结构和履带在做Attach to Motion Path（连接到运动路径）时候的参数不一样，因此在制作上是分开进行的。首先创建履带凸出结构的基础外形，如图2-193和图2-194所示，在基础外形上分别添加两根中心线，如图2-195所示。

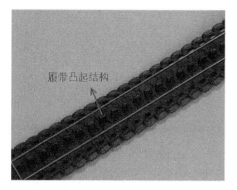

图2-192

图2-194

图2-193

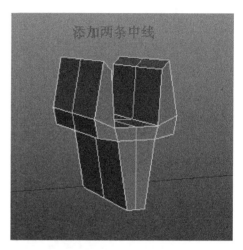

图2-195

STEP 02 鼠标单击Maya软件上的Snap to Points（点吸附）进入点吸附模式，如图2-196所示，按【Insert】键进入中心点操作，如图2-197所示。位移y轴将中心点吸附到模型的底部中心处，如图2-198所示，再次按【Insert】键返回物体操作，再次单击Snap to Points（点吸附）取消点吸附模式。

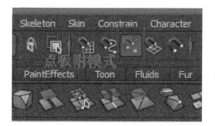

图2-196

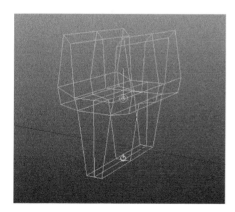

图2-197

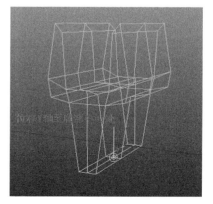

图2-198

切换到Animation动画模块，选择履带凸起结构再按住键盘上的【Shift】键选取圆环曲线，鼠标单击Animate>Motion Paths>Attach to Motion Path（连接到运动路径），打开Attach to Motion Path的参数设置将Front axis修改为Z，Up axis修改为Y，单击Attach，如图2-199和图2-200所示。

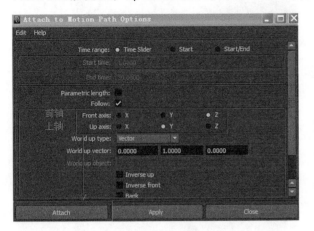

图2-199

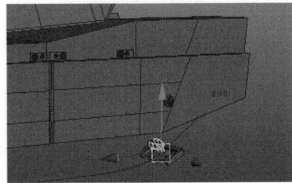

图2-200

选择履带凸起结构，鼠标单击Animate>Create Animation Snapshot（创建动画快照），对Create Animation Snapshot的参数进行设置，Start time（开始时间）为1，End time（结束时间）为300，Increment（增量）为3，单击Snapshot（快照），如图2-201和图2-202所示。删除与车体穿帮和被车体遮挡并不能直观看见的结构，如图2-203所示。选择所有的履带凸起结构，新建一个Display的Layer层并将选择的履带结构添加其中，将Layer层重命名为track2，如图2-204所示，这样履带的结构就制作完成了。

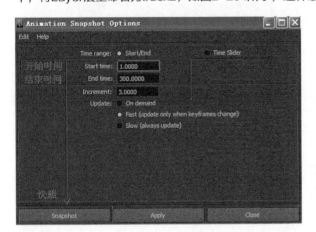

图2-201

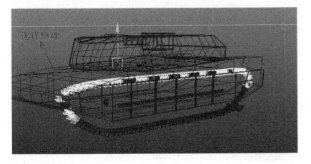

图2-203

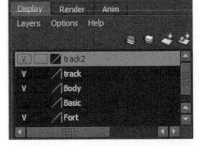

图2-204

图2-202

2.3.6　任务六：制作坦克车车轮

1.　制作坦克车车轮

STEP 01 切换到Polygons模块，使用鼠标单击
Create>Polygon Primitives>Cylinder创建一个圆
柱体，将其旋转缩放到参考图上车轮的位置，如图
2-205所示。选择圆柱体外圈的所有面，鼠标单击Edit
Mesh>Extrude（挤压）进行挤压操作。选择缩放工具
在x轴上缩放，如图2-206所示，再次进行挤压操作后
在z轴方向上进行缩放，如图2-207所示。

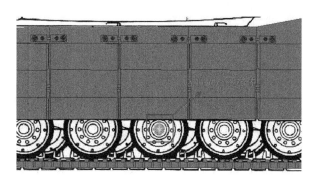

图2-205

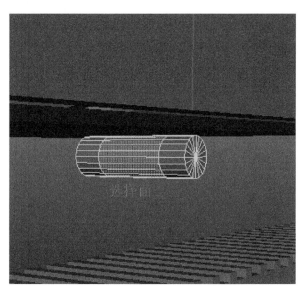

图2-206

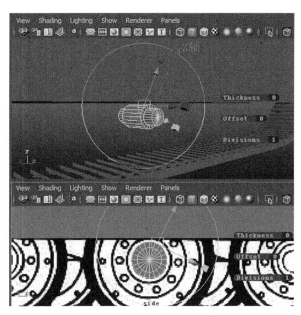

图2-207

STEP 02 重复相同的步骤对外圈的面进行挤压，外形调
整至与参考图车轮相同，注意车轮内侧的透视关系，
如图2-208所示。选择车轮最外圈的边，如图2-209
所示，鼠标单击Edit Mesh>Bevel（倒角）进行倒角
操作，倒角属性Offset（偏移值）设置为0.3，如图
2-210所示，这样的操作能固定住车轮的外侧外形，
在光滑预览下才不会太过圆润而导致走形。选择坦
克车车轮内圈的边，如图2-211所示，鼠标单击Edit
Mesh>Bevel（倒角）进行倒角操作，倒角属性Offset
（偏移值）设置为0.2，如图2-212所示。

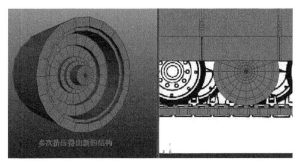

图2-208

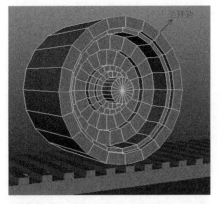

图2-209

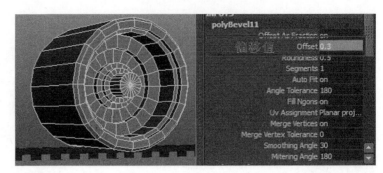

图2-210

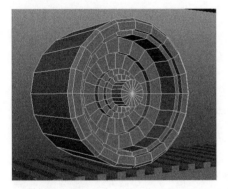

图2-211

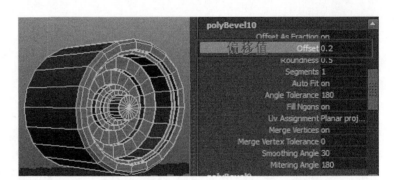

图2-212

STEP 03 为车轮外圈面上增加一条中心线，如图2-213所示，按住键盘上的【Delete】键删除没有倒角的一侧面，如图2-214所示。选择剩下的车轮，按住快捷键【Ctrl+D】复制选择的半截车轮，将复制出来的车轮的Scale Y属性调整为与另一半车轮相反的负值，如图2-215所示，模型就会被对称复制到中心点的另一侧，如图2-216所示。

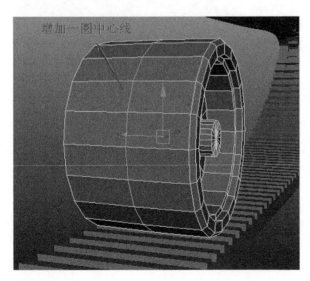

图2-213

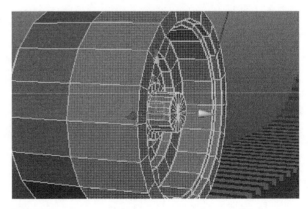

图2-214

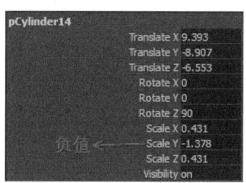

图2-215

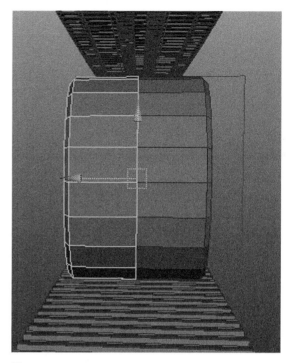

图2-216

STEP 04 选择这两个半侧车轮，鼠标单击Mesh>Combine（合并）将两个模型合并为一个，如图2-217所示。单击Edit Mesh>Marge（缝合）将合并完模型上重合的点进行缝合，如图2-218所示。

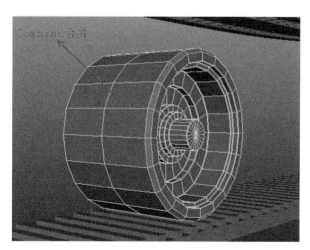

图2-217

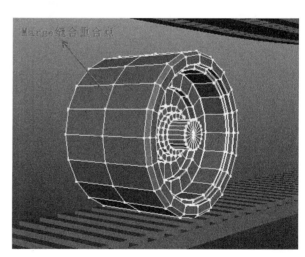

图2-218

STEP 05 鼠标单击Create>Polygon Primitives>Cylinder创建一个圆柱体，将其旋转缩放到侧视窗口中的车轮上，如图2-219所示。鼠标单击Edit Mesh>Insert Edge Loop Tool（插入循环线工具）为圆柱体的边缘处增加一圈环线，以起到卡边的作用，如图2-220所示。按住快捷键【Ctrl+D】对制作完成的圆柱体进行复制，对照参考图进行简单的对位，如图2-221所示，这样坦克车的车轮就制作完毕了，如图2-222所示。

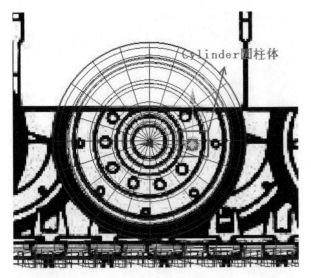

图2-219

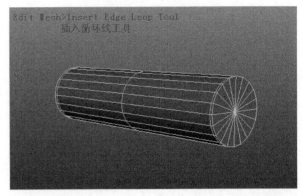

图2-220

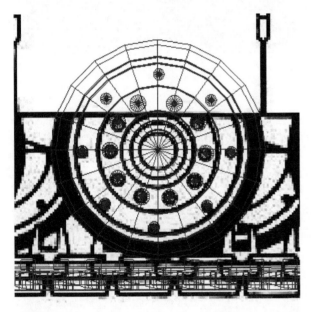

图2-221

图2-222

STEP 06 选择车轮的所有部件，鼠标单击Edit>Group（组）对选择的模型进行打组操作，单击Modify>Center Pivot（置中枢轴点）将中心轴点设置到物体中心，在侧视图窗口中复制车轮后与参考图匹配对位，如图2-223所示。

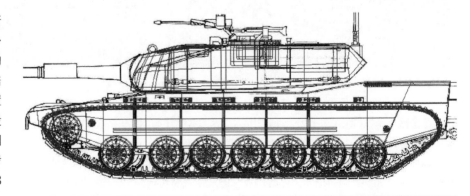

图2-223

2. 制作坦克车主动轮

STEP 01 参考图中坦克车的主动轮与其他车轮的形状相似，使用鼠标单击Create>Polygon Primitives>Cylinder创建一个圆柱体，将其旋转缩放到主动轮位置，如图2-224所示。修改圆柱体在通道栏中的物体属性，将Subdivisions Axis（细分段数）设置为"16"，如图2-225所示。

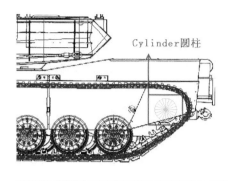

图2-224

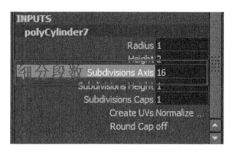

图2-225

STEP 02 选择圆柱体外圈的所有面，鼠标单击Edit Mesh>Extrude（挤压）对面进行挤压操作，使用缩放工具在y轴上进行缩放，如图2-226所示。选择外圈的面再次进行挤压，在z轴上进行挤压操作，如图2-227所示。

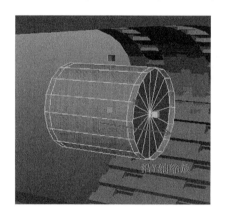

图2-226

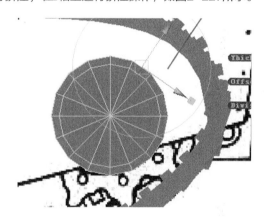

图2-227

STEP 03 选择圆柱体外圈的面，鼠标单击Edit Mesh>Extrude（挤压）对面进行挤压操作，使用缩放工具在y轴上进行缩放，如图2-228所示。选择外圈的面再次进行挤压，在z轴上进行挤压操作，如图2-229所示。

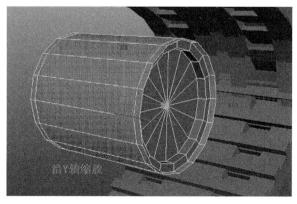

图2-228

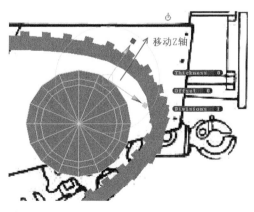

图2-229

STEP 04 在圆柱体的外圈面上隔一个面选择一个面，如图2-230所示，鼠标单击Edit Mesh>Extrude（挤压）对选择的面进行挤压，在z轴上进行挤压操作，如图2-231所示，在y轴上进行挤压操作，如图2-232所示。选择轮内圈的面进行挤压操作，使用位移工具在x轴上进行移动，如图2-233所示。使用鼠标单击Edit Mesh>Insert Edge Loop Tool（插入循环线工具）为主动轮的边缘处加环线，如图2-234所示。

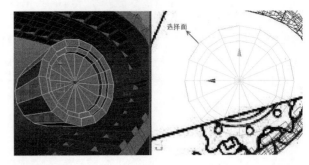

图2-230

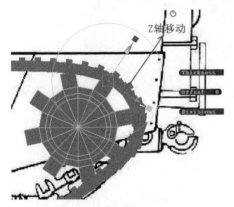

图2-231

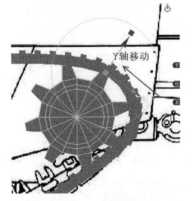

图2-232

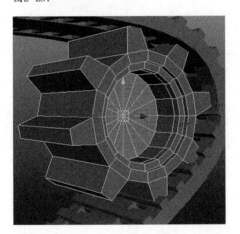

图2-233

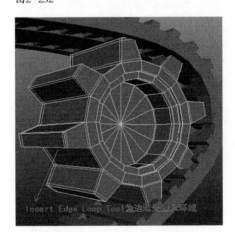

图2-234

STEP 05 鼠标单击Create>Polygon Primitives> Cylinder创建一个圆柱体，将新建的圆柱体缩放并旋转移动到主动轮上，如图2-235所示。鼠标单击Edit Mesh>Insert Edge Loop Tool（插入循环线工具）为圆柱体的边缘添加一圈线，如图2-236所示。选择圆柱体并按快捷键【Ctrl+D】对其进行复制，将新复制的圆柱对应齿轮的位置进行移动，如图2-237所示。之后依次复制并对应齿轮进行位移，如图2-238所示。选择组成主动轮结构的所有模型，使用鼠标单击Edit>Group（组）进行打组操作，单击Modify>Center Pivot（置中枢轴点）将中心轴点设置到物体中心，坦克车的主动轮也被创建出来了，如图2-239所示。

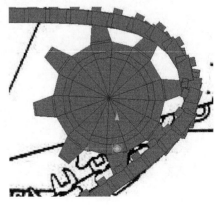

图2-235

图2-236

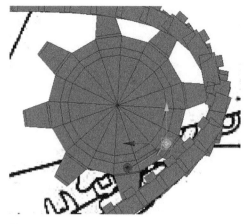

图2-237

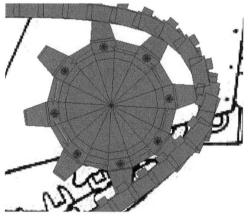

图2-238

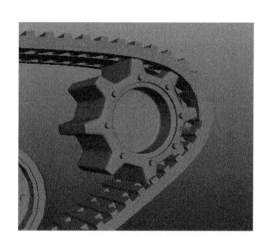

图2-239

STEP 06 选择所有的车轮，将它们添加入Display下的Layer层中，并重新命名为"Tyre"以便于以后制作中进行显示和隐藏，如图2-240所示。这样所有的车轮就制作完成了，如图2-241所示。

图2-240

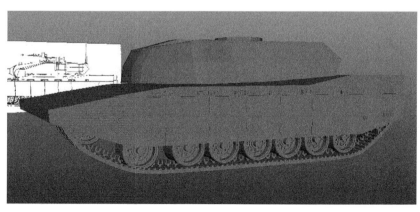

图2-241

2.3.7　任务七：制作坦克车炮塔和机枪

1．制作炮塔

`STEP 01` 隐藏车轮和履带，鼠标单击Create>Polygon Primitives>Cube创建一个正方体，在侧视窗口移动点做出倾斜角度，如图2-242所示。在立方体侧面增加一条中心线，调整出侧视图的弧度，如图2-243所示。选择新添加的中心线，鼠标单击Edit Mesh>Bevel（倒角），对边进行倒角操作。调整倒角属性的参数，将Segments（段数）为2，如图2-244所示，调整炮塔的侧视图弧度，如图2-245所示。

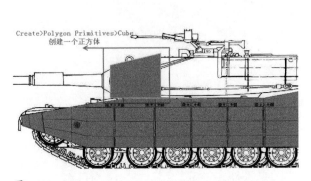

图2-242

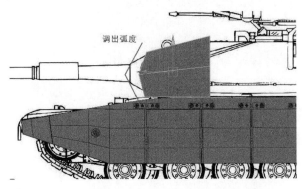

图2-243

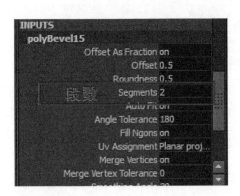

图2-244

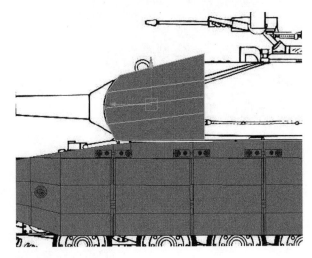

图2-245

`STEP 02` 增加一条中心线，调整出顶视图的弧度，如图2-246所示。选择新添加的顶视窗口中的中心线，鼠标单击Edit Mesh>Bevel（倒角）对边进行倒角操作，调整倒角属性的参数，将Segments（段数）为2，并调整炮塔在顶视图的弧度，如图2-247所示。

`STEP 03` 选择炮塔前端的面，如图2-248所示，鼠标单击Edit Mesh>Extrude（挤压）进行挤压操作，将选择的面整体缩小一圈，如图2-249所示。

`STEP 04` 在正视窗口中调节点的位置，以做出一个圆弧状的形体，如图2-250所示。在侧视窗口中对点进行调节，让点和点的位置牵扯得不要太大，如图2-251所示。

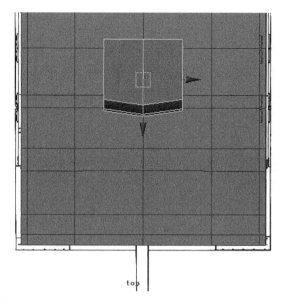

图2-246

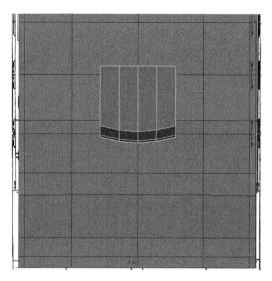

图2-247

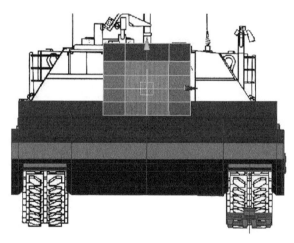

图2-248

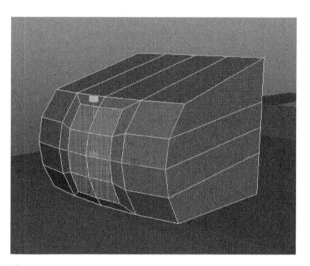

图2-249

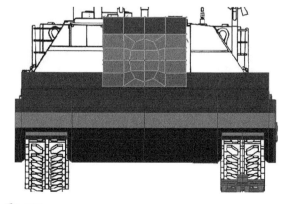

图2-250

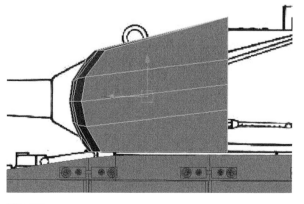

图2-251

STEP 05 选择炮塔前端调整完的面，如图2-252所示，鼠标单击Edit Mesh>Extrude（挤压）进行挤压操作，在侧视窗口中使用移动工具沿着z轴方向移动，做出炮塔和炮筒连接处的结构，如图2-253所示。使用缩放工具在y轴上缩放，如图2-254所示。使用缩放工具在z轴上缩放，如图2-255所示。在正视图窗口中，使用缩放工具在x轴上缩放，如图2-256所示。

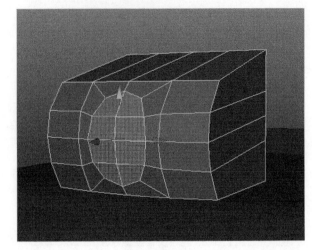

图2-252

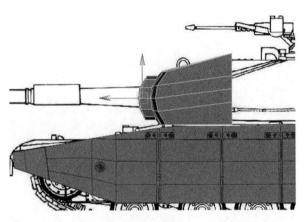

图2-253

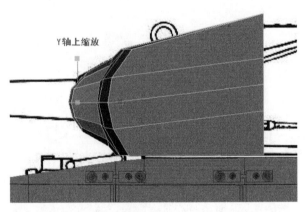

图2-254

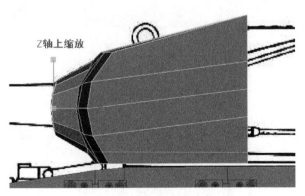

图2-255

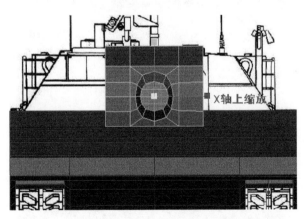

图2-256

STEP 06 选择圆圈两边的点，如图2-257所示，单击移动工具在z轴上进行移动，如图2-258所示，这样做能起到让模型过渡更自然的作用。

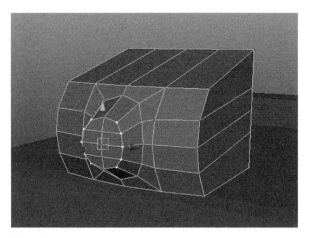

图2-257

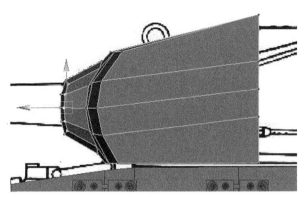

图2-258

STEP 07 在顶视图中移动点的位置以改变炮塔的形状,如图2-259所示。切换到侧视窗口中,单击Edit Mesh>Cut Faces Tool(切面工具),如图2-260所示。为炮塔末端增加一条直线,如图2-261所示。显示Layer层Fort中的旋转炮塔,如图2-262所示,贴合旋转炮塔外形调整炮塔的点,避免两个模型之间出现穿帮,如图2-263所示。

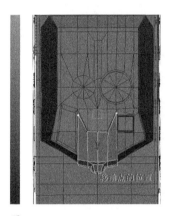

图2-259

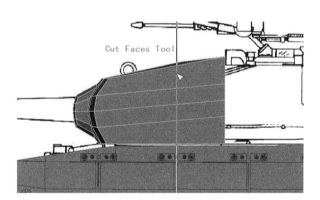

图2-260

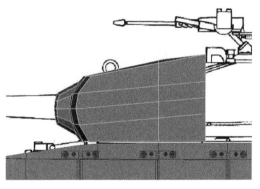

图2-261

图2-262

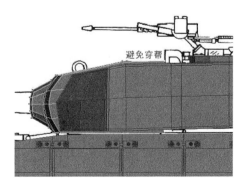

图2-263

选择炮台和炮筒连接处的面，如图2-264所示，鼠标单击Mesh>Extract（提取）将选择的面从炮塔模型中提取出来，如图2-265所示。

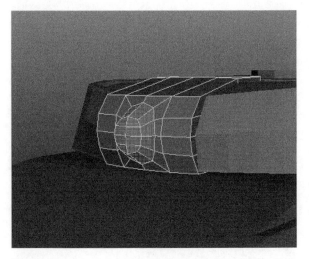

图2-264

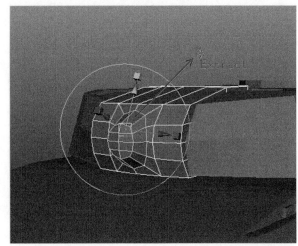

图2-265

STEP 09 选择炮塔前端的边，如图2-266所示，鼠标单击Edit Mesh>Extrude（挤压）进行挤压操作，使用缩放工具对挤压后的边整体缩小，如图2-267所示。选择炮塔前端的一圈线，如图2-268所示，鼠标单击Edit Mesh>Bevel（倒角）进行倒角操作，如图2-269所示。

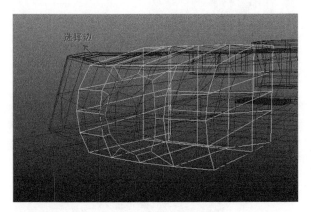

图2-266

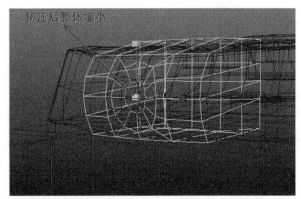

图2-267

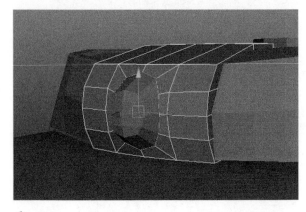

图2-268

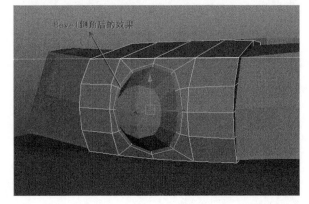

图2-269

STEP 10 选择倒角后的一条边并在z轴上进行移动，如图2-270所示。鼠标单击Edit Mesh>Bevel（倒角）进行倒角操作，如图2-271所示，修改倒角属性中的Offset（偏移）值为0.3，如图2-272所示。

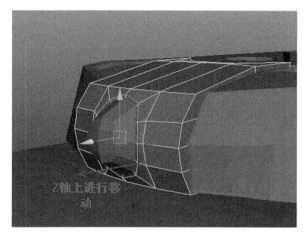

图2-270

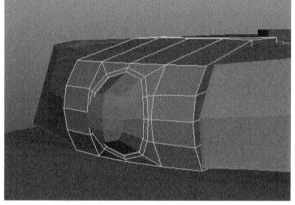

图2-271

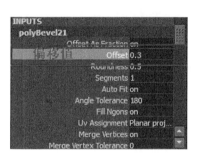

图2-272

STEP 11 选择炮塔模型的边，如图2-273所示，鼠标单击Edit Mesh>Bevel（倒角）进行倒角操作，如图2-274所示。当按键盘上【3】键进行光滑预览的时候，在倒角后三角面的位置出现了结构上的错误，如图2-275所示。选择三角面上的边，如图2-276所示，鼠标单击Edit Mesh>Marge（缝合）对边进行缝合，如图2-277所示。对另3个三角面上的边也进行缝合，如图2-278所示，再进行光滑预览的时候就已经没有之前的错误结构了，如图2-279所示。

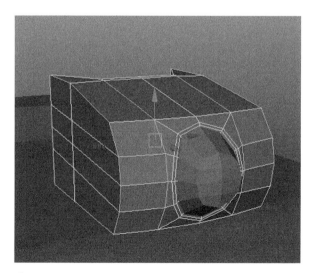

图2-273

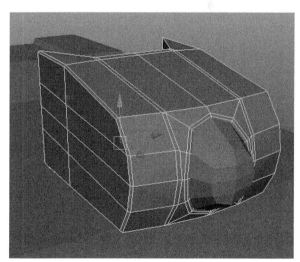

图2-274

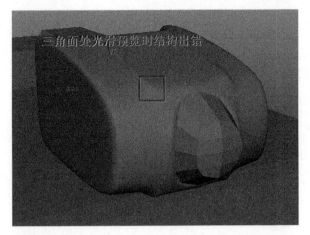

图2-275

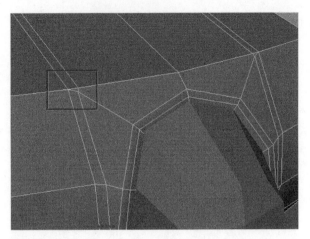

图2-276

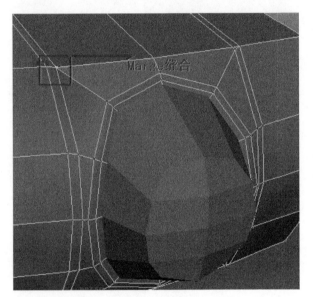

图2-277

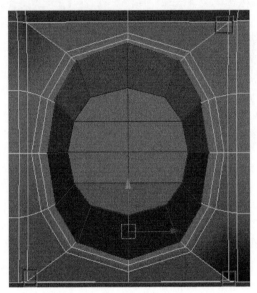

图2-278

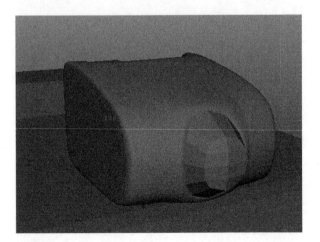

图2-279

STEP 12 鼠标单击Edit Mesh>Insert Edge Loop Tool（插入循环线工具）为炮塔模型添加两条边线，如图2-280所示。由于布线走向的限制，如图2-281所示，因此当光滑预览的时候模型出现了效果不好的结构，如图2-282所示。通过改变线的走向可以消除效果不理想的模型结构，鼠标单击Edit Mesh>Interactive Split Tool（交互式分割工具）连接两点构成一条边，如图2-283所示，删除多余的边从而达到改变线走向的目的，如图2-284和图2-285所示。使用相同的操作方法改变另一条环线的结构，效果如图2-286所示。

STEP 13 鼠标单击Edit Mesh>Insert Edge Loop Tool（插入循环线工具）为炮塔边缘处添加一条线，以起到固定形体的作用，如图2-287所示。

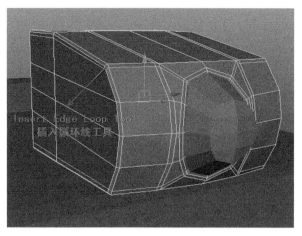

图2-280

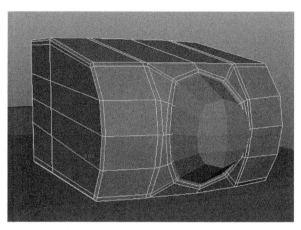

图2-281

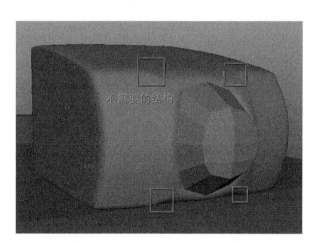

图2-282

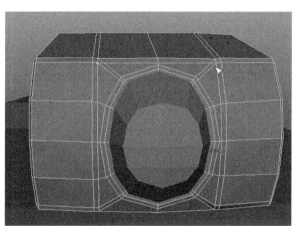

图2-283

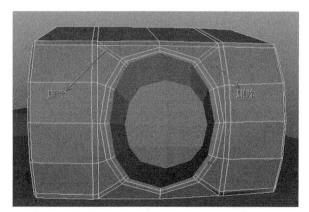

图2-284

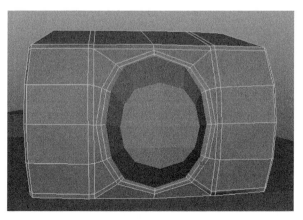

图2-285

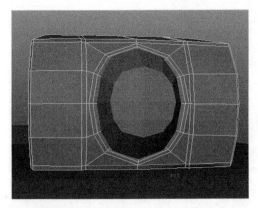

图2-286

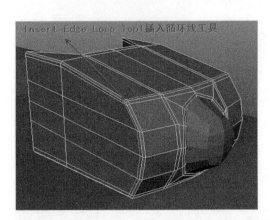

图2-287

STEP 14 选择炮筒连接处的模型，如图2-288所示，鼠标单击Edit Mesh>Insert Edge Loop Tool（插入循环线工具）为模型添加两条边，如图2-289所示。为了防止模型之间出现穿帮，如图2-290所示，在测试窗口中调整模型点的位置，使用移动工具在z轴上对穿帮处的点进行移动，如图2-291所示，这样坦克车的前端炮塔和炮筒连接处的结构就制作完毕了，如图2-292所示。

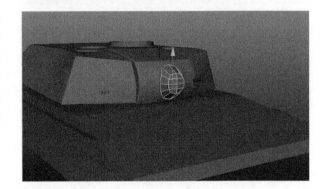

图2-288

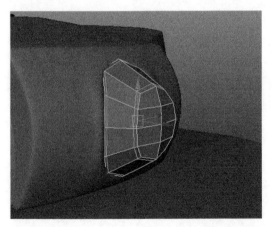

图2-289

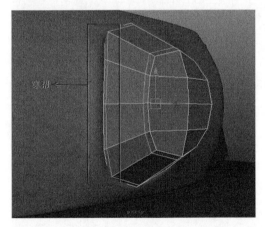

图2-290

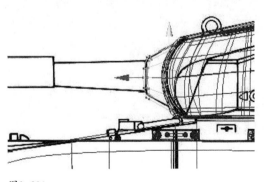

图2-291

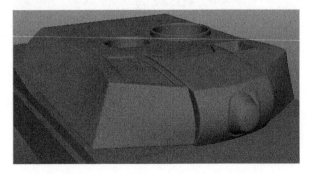

图2-292

2. 制作炮筒

STEP 01 鼠标单击Create>Polygon Primitives>Pipe创建一个管状体，如图2-293所示。设置管状体的物体属性，将Thickness（厚度）值修改为0.3，如图2-294所示。在侧视窗口中，使用移动和旋转工具将管状体移动到炮筒的位置，如图2-295所示。

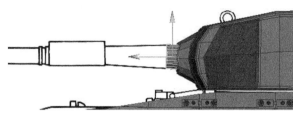

图2-293　　　　图2-294　　　　　　　　图2-295

STEP 02 使用缩放工具修改炮筒的外形，如图2-296所示，选择炮筒前端的点进行整体缩小操作，做出前窄后宽的形状，如图2-297所示。鼠标单击Edit Mesh>Insert Edge Loop Tool（插入循环线工具）对炮筒两侧加上环线，如图2-298所示。

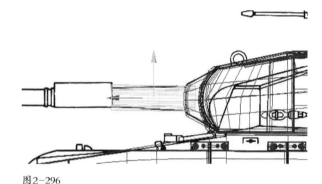

图2-296

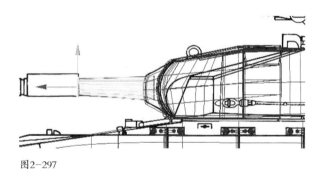

图2-297

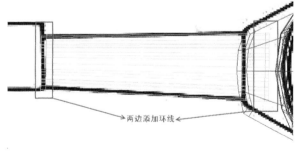

图2-298

STEP 03 鼠标单击Create>Polygon Primitives>Pipe创建一个管状体，改变管状体的物体属性，将Thickness（厚度）值修改为0.4，如图2-299所示。使用移动和旋转工具将管状体移动到炮筒位置，如图2-300所示，按住快捷键【Ctrl+D】对第2节炮筒进行复制，移动到前端炮筒位置并利用缩放工具控制形体大小，如图2-301所示。

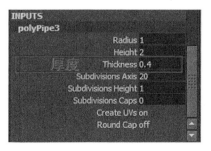

图2-299

图2-300

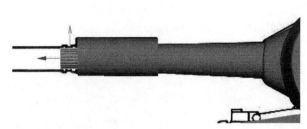

图2-301

STEP 04 鼠标单击Edit Mesh>Insert Edge Loop Tool（插入循环线工具）为第3节炮筒添加两条环线，如图2-302所示。选择第3节炮筒后端的一圈面，鼠标单击Edit Mesh>Extrude（挤压）进行挤压操作，对挤压出的结构整体在z轴上缩放，如图2-303所示。选择前端的一圈面执行挤压命令，对挤压出的结构整体在z轴上缩放，如图2-304所示。

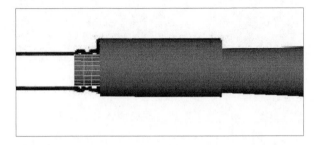

图2-302

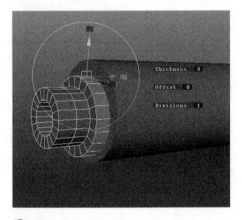

图2-303

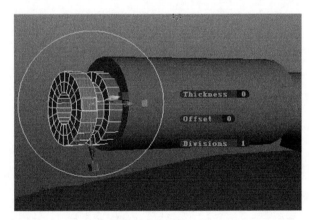

图2-304

STEP 05 在侧视窗口中，直接复制第2节炮筒至最前端炮筒位置，如图2-305所示。使用缩放工具整体缩放炮筒的大小，如图2-306所示。鼠标单击Edit Mesh>Insert Edge Loop Tool（插入循环线工具）为最前端炮筒添加一条环线，如图2-307所示，选择后端的一圈面，如图2-308所示，鼠标单击Edit Mesh>Extrude（挤压）进行挤压操作，对挤压出的结构整体在z轴上进行缩放，如图2-309所示。

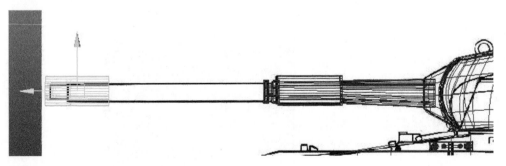

图2-305

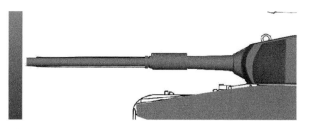

图2-306

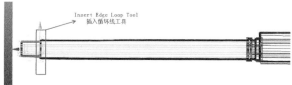

图2-307

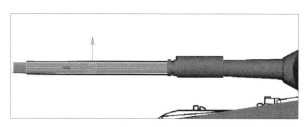

图2-308

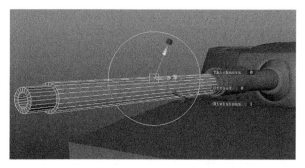

图2-309

STEP 06 选择炮筒边缘处的所有边，如图2-310所示，鼠标单击Edit Mesh>Bevel（倒角）进行倒角操作，将倒角属性中的Offset（偏移）值修改为0.2，如图2-311所示。依次选择其他炮筒边缘处的所有边进行相同操作，通过以上步骤的倒角操作，可以使模型在光滑情况下的硬边效果更好，如图2-312所示。选择刚制作好的炮塔和炮筒，新建一个Layer层将选择的模型放入其中，Layer层重命名为barrel，如图2-313所示。

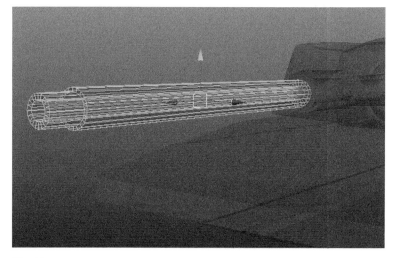

图2-310

图2-311

图2-312

图2-313

3. 制作机枪

STEP 01 坦克车上的机枪的制作和炮筒的制作方法基本相似，只是基础模型从管状体被改为立方体了，这里在制作的时候只需用简单的几何体做出一些结构外形即可。鼠标单击Create>Polygon Primitives>Cube创建一个立方体，在侧视窗口中将立方体移动到枪的位置，如图2-314所以，选择立方体底部的面进行挤压操作，如图2-315所示。创建一个立方体移动到枪身的位置并缩放出合适的大小，如图2-316所示。

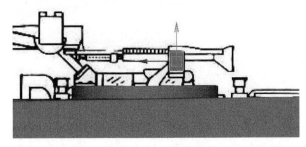

图2-314

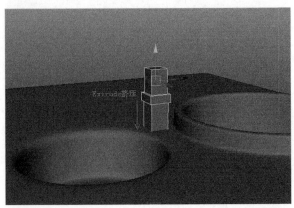

图2-315

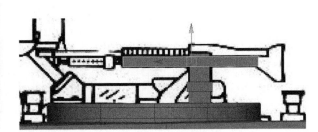

图2-316

STEP 02 按住快捷键【Ctrl+D】复制选择的枪身模型移动到枪尾部处，通过调整点的位置改变形状，如图2-317所示。单击Edit Mesh>Insert Edge Loop Tool（插入循环线工具）为枪尾增加一条边并调整形状，如图2-318所示。按住快捷键【Ctrl+D】复制选择的枪身模型，并移动到枪身上部，如图2-319所示。选择面单击Edit Mesh>Extrude（挤压）进行挤压命令，如图2-320所示。

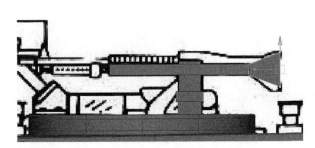

图2-317

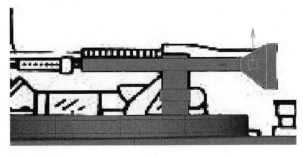

图2-318

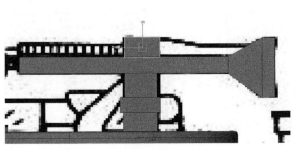

图2-319

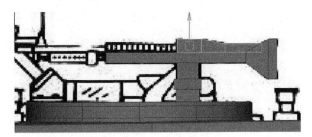

图2-320

鼠标单击Create>Polygon Primitives>Cube
创建一个立方体，将立方体物体属性中的Subdivisions
Depth（细分深度）值改为20，如图2-321所示，并移
动到枪体位置，如图2-322所示，将其缩放至合适的大
小，如图2-323所示。在枪体上相隔地选择10圈面，
如图2-324所示，鼠标单击Edit Mesh>Extrude（挤
压）对选择的面进行挤压操作，如图2-325所示。

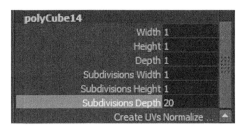

图2-321

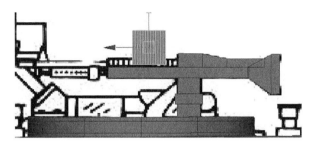

图2-322

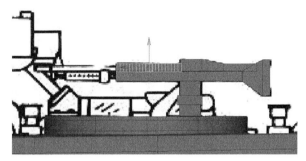

图2-323

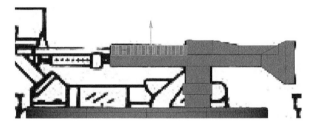

图2-324

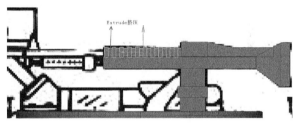

图2-325

鼠标单击Create>Polygon Primitives>Pipe
创建一个管状体，将其移动到枪口的位置并旋转缩放出
合适的大小，如图2-326所示。单击Edit Mesh>Insert
Edge Loop Tool（插入循环线工具）为枪管添加两根
线，如图2-327所示，选择新添加的一圈，鼠标单击
Edit Mesh>Extrude（挤压）进行挤压命令，整体对挤
压结构在z轴上进行缩放，如图2-328所示。

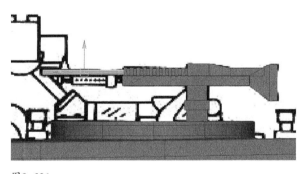

图2-326

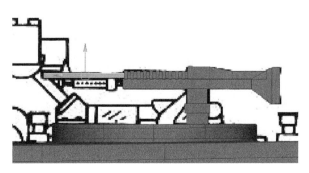

图2-327

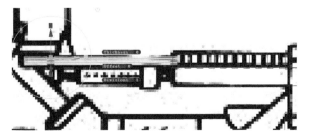

图2-328

STEP 05 选择枪身结构，按住快捷键【Ctrl+D】进行复制，将复制出来的结构移动到枪管下面并调整出合适大小，如图2-329所示。使用相同的操作方法拼凑出全部枪体，如图2-330所示。单击Create>Polygon Primitives>Cube创建一个立方体，将其移动到准星处并调整出合适的大小，如图2-331所示。

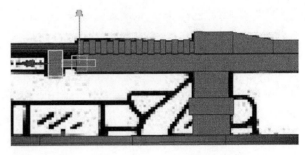

图2-329

图2-330

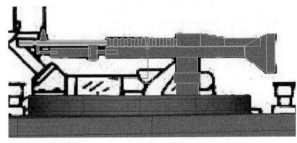

图2-331

STEP 06 选择枪体的所有模型，单击Edit>Group（组）进行打组操作，如图2-332所示。单击Modify>Center Pivot（置中枢轴点）将中心轴点设置到物体中心，如图2-333所示。

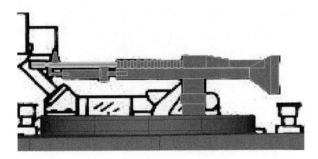

图2-332

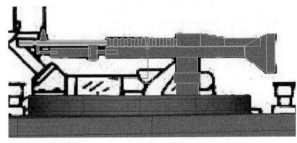

图2-333

STEP 07 切换到透视图窗口，将枪体在x轴上进行缩放，如图2-334所示。根据枪体结构的比例关系，在侧视图做出来的枪体外形比例不够协调，结合正视图和顶视图作为参考，手动对各部件在x轴上进行缩放，这样一个坦克车的枪体就制作完成了，如图2-335所示。

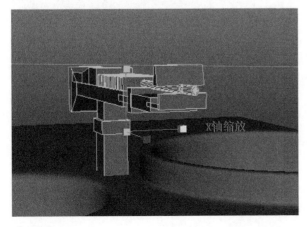

图2-334

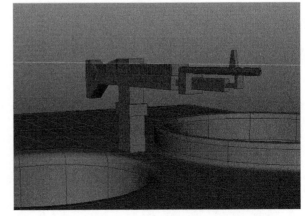

图2-335

STEP 08 制作第二把枪体的时候，鼠标单击Create> Polygon Primitives>Cube创建一个立方体，将其移动到枪身位置，如图2-336所示。按住快捷键【Ctrl+D】复制枪身，搭建出整个枪体结构，如图2-337所示。鼠标单击Create>Polygon Primitives>Pipe创建一个管状体，将其移动到枪管处并调整出合适的大小，如图2-338所示。

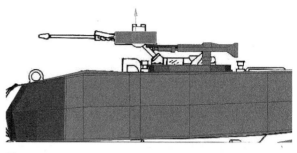

图2-336

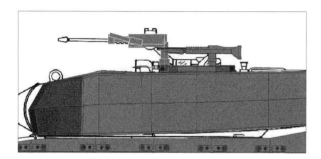

图2-337

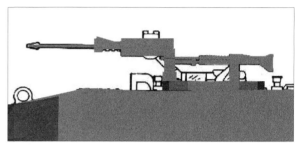

图2-338

STEP 09 鼠标单击Edit Mesh>Insert Edge Loop Tool（插入循环线工具）在枪管处添加一圈线，如图2-339所示。选择新添加的一圈面，鼠标单击Edit Mesh>Extrude（挤压）对选择的面进行挤压，如图2-340所示。通过调点改变枪头的形状，如图2-341所示。切换到透视图窗口中，结合正视图和顶视图作为参考，手动对各部件在x轴上进行简单的缩放，调整出枪体的透视比例，如图2-342所示。

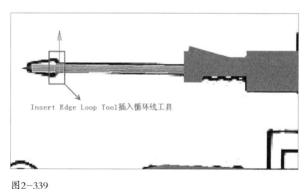

图2-339

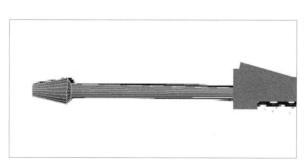

图2-341

图2-340

图2-342

切换到正视图视角，鼠标单击Create>Polygon Primitives>Cube创建一个立方体，将其移动和旋转到侧端枪口位置，如图2-343所示。选择立方体的侧面，如图2-344所示，鼠标单击Edit Mesh>Extrude（挤压）对选择的面进行挤压操作，如图2-345所示，继续执行挤压，效果如图2-346所示。

图2-343

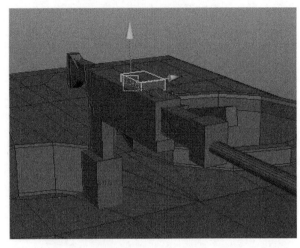

图2-344

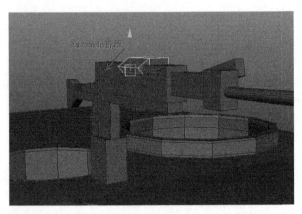

图2-345

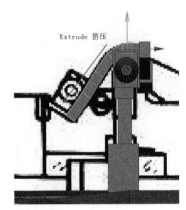

图2-346

鼠标单击Edit Mesh>Insert Edge Loop Tool（插入循环线工具）在挤压的面上添加一条边，如图2-347所示。选择新添加的面，如图2-348所示，鼠标单击Edit Mesh>Extrude（挤压）对面进行挤压操作，如图2-349所示。

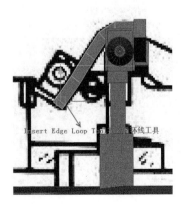

图2-347

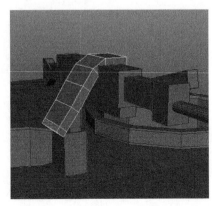

图2-348

图2-349

STEP 12 鼠标单击Create>Polygon Primitives>Cube创建一个立方体，将其旋转移动到正视窗口中参考图的位置并缩放大小比例，如图2-350所示。鼠标单击Create>Polygon Primitives>Cylinder创建一个圆柱体，在透视窗口中将圆柱体旋转移动到侧视枪体上并根据枪体比例缩放至合适的大小，如图2-351所示。鼠标单击Create>Polygon Primitives>Pipe创建一个管状体，将其旋转并移动到圆柱体前端，缩放至合适比例当做枪筒，如图2-352所示。

图2-350

图2-351

图2-352

STEP 13 选择第二把机枪的所有模型组件，如图2-353所示，单击Edit>Group（组）进行打组操作。单击Modify>Center Pivot（置中枢轴点）将中心轴点设置到物体中心，选择第二把机枪组并移动到机枪手位置的前端，如图2-354所示。

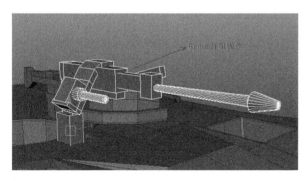

图2-353

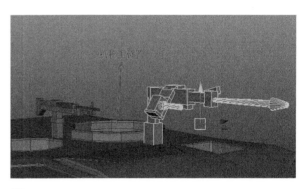

图2-354

STEP 14 为第一把机枪的枪座底部横纵方向添加两条中心线，如图2-355所示。选择第一把机枪组，按键盘上的【Insert】键进入中心点模式，如图2-356所示，选择Maya软件中的点吸附模式，如图2-357所示，将枪体组的中心点移动到枪座底部的中心点上。吸附完毕以后键盘上的【Insert】键退出中心点模式，按图2-358所示，取消点吸附模式。使用旋转工具，对第一把机枪组进行y轴和x轴上的旋转操作，如图2-359所示。对第二把机枪进行旋转操作以达到直观地区分与第一把机枪的位置关系，让模型脱离死板的布局，如图2-360所示。

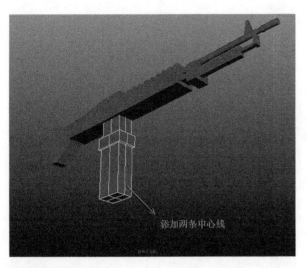

图2-355

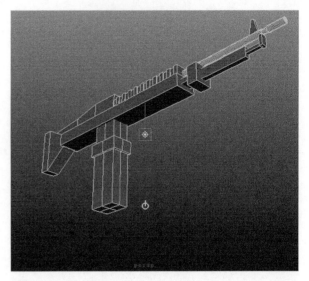

图2-356

图2-357

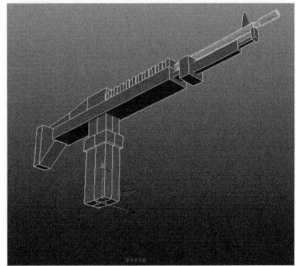

图2-358

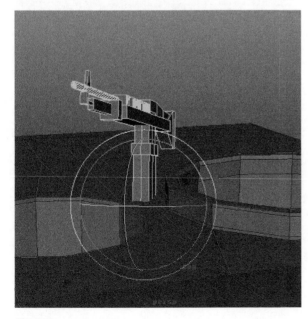

图2-359

图2-360

2.3.8 任务八：制作坦克车其他结构部件

在坦克车的车体制作基本完成后，我们对坦克车上的其他结构部件进行制作，细节部件的制作相对独立。

1. 制作旋转炮塔上的部件结构

STEP 01 首先对旋转炮塔上的部件进行制作。鼠标单击Create>Polygon Primitives>Cube创建一个立方体，将其移动到旋转炮塔上的铁板位置并缩放至合适的大小，如图2-361所示。在测试中调整它的高度，如图2-362所示，选择铁板外圈的面，如图2-363所示，鼠标单击Edit Mesh>Extrude（挤压）对选择的面进行挤压操作，在高度上挤压出一个厚度，如图2-364所示。再次执行挤压操作，移动z轴挤压出物体厚度，如图2-365所示。参考图铁板上附着许多的铆钉，如图2-366所示，单击Create>Polygon Primitives>Sphere创建一个圆球体，删除圆球体下方一半的面，如图2-367所示，将剩余一半的圆球体缩放并移动到参考图的位置当做铆钉，如图2-368所示。按住快捷键【Ctrl+D】对铆钉进行复制和对位，如图2-369所示。

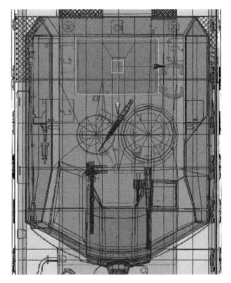

图2-361

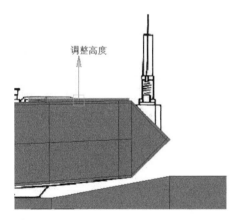

图2-362

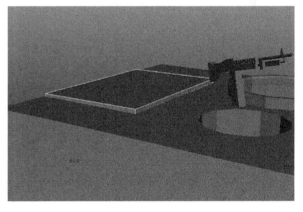

图2-363

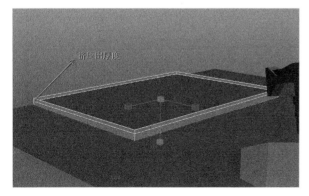

图2-364

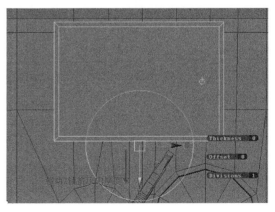

图2-365

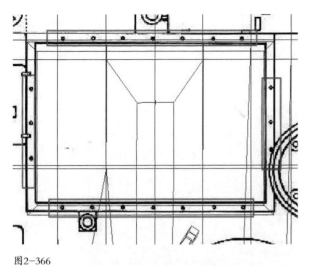

图2-366

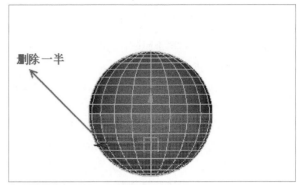

图2-367

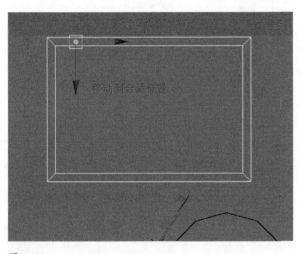

图2-368

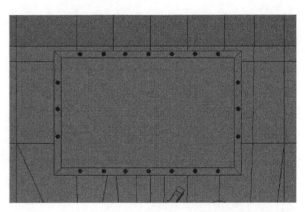

图2-369

STEP 02 鼠标单击Create>Polygon Primitives>Cube创建一个立方体，将它移动到参考图对应的位置并适当缩放大小，如图2-370所示。鼠标单击Create>Polygon Primitives>Pipe创建一个圆环，将其移动到刚制作完毕的立方体上方的位置，如图2-371所示。

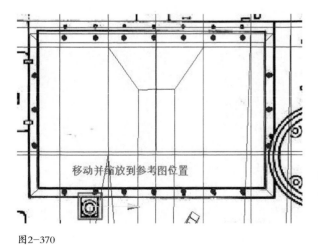

图2-370

图2-371

STEP 03 鼠标单击Create>Polygon Primitives>Cube创建一个立方体，制作位于顶视图铁板左侧的连接结构，将立方体移动到参考图对应位置并适当缩放大小，如图2-372所示。在透视图窗口中对比其他结构调整立方体的高度，如图2-373所示。

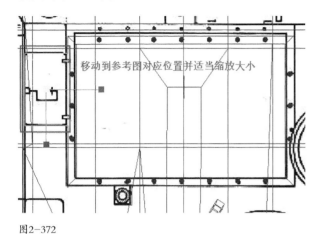

图2-372

图2-373

STEP 04 选择立方体按住快捷键【Ctrl+D】进行复制操作，将复制出来的新模型移动至铁板的零件处，并对应参考图进行缩放，如图2-374所示。在透视图中移动零件的y轴，如图2-375所示。

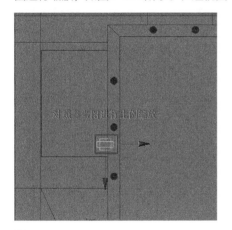

图2-374

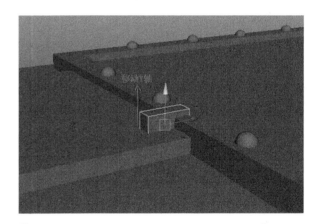

图2-375

STEP 05 选择零件模型，鼠标单击Edit Mesh>Insert Edge Loop Tool（插入循环线工具）为它添加一圈环线，如图2-376所示，通过移动边的位置改变零件外形，如图2-377所示。按住快捷键【Ctrl+D】复制零件模型，选择新复制的模型并移动到参考图另一边零件的位置，如图2-378所示。

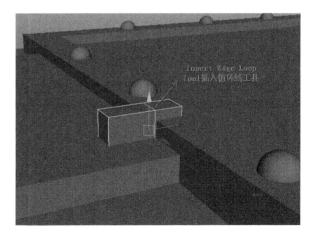

图2-376

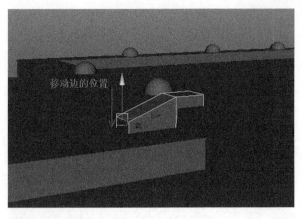

图2-377

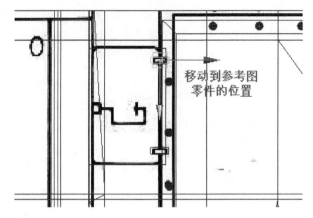

图2-378

STEP 06 选择与铁板连接的立方体结构，如图2-379所示，按住快捷键【Ctrl+D】进行复制，将复制的结构移动到顶视图中的其他结构相近的位置，使用缩放工具对它进行比例调整，如图2-380所示。

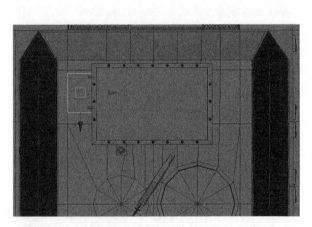

图2-379

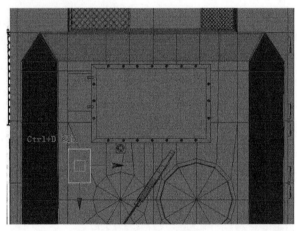

图2-380

STEP 07 选择铁板连接处的零件和结构，鼠标单击Mesh>Group（组）进行打组操作，单击Modify>Center Pivot（置中枢轴点）将中心轴点设置到物体中心，如图2-381所示。

STEP 08 按住快捷键【Ctrl+D】对组进行复制，将复制出的组移动到参考图右侧，如图2-382所示。修改组的属性，将Scale X属性修改为-1，如图2-383所示。根据参考图对复制的物体进行缩放，如图2-384所示。

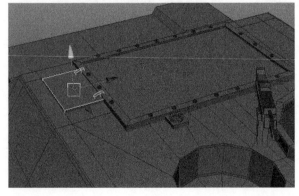

图2-381

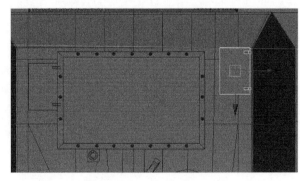

图2-382

图2-383

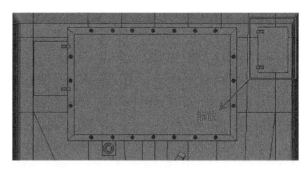

图2-384

2. 制作半圆形舱盖结构

STEP 01 鼠标单击Create>Polygon Primitives>Cube创建一个立方体，鼠标单击Mesh>Smooth（光滑）对立方体进行光滑操作，如图2-385所示，整个立方体变得圆滑了，外形上偏圆形化了。单击Mesh>Smooth（光滑）对立方体再次进行光滑操作，效果如图2-386所示。

图2-385

STEP 02 选择光滑模型的面并删除，如图2-387所示。选择剩余的面在y轴沿中心点方向上进行缩放，如图2-388所示，将模型压缩成一个平面，如图2-389所示。

STEP 03 切换到顶视图窗口，将圆形平面移动到参考图舱盖位置处并缩放大小比例，如图2-390所示。选择右侧的四块面进行删除，如图2-391所示。

图2-386

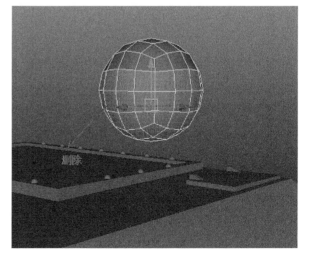

图2-387

图2-388

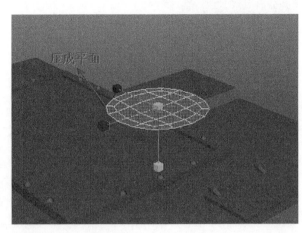

图2-389

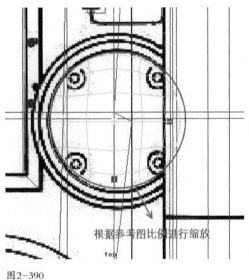

图2-390

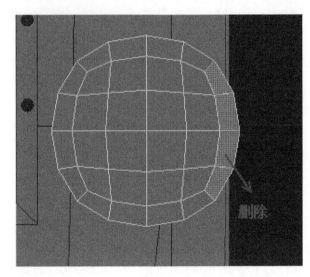

图2-391

STEP 04 选择模型右侧边缘处的所有点，如图2-392所示，对选择的点在x轴方向上进行缩放操作，如图2-393所示。将所选的点压缩成在一条直线上，如图2-394所示。

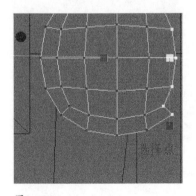

图2-392

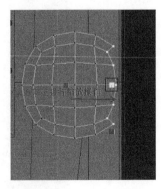

图2-393

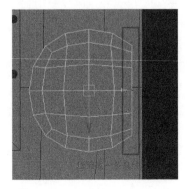

图2-394

STEP 05 选择圆弧上的边，如图2-395所示，鼠标单击Edit Mesh>Extrude（挤压）对边进行挤压，使用压缩工具对挤压的边进行整体缩放，如图2-396所示。再次单击Edit Mesh>Extrude（挤压）并对挤压的边进行整体缩放，如图2-397所示。

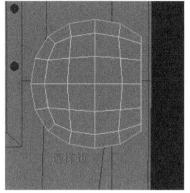

图2-395

图2-396

图2-397

STEP 06 选择模型右侧边缘处的所有点，如图2-398所示，对选择的点在x轴方向上进行缩放操作，将所选的点压缩成在一条直线上，如图2-399所示。

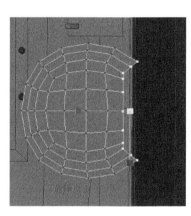

图2-398

图2-399

STEP 07 选择半圆弧平面模型，单击Edit Mesh>Extrude（挤压）对面进行挤压操作，沿y轴下方进行移动，如图2-400所示。

STEP 08 选择最外侧上方的一圈面，如图2-401所示，鼠标单击Edit Mesh>Extrude（挤压）对面进行挤压操作，沿y轴上方进行移动，如图2-402所示，

STEP 09 选择模型上的第二圈面，如图2-403所示，鼠标单击Edit Mesh>Extrude（挤压）对面进行挤压操作，沿y轴上方进行移动，如图2-404所示。

图2-400

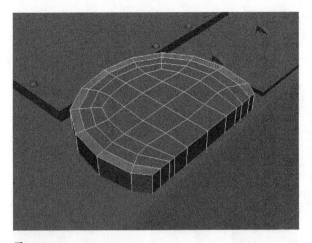

图2-401

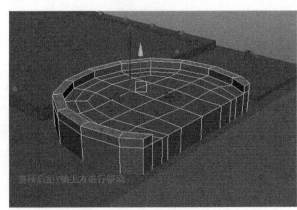

图2-402

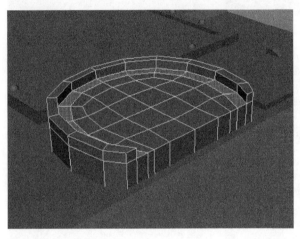

图2-403

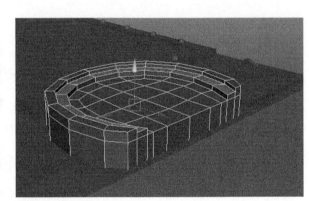

图2-404

STEP 10 鼠标单击Edit Mesh>Insert Edge Loop Tool（插入循环线工具）为模型边缘处添加两圈环线，防止模型在光滑预览的时候形体变样，如图2-405所示。所有的边缘处都加上环线卡边后，模型在光滑预览的情况下的机械效果更理想，如图2-406所示。

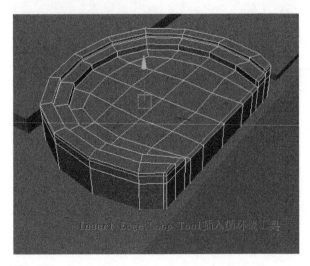

图2-405

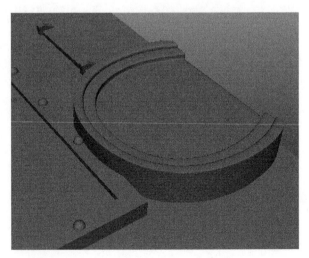

图2-406

鼠标单击Create>Polygon Primitives>Pipe创建一个管状体，将其移动旋转到参考图位置并缩放大小比例，如图2-407所示。按3次快捷键【Ctrl+D】复制3个管状体，并和参考图进行对位，如图2-408所示。

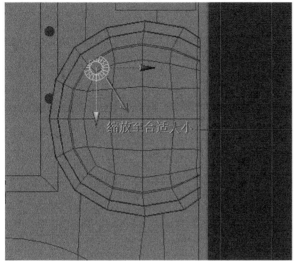

图2-407

图2-408

3. 制作圆形舱盖结构

选择舱口内的面，如图2-409所示，鼠标单击Edit Mesh>Duplicate Face（复制面）对选择的面进行复制，如图2-410所示。对复制后的面进行挤压操作，挤压后使用移动工具在y轴上移动，如图2-411所示。

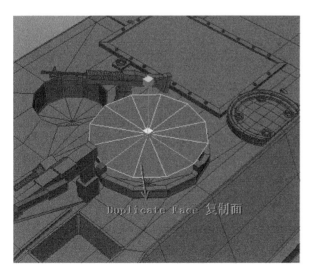

图2-409

图2-410

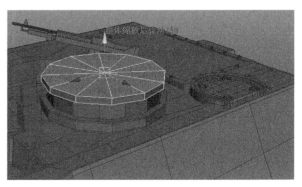

图2-411

STEP 02 选择舱盖外圈的面，如图2-412所示，鼠标单击Edit Mesh>Extrude（挤压）对选择的面进行挤压操作，挤压后进行整体缩放，如图2-413所示。再次执行挤压操作后沿着y轴向下移动，如图2-414所示。

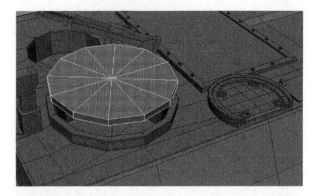

图2-412

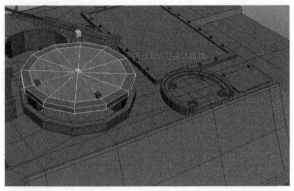

图2-413

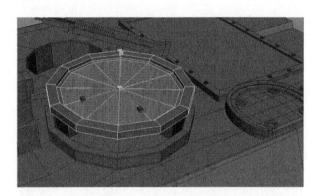

图2-414

STEP 03 鼠标单击Edit Mesh>Extrude（挤压）对选择的面进行挤压操作，挤压后进行整体缩放，如图2-415所示。挤压后y轴向上移动，如图2-416所示，增加两圈环线卡住舱盖的边缘形体，如图2-417所示。

图2-415

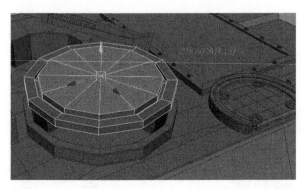

图2-416

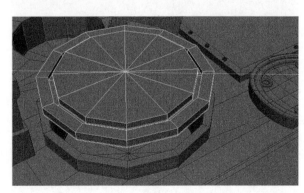

图2-417

STEP 04 选择舱盖后按住快捷键【Ctrl+D】对其进行复制，复制后进行整体缩小，复制后的模型当做舱盖表面的小零件，如图2-418所示。鼠标单击Create>Polygon Primitives>Cube创建一个正方体，将正方体缩放并移动到舱盖的零件旁，如图2-419所示，移动y轴将正方体贴合到舱盖表面处，如图2-420所示。

图2-418

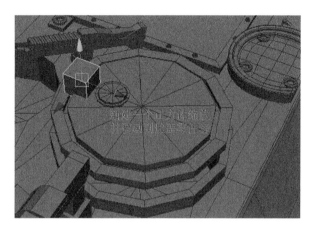

图2-419

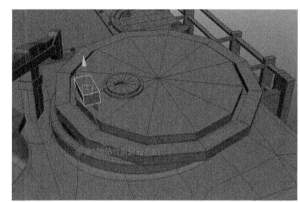

图2-420

STEP 05 使用缩放工具改变正方体的形状，如图2-421所示，鼠标单击Edit Mesh>Insert Edge Loop Tool（插入循环线工具）在正方体表面添加两条环线，如图2-422所示。对新添加出的两块面进行挤压操作，挤压后沿着x轴移动，如图2-423所示。鼠标单击Edit Mesh>Bevel（倒角）进行倒角操作，如图2-424所示，倒角属性中的Offset（偏移）值修改为0.2，如图2-425所示。鼠标单击Edit>Group（组）对制作好的舱盖进行打组操作，鼠标单击Modify>Center Pivot（中心枢轴）将恢复物体中心，如图2-426所示。

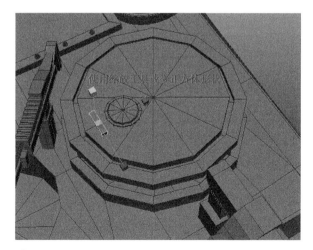

图2-421

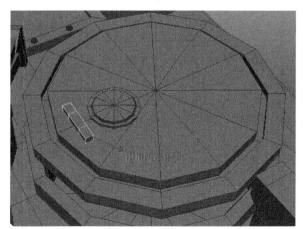

图2-422

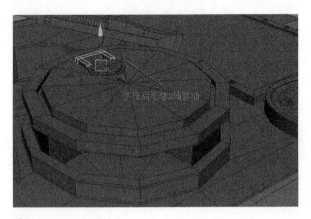

图2-423

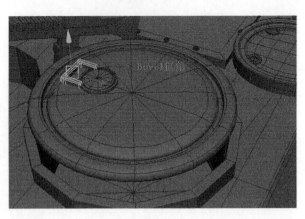

图2-424

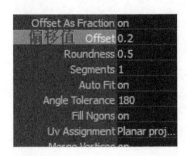

图2-425

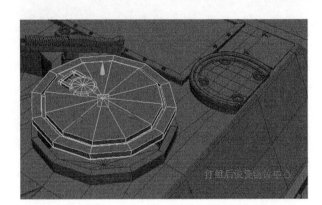

图2-426

STEP 06 使用旋转工具对舱盖进行旋转，对准舱口的位置进行摆放，如图2-427所示。按住快捷键【Ctrl+D】对舱盖的组进行复制，复制后进行位移、旋转并缩放的操作，摆放至第2个舱口处。如图2-428所示。

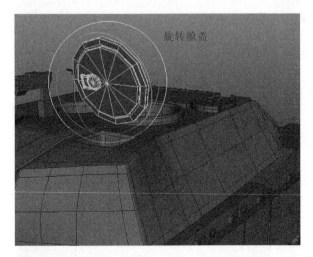

图2-427

图2-428

4. 制作舱盖前部结构部件

STEP 01 鼠标单击Create>Polygon Primitives>Cube创建一个正方体，将其移动到参考图的位置，如图2-429所示。沿着y轴向下移动，如图2-430所示，复制之前所制作完毕的铆钉，如图2-431所示。

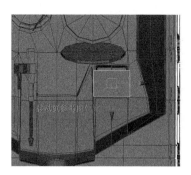
图2-429

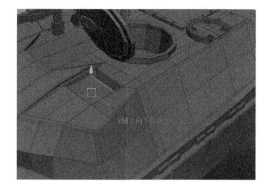
图2-430

图2-431

STEP 02 将复制后的铆钉对照参考图进行移动对位，如图2-432所示。按住快捷键【Ctrl+D】对铆钉进行复制，复制模型后进行对位，如图2-433所示。选择所有的铆钉，沿y轴方向向下移动，如图2-434所示。

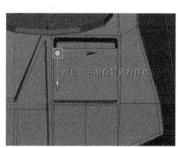

图2-432

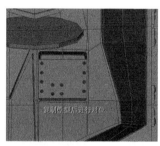
图2-433

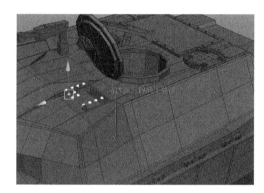
图2-434

5. 制作炮塔后端结构部件

鼠标单击Create>Polygon Primitives>Cube创建一个正方体，将其移动到旋转炮塔的末端，如图2-435所示。复制之前制作完毕的小零件，如图2-436所示，将复制后的小零件移动到参考图的位置，如图2-437所示。对模型进行缩放操作，以达到调整大小的目的，如图2-438所示。

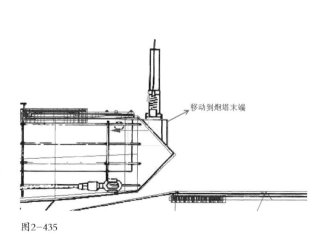
图2-435

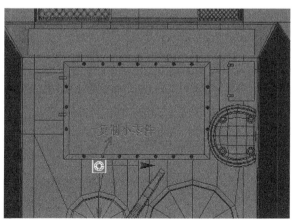
图2-436

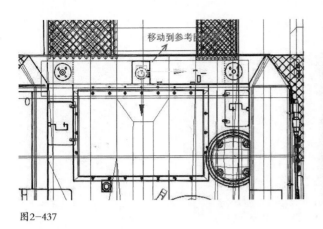

图2-437

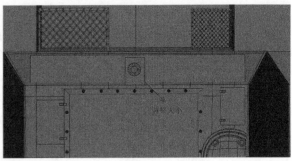

图2-438

6. 制作天线

STEP 01 鼠标单击Create>Polygon Primitives>Cylinder创建一个圆柱体，使用缩放工具对它的形体大小进行调整后移动到参考图位置，如图2-439所示。鼠标单击Create>Polygon Primitives>Helix创建一个螺旋体，使用螺旋体可以模拟做出一个弹簧的模型，如图2-440所示。将螺旋体缩放至参考图中合适的大小，如图2-441所示，对螺旋体的参数进行调整，使螺旋体的段数和高度都进行一些改变，如图2-442和图2-443所示。

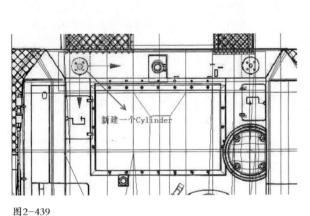

图2-439

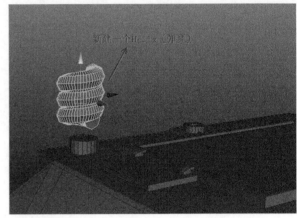

图2-440

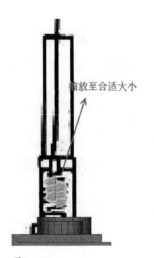

图2-441

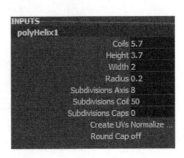

图2-442

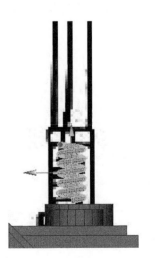

图2-443

STEP 02 按住快捷键【Ctrl+D】对螺旋体下方的圆柱体底座进行复制，复制后对模型进行移动，如图2-84所示。选择复制后的圆柱体顶部的面，如图2-445所示。鼠标单击Edit Mesh>Extrude（挤压）对选择的面进行挤压操作，挤压后进行整体缩小，如图2-446所示。

图2-444

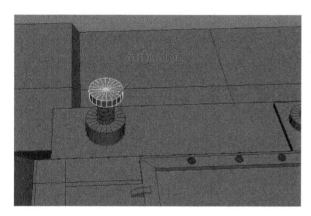

图2-445

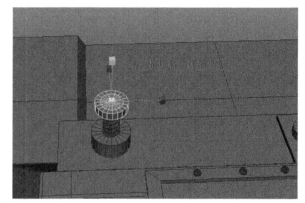

图2-446

STEP 03 对圆柱体上方挤压后的面再次执行挤压操作，挤压后沿y轴向上移动，如图2-447所示。鼠标单击Create>Polygon Primitives>Cylinde创建一个圆柱体，将新建的圆柱体移动到参考图中的天线处，如图2-448所示。鼠标单击Edit Mesh>Insert Edge Loop Tool（插入循环线工具）对新建的圆柱体插入一圈环线，如图2-449所示。选择环线在z轴上进行移动，如图2-450所示。

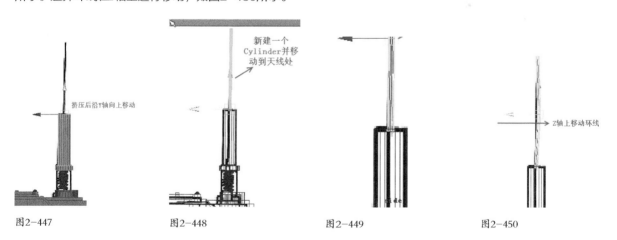

图2-447　　　　　　　图2-448　　　　　　　图2-449　　　　　　　图2-450

STEP 04 对制作完毕的天线与底座进行对位，如图2-451所示。鼠标单击Edit Mesh>Insert Edge Loop Tool（插入循环线工具）在圆柱体边缘进行卡线，如图2-452所示。选择制作完毕的天线和底座，鼠标单击Edit Mesh>Group（组）进行打组操作。单击Modify>Center Pivot（置中枢轴点）将中心轴点设置到物体中心，如图2-453所示，按住快捷键【Ctrl+D】对组进行复制，复制组后移动到坦克车另一侧的对称位置，如图2-454所示。

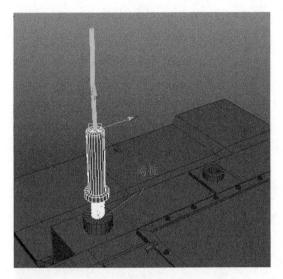

图2-451

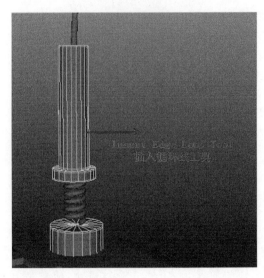

图2-452

图2-453

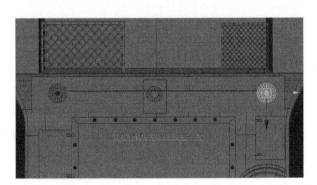

图2-454

7. 制作支架结构部件

STEP 01 鼠标单击Create>Polygon Primitives>Cube创建一个正方体，选择点吸附的操作模式，如图2-455所示，对正方体进行形体上的缩放，将模型吸附到车身中心处，如图2-456所示，在z轴上移动模型，如图2-457所示。按住快捷键【Ctrl+D】对模型进行复制，对复制后的模型进行位移操作，以做出坦克车车身上的支架结构部件，如图2-458所示。

图2-455

图2-456

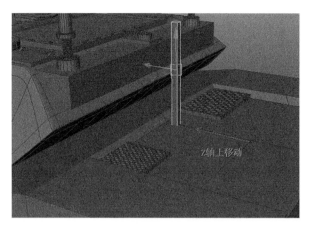

图2-457

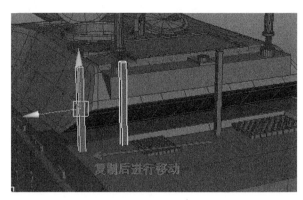

图2-458

STEP 02 再次对坦克车车身中心处的支架结构进行复制，在z轴上将复制后的模型旋转90度，如图2-459所示。对复制后的模型进行缩放操作，将其横向摆放在其他3个支架中间处，如图2-460所示。按住快捷键【Ctrl+D】对横向的支架进行复制，复制物体后在y轴上进行位移操作，如图2-461所示。

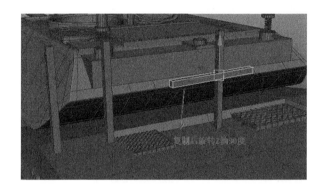

图2-459

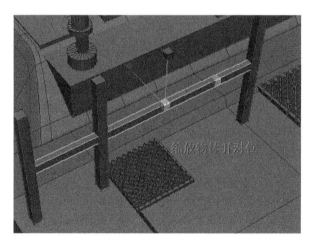

图2-460

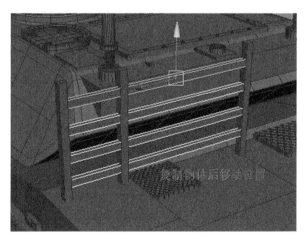

图2-461

STEP 03 鼠标单击Create>Polygon Primitives>Cube创建一个正方体，根据参考图对正方体进行缩放，如图2-462所示。按住快捷键【Ctrl+D】对正方体进行复制，对复制后的正方体进行位移操作，如图2-463所示。再次对正方体进行复制，复制模型后进行旋转操作和位移操作，与横向的3根支架进行对位，如图2-464所示。

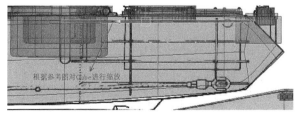

图2-462

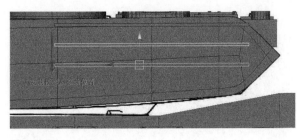

图2-463　　　　　　　　　　　　　　　　　　图2-464

STEP 04 按住快捷键【Ctrl+D】对纵向的支架进行复制，复制模型后进行旋转操作和缩放操作，如图2-465所示。鼠标单击Create>Polygon Primitives>Cube创建一个正方体，如图2-466所示，对正方体添加一条中线后移动点的位置，如图2-467所示。再次添加两条中线后移动点的位置，如图2-468所示。

图2-465　　　　　　　　　　　　　　　　　　图2-466

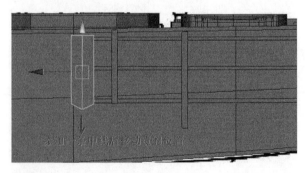

图2-467　　　　　　　　　　　　　　　　　　图2-468

STEP 05 选择模型内侧的面，如图2-469所示，鼠标单击Edit Mesh>Extrude（挤压）对选择的面进行整体缩放，如图2-470所示。对挤压后的面再次进行挤压操作，挤压后在x轴方向上进行移动，如图2-471所示。

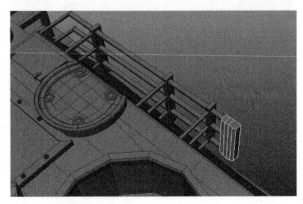

图2-469

图2-470

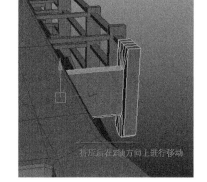

图2-471

STEP 06 鼠标单击Edit Mesh>Group（组）对旋转炮塔侧面的所有支架进行打组操作，如图2-472所示。按住快捷键【Ctrl+D】对支架组进行复制，将组的Scale X值调整为相反的数值，如图2-473所示。对旋转炮塔后方的支架进行打组操作，如图2-474所示。对旋转炮塔后方支架的组进行复制，复制模型后改变x轴上的Scale值，将Scale X值改变为-1，如图2-475所示。

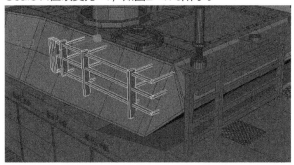

图2-472

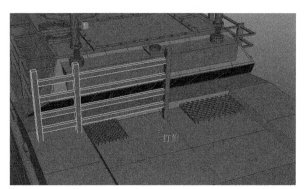

图2-474

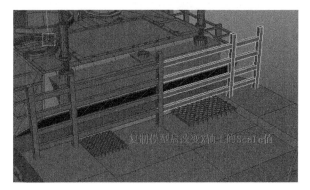

图2-473

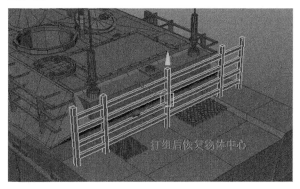

图2-475

STEP 07 选择旋转炮塔后方所有的支架，鼠标单击Edit Mesh>Group（组）进行打组操作，单击Modify>Center Pivot（置中枢轴点）将中心轴点设置到物体中心，如图2-476所示，对组进行整体缩放，如图2-477所示，将组移动到炮塔的末端并对准位置进行摆放，如图2-478所示。

图2-476

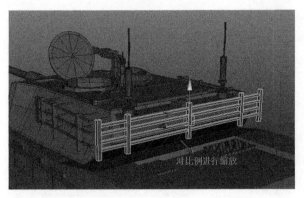

图2-477

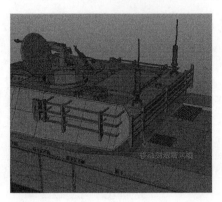

图2-478

8. 制作车灯

STEP 01 鼠标单击Create>Polygon Primitives>Cube创建一个正方体，如图2-479所示。鼠标单击Mesh>Smooth（光滑）对正方体进行光滑操作，光滑后再次执行一次光滑操作，达到光滑两级的目的，如图2-480所示。光滑后的正方体已经呈圆形的形态，选择圆球左侧一半的面，如图2-481所示。

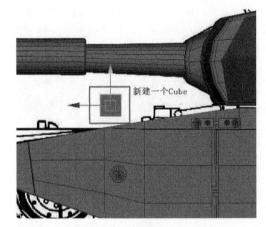

图2-479

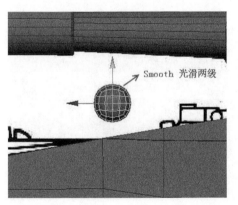

图2-480

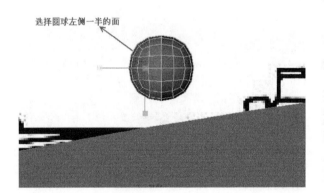

图2-481

STEP 02 对选择的面沿z轴方向压成平面，如图2-482所示。对压平的面在z轴上进行位移操作，如图2-483所示。选择底部的面进行删除，如图2-484所示。选择最底部的一圈点沿y轴压平，如图2-485所示。将模型沿x轴方向上进行缩放，如图2-486所示。

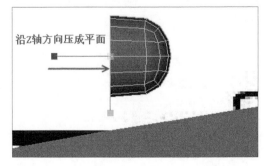

图2-482

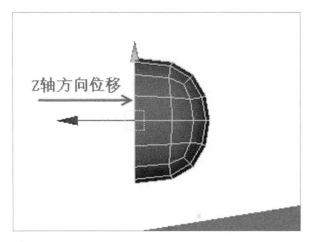

图2-483

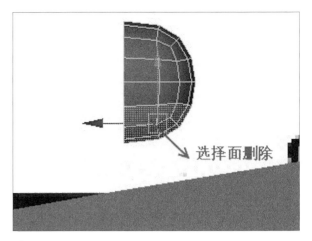

图2-484

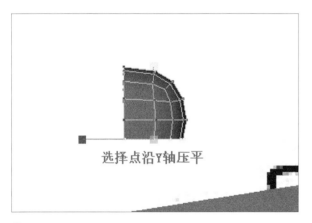

图2-485

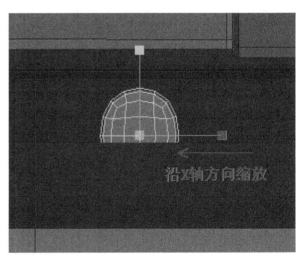

图2-486

STEP 03 鼠标单击Edit Mesh>Extrude（挤压）对模型最底部的一圈线进行挤压操作，如图2-487所示。对挤压后的边沿y轴进行移动，如图2-488所示。将中间的点调成圆弧状，如图2-489所示。选择圆圈上的边，如图2-490所示，对选择的边进行整体缩小，如图2-491所示。

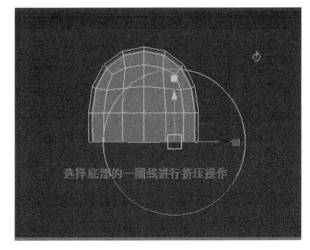

图2-487

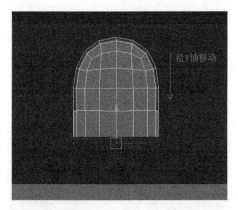

图2-488

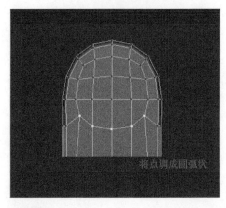

图2-489

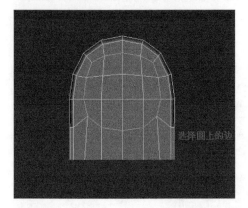

图2-490

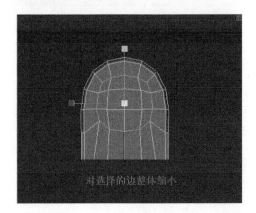

图2-491

STEP 04 鼠标单击Edit Mesh>Bevel（倒角）对选择的边进行倒角操作，倒角的偏移值属性修改为0.3，如图2-492所示。选择三角面上的边，鼠标单击Edit Mesh>Marge（缝合）对边进行缝合，如图2-493所示。选择圆上内圈的面进行挤压操作，如图2-494所示，选择圆上外圈的面进行挤压操作，如图2-495所示，对挤压后的面在z轴上进行移动，如图2-496所示。

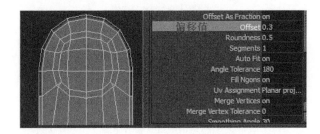

图2-492

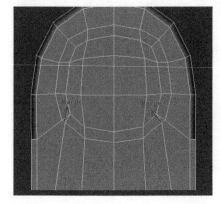

图2-493

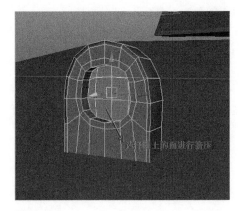

图2-494

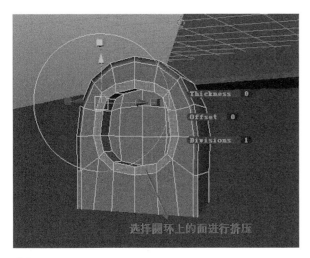

图2-495

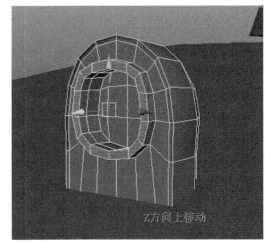

图2-496

STEP 05 鼠标单击Create>Polygon Primitives>Sphere创建一个圆球体，删除圆球一半的面，将剩余的圆球体填充到坦克车前灯的中间空心处，如图2-497所示。鼠标单击Edit Mesh>Insert Edge Loop Tool（插入循环线工具）为坦克车前灯模型的边缘处卡线，以起到在光滑时固定形体的作用，如图2-498所示。选择坦克车前灯的所有模型，鼠标单击Edit Mesh>Group（组）进行打组操作。单击Modify>Center Pivot（置中枢轴点）将中心轴点设置到物体中心，如图2-499所示。按住快捷键【Ctrl+D】对组进行复制，复制后将组移动到坦克车车身另一侧的对称位置，如图2-500所示。

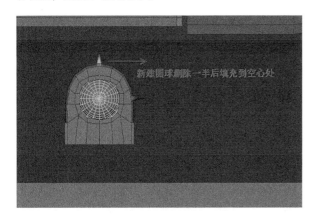

图2-497

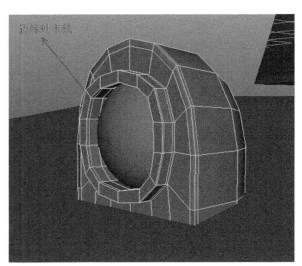

图2-498

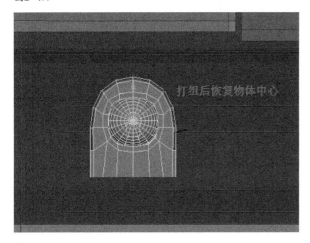

图2-499

图2-500

STEP 06 选择坦克车车身前端的两块面，鼠标单击Edit Mesh>Duplicate Faces（复制面）对选择的面进行复制，如图2-501所示。鼠标单击Edit Mesh>Extrude（挤压）对选择的面进行挤压操作，如图2-502所示。鼠标单击Edit Mesh>Insert Edge Loop Tool（插入循环线工具）为挤压后的面在边缘处加线，如图2-503所示。

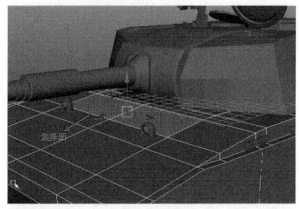

图2-501

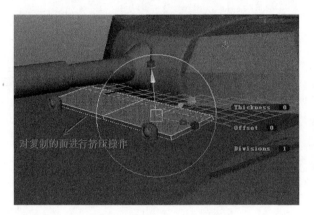

图2-502

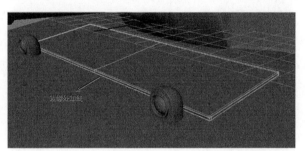

图2-503

9. 制作椭圆形结构部件

STEP 01 鼠标单击Create>Polygon Primitives>Cube创建一个正方体，鼠标单击Mesh>Smooth（光滑）对正方体进行光滑操作，光滑后再次执行一次光滑操作，达到光滑两级将形体变为球体的目的，如图2-504所示。选择球体上下方超过一半的面进行删除，如图2-505所示，将球体剩余的面在y轴上压平，如图2-506所示。

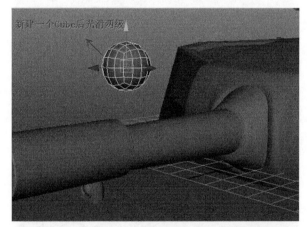

图2-504

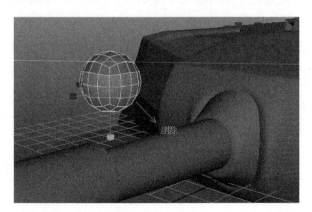

图2-505

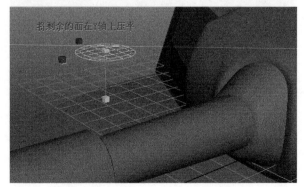

图2-506

在顶视图窗口中，将压平的圆形面缩放至与参考图对应的合适大小，如图2-507所示。选择圆形顶部的四块面进行删除，如图2-508所示。选择顶部最上侧的一条线，在z轴上使用缩放工具将其压平，如图2-509所示。移动点的位置来起到塑造形体的目的，如图2-510所示。

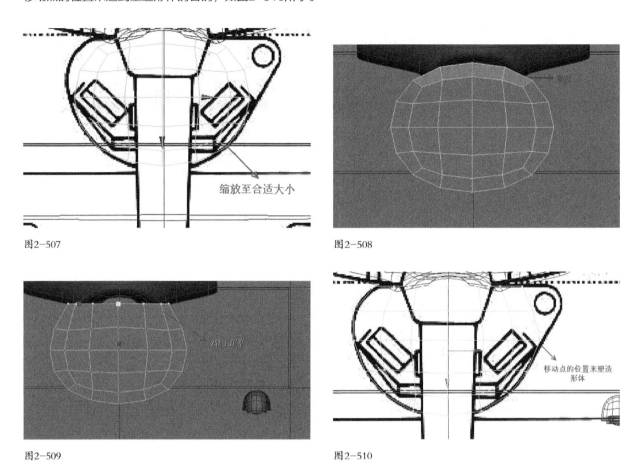

图2-507

图2-508

图2-509

图2-510

鼠标单击Edit Mesh>Extrude（挤压）对模型右侧的两条边进行挤压操作，如图2-511所示。挤压后使用移动工具对边进行位移操作，根据参考图使用缩放工具对两条边进行整体缩放，如图2-512所示。鼠标单击Edit Mesh>Insert Edge Loop Tool（插入循环线工具）为挤压结构添加一条环线，如图2-513所示。通过移动点的位置来达到改变形体的目的，如图2-514所示。

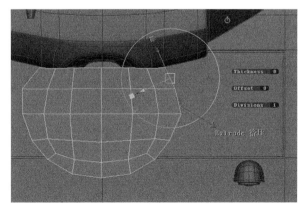

图2-511

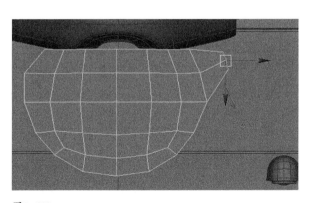

图2-512

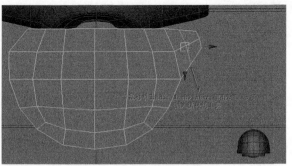

图2-513

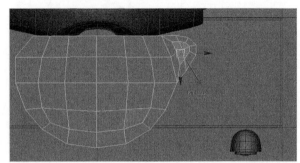

图2-514

STEP 04 鼠标单击Edit Mesh>Extrude（挤压）对圆圈上的面进行挤压操作，如图2-515所示。通过移动点的位置对形体调圆，如图2-516所示。删除圆内的面，如图2-517所示。

图2-515

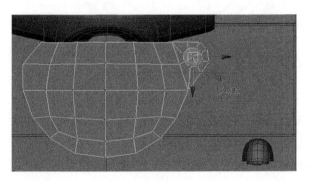

图2-516

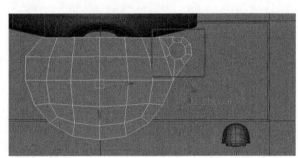

图2-517

STEP 05 对修改完成的模型进行整体挤压，如图2-518所示。通过移动y轴来塑造形体厚度，如图2-519所示。鼠标单击Edit Mesh>Insert Edge Loop Tool（插入循环线工具）为模型边缘处卡线，如图2-520所示。将模型移动到坦克车的车身上，如图2-521所示。

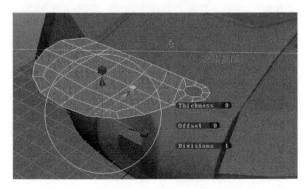

图2-518

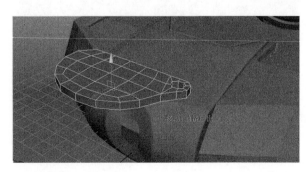

图2-519

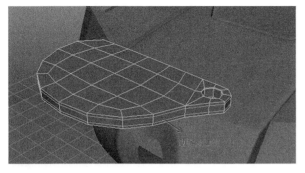

图2-520

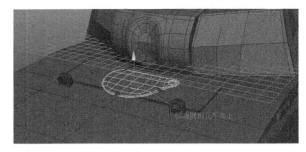

图2-521

10. 制作环形零件

STEP 01 鼠标单击Create>Polygon Primitives>Cube创建一个正方体，将正方体旋转移动到参考图环形零件处，如图2-522所示，为正方体添加一圈中心线，删除左侧的一圈面，如图2-523所示。鼠标单击Edit Mesh>Extrude（挤压）对右侧的面进行挤压操作，如图2-524所示，挤压后对面进行旋转操作，旋转后按照参考图形状对面进行移动操作，如图2-525所示。

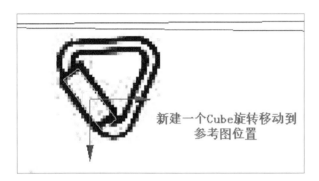

图2-522

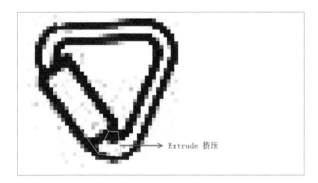

图2-524

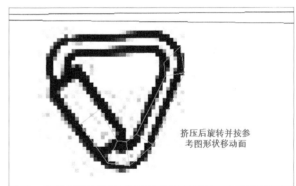

图2-523

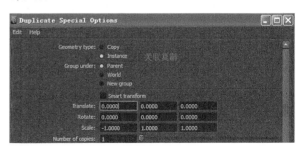

图2-525

STEP 02 鼠标单击Edit>Duplicate Special对右侧制作好的结构进行特殊复制，对特殊复制的一些属性进行调整，将Geometry type改为Instance（关联复制），如图2-526和图2-527所示，对结构上方没有重合的边进行挤压操作，如图2-528所示。

图2-526

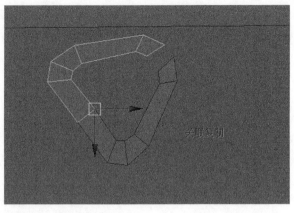

图2-527

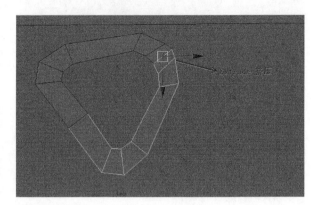

图2-528

STEP 03 选择左右两个结构模型，鼠标单击Mesh>Combine（合并）对选择的模型进行合并，如图2-529所示。鼠标单击Edit Mesh>Marge（缝合）对重合的点进行缝合，如图2-530所示。删除挤压后多余的面，如图2-531所示。鼠标单击Mesh>Smooth（光滑）对模型进行光滑操作，如图2-532所示。

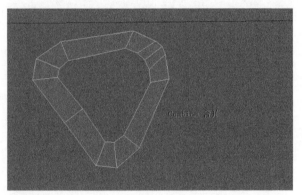

图2-529

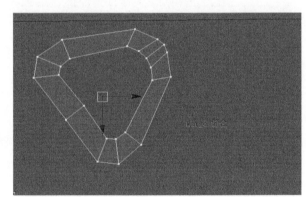

图2-530

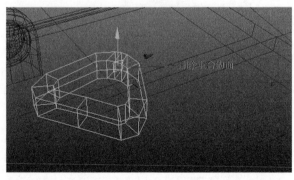

图2-531

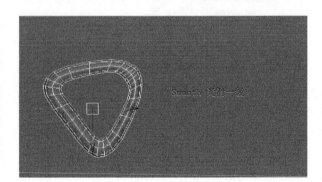

图2-532

STEP 04 选择环形零件中下方的几圈面，单击Edit Mesh>Duplicate Face（复制面）对选择的面进行复制，如图2-533所示。鼠标单击Edit Mesh>Cut Faces Tool（切割面工具）对复制的面加两条直线，如图2-534所示，删除两侧多余的面，如图2-535所示。对切割后的面进行挤压操作，挤压时选择缩放工具对模型进行整体缩放，如图2-536所示。

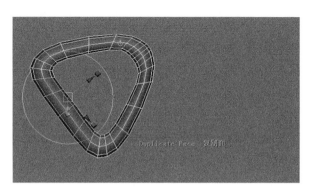

图2-533

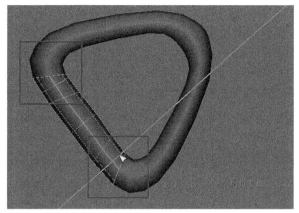

图2-534

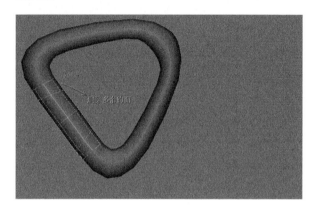

图2-535

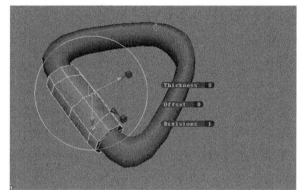

图2-536

STEP 05 鼠标单击Edit Mesh>Insert Edge Loop Tool （插入循环线工具）对挤压后结构的边缘处加线，如图 2-537所示。对环形零件模型进行打组操作并恢复物体 中心，将模型组进行移动操作并贴合到坦克车车身上， 如图2-538所示。按住快捷键【Ctrl+D】对模型组进 行复制，复制后将组移动到坦克车车身另一侧，如图 2-539所示。

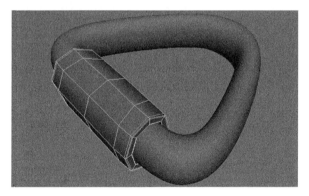

图2-537

图2-538

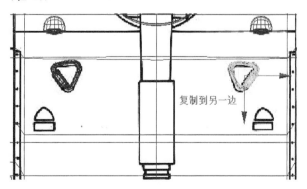

图2-539

11．制作车体上圆柱形结构部件

STEP 01 鼠标单击Create>Polygon Primitives>
Cylinde创建一个圆柱体，选择圆柱体外圈的面，鼠标
单击Edit Mesh>Extrude（挤压）对选择的面进行挤压
操作，如图2-540所示。对挤压的面沿y轴进行缩放，
如图2-541所示。再次执行挤压操作，在z轴上移动为
模型的外侧挤压出厚度，如图2-542所示。

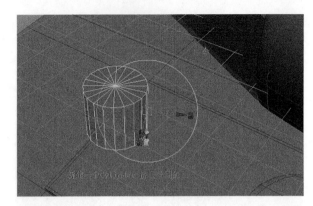

图2-540

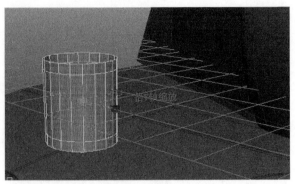

图2-541

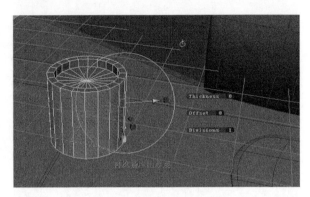

图2-542

STEP 02 鼠标单击Create>Polygon Primitives>Cube
创建一个正方体，鼠标单击Edit Mesh>Insert Edge
Loop Tool（插入循环线工具）为正方体添加两圈环
线，如图2-543所示。鼠标单击Edit Mesh>Extrude
（挤压）对新添加的两块钱进行挤压操作，挤压后使用
移动工具沿z轴移动，如图2-544所示。对制作好的挤
压结构进行复制，并将复制好的结构移动到圆柱体的另
一侧，如图2-545所示。

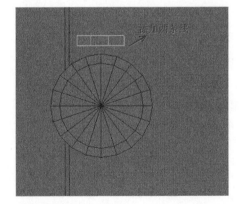

图2-543

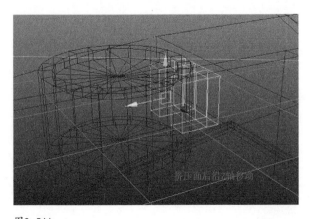

图2-544

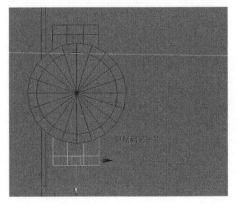

图2-545

STEP 03 鼠标单击Create>Polygon Primitives>Cube创建一个正方体，对正方体的面进行挤压，对挤压后的面进行移动和旋转，得到与参考图一样的结构，如图2-546所示。鼠标单击Edit Mesh>Insert Edge Loop Tool（插入循环线工具）对圆柱体的边缘处加线，以起到在光滑的时候固定形体的作用，如图2-547所示。

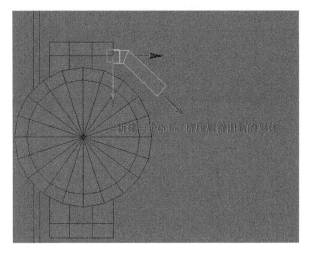

图2-546

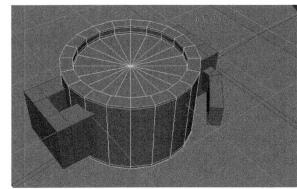

图2-547

STEP 04 旋转圆柱体两侧的模型，鼠标单击Edit Mesh>Bevel（倒角）对选择的结构进行倒角操作，如图2-548所示，对倒角的属性进行修改，将Offset（偏移）值改为0.2，如图2-549所示。对挤压后的正方体结构进行倒角操作，如图2-550所示，对倒角的属性进行修改，将Offset（偏移）值改为0.2，如图2-551所示。

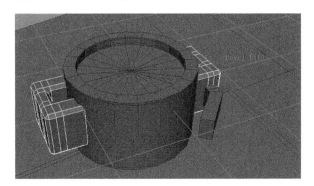

图2-548

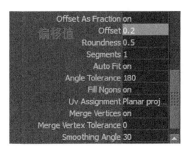

图2-549

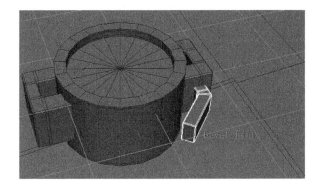

图2-550

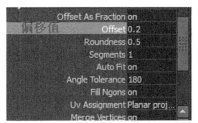

图2-551

STEP 05 选择刚制作完毕的4块模型结构，鼠标单击Edit Mesh>Group（组）进行打组操作。单击Modify>Center Pivot（置中枢轴点）将中心轴点设置到物体中心，如图2-552所示，将模型组移动到坦克车车身上，如图2-553所示。

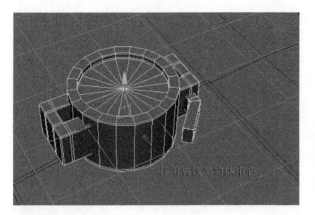

图2-552

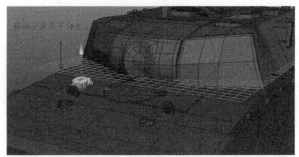

图2-553

12. 制作车体前端网状结构

STEP 01 对之前制作完成的网状结构进行复制操作，将复制的网状结构模型贴合到坦克车前端，如图2-554所示。鼠标单击Create>Polygon Primitives>Cube创建一个正方体，将新建正方体移动旋转到网状结构右侧，如图2-555所示。通过移动点的位置来改变正方体的外形，如图2-556所示。

STEP 02 将模型的中枢轴点设置到坦克车中心处，如图2-557所示。按住快捷键【Ctrl+D】复制模型，将复制模型的Scale X值改为相反的数值，如图2-558所示。

图2-554

图2-555

图2-556

图2-557

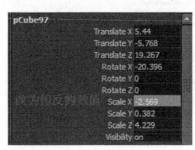

图2-558

13. 制作车体前端挡板

STEP 01 鼠标单击Edit Mesh>Insert Edge Loop Tool（插入循环线工具）为坦克车车身的前端添加一条环线，如图2-559所示。坦克车前端靠边各有一块挡板，通过复制面挤压厚度的方式来塑造挡板的形体。选择坦克车前端的面，如图2-560所示，单击Edit Mesh>Duplicate Face（复制面）对选择的面进行复制，如图2-561所示，鼠标单击Edit Mesh>Extrude（挤压）对复制的面进行挤压操作，将复制的面挤压出厚度，如图2-562所示。

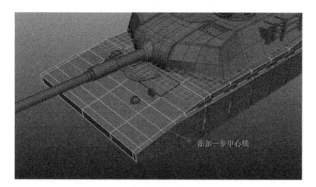

图2-559

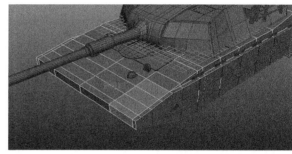

图2-560

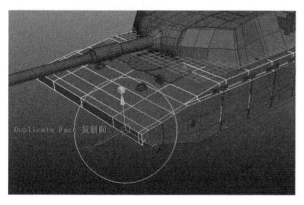

图2-561

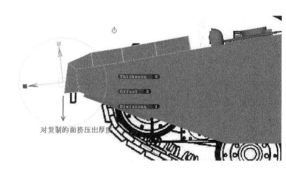

图2-562

STEP 02 通过移动点的位置来调整前挡板的外形轮廓，如图2-563所示。转折处的结构缺少点，鼠标单击Edit Mesh>Insert Edge Loop Tool（插入循环线工具）为模型添加一圈环线，加线后调整点的位置来刻画模型的转折结构，如图2-564所示。

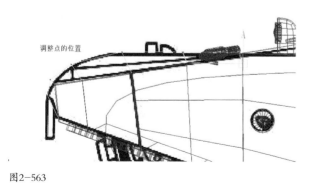

图2-563

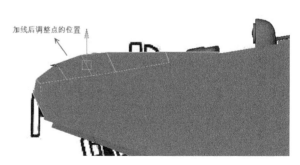

图2-564

STEP 03 为前挡板模型添加一条中心线，如图2-565所示，继续为模型添加两条中心线，如图2-566所示，选择刚添加完成的3条线，如图2-567所示。

STEP 04 鼠标单击Edit Mesh>Bevel（倒角）对选择的线进行倒角操作，如图2-568所示，对倒角的属性进行修改，将Offset（偏移值）属性修改为0.2，如图2-569所示。

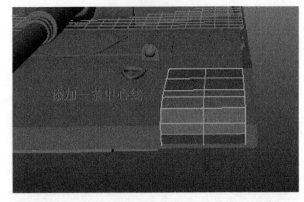

图2-565

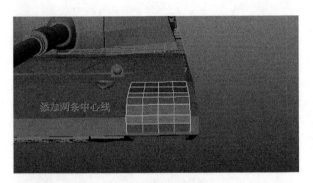

图2-566

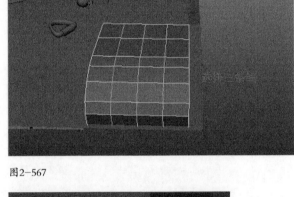

图2-567

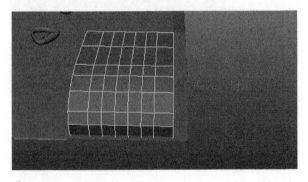

图2-568

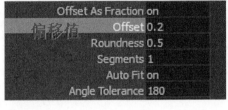

图2-569

STEP 05 选择倒角后的面，如图2-570所示，鼠标单击Edit Mesh>Extrude（挤压）对选择的面进行挤压操作，如图2-571所示。鼠标单击Edit Mesh>Insert Edge Loop Tool（插入循环线工具）为前挡板边缘处加线，如图2-572所示。

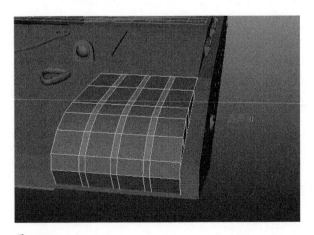

图2-570

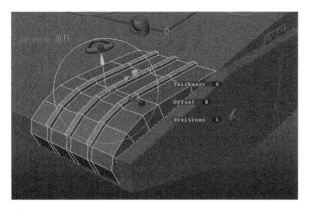

图2-571

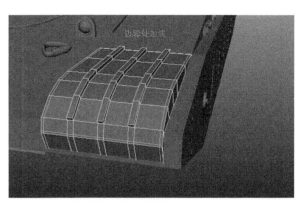

图2-572

STEP 06 鼠标单击Create>Polygon Primitives>Plane 创建一个平面，如图2-573所示，选择Plane和前挡板 模型，鼠标单击Edit Mesh>Group（组）进行打组操 作，如图2-574所示。将模型组复制到坦克车车身中心 点的另一侧，如图2-575所示。

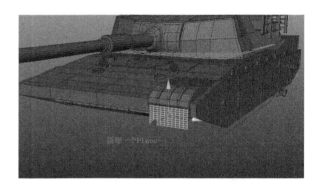

图2-573

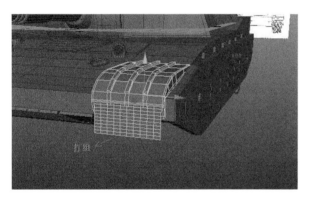

图2-574

图2-575

STEP 07 选择Plane上的点，如图2-576所示，按键盘 上的【B】键进入软选择操作模式，如图2-577所示， 通过软选择移动点的位置来达到塑造不规则形体表面的 目的，如图2-578所示。

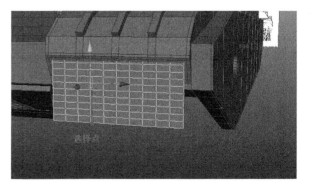

图2-576

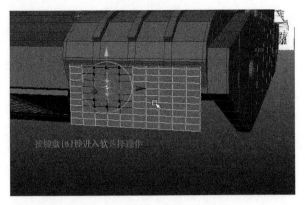

图2-577

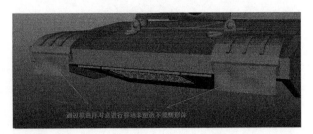

图2-578

14. 制作车体后部空心网状结构部件

STEP 01 鼠标单击Create>Polygon Primitives>Cube创建一个正方体，将正方体移动到坦克车车身的尾部，按住快捷键【Ctrl+D】对正方体进行复制，对复制后的正方体进行缩放操作，贴合到坦克车车身尾部，如图2-579所示。选择坦克车车身尾部两侧的面，鼠标单击Edit Mesh>Extrude（挤压）对选择的面进行挤压操作，如图2-580所示。对挤压后的面进行整体缩放，如图2-581所示。

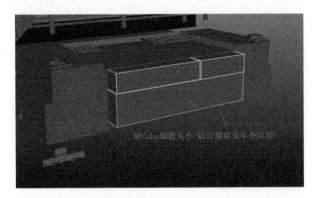

图2-579

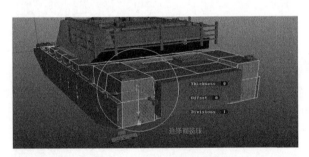

图2-580

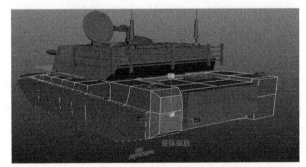

图2-581

STEP 02 删除坦克车车身一半的面，如图2-582所示，鼠标单击Edit >Duplicate Special（特殊复制），对Duplicate Special的设置属性进行修改，将Geometry type（几何体类型）改为Instance（关联复制），如图2-583和图2-584所示。

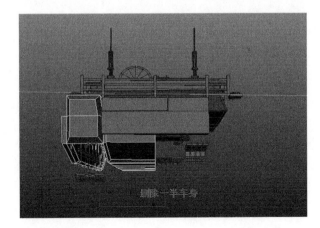

图2-582

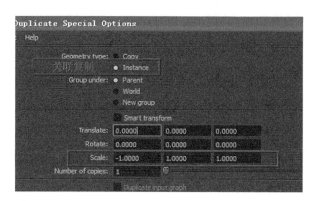

图2-583

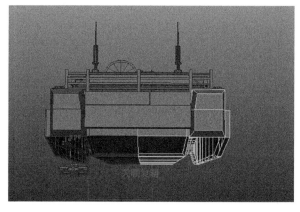

图2-584

STEP 03 鼠标单击Create>Polygon Primitives>Plane创建一个平面，如图2-585所示，对Plane的物体属性进行修改，将Width（宽度）和Height（高度）上的细分值改为6，如图2-586所示。选择Plane上的边，如图2-587所示，鼠标单击Edit Mesh>Bevel（倒角）对选择的边进行倒角操作，如图2-588所示。

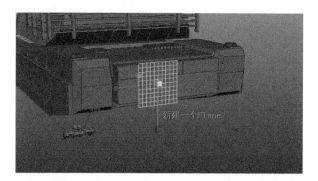

图2-585

图2-586

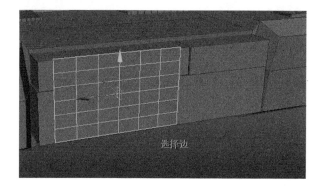

图2-587

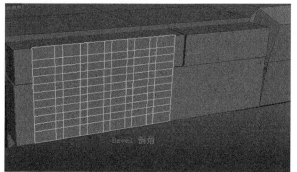

图2-588

STEP 04 对倒角的属性值进行修改，将Offset（偏移值）修改为0.2，如图2-589所示。选择模型外侧边缘上的线，鼠标单击Edit Mesh>Extrude（挤压）对选择的线进行挤压操作，如图2-590所示。对挤压后的边进行整体缩放，如图2-591所示。

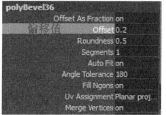

图2-589

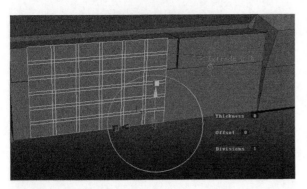

图2-590

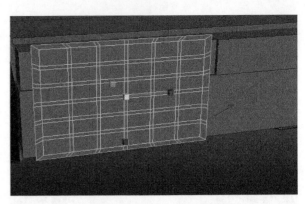

图2-591

STEP 05 删除模型中间的面，以做出空心网的效果，如图2-592所示。鼠标单击Edit Mesh>Extrude（挤压）对模型进行整体挤压操作，如图2-593所示，按住快捷键【Ctrl+D】对模型进行复制，将复制后的模型移动到模型左侧，如图2-594所示。

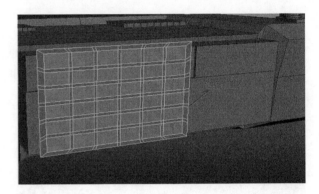

图2-592

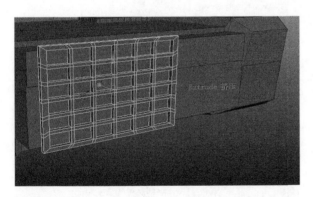

图2-593

图2-594

15. 制作炮塔侧面挂环绳索结构部件

STEP 01 鼠标单击Create>CV Curve Tool（CV曲线工具）绘制CV曲线，如图2-595所示，在侧视窗口中根据参考图来绘制CV曲线，如图2-596所示。在顶视窗口中，通过调点来调整CV曲线的弧度，如图2-597所示。

图2-595

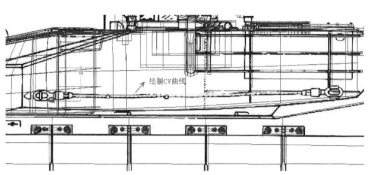

图2-596

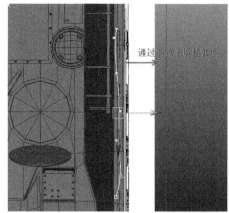

图2-597

STEP 02 鼠标单击Create>NURBS Primitives>Circle创建一个圆环，如图2-598和图2-599所示。先选择圆环后选择CV曲线，如图2-600所示，切换到Surfaces模块，鼠标单击Surfaces>Extrude，如图2-601和图2-602所示。

图2-598

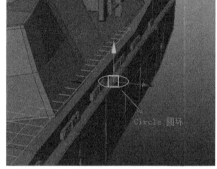

图2-599

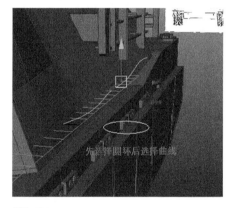

图2-600

图2-601

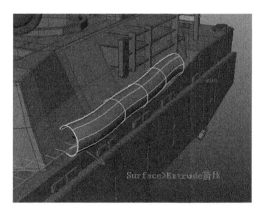

图2-602

STEP 03 通过缩放圆环来控制挤压后管状体的半径大小，如图2-603所示，鼠标单击Create>Polygon Primitives>Cube创建一个正方体，将其移动到侧视窗口中参考图的位置，如图2-604所示。对正方体的面进行挤压操作，如图2-605所示。

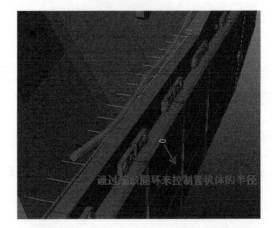

图2-603

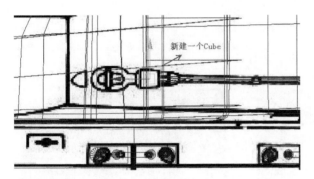

图2-604

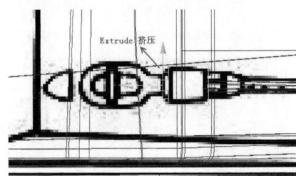

图2-605

STEP 04 鼠标单击Create>Polygon Primitives>Torus创建一个圆环，如图2-606所示，将Torus的物体属性进行修改，将Radius（半径）修改为2.7，Subdivisions Axis（枢轴细分）和Subdivisions Height（高度细分）修改为10，如图2-607所示。将圆环进行整体缩放操作，缩放的大小根据参考图的结构进行改变，如图2-608所示。

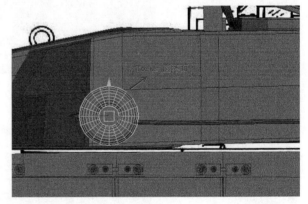

图2-606

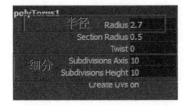

图2-607

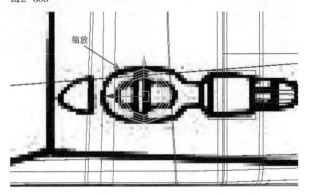

图2-608

STEP 05 通过移动点的位置来改变圆环的外形结构，做出挂环的外形轮廓，如图2-609所示。选择位于挂环右侧的四块面，如图2-610所示，鼠标单击Edit Mesh>Extrude（挤压）对选择的面进行挤压操作，使用移动工具对挤压后的面沿着z轴进行移动，如图2-611所示。

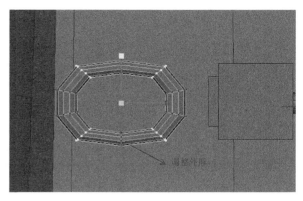

图2-609

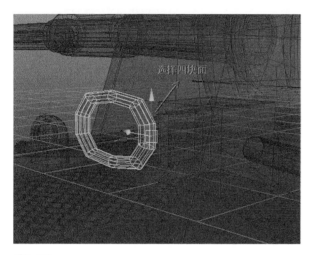

图2-610

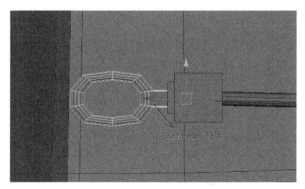

图2-611

STEP 06 鼠标单击Create>Polygon Primitives>Cube创建一个正方体，将正方体移动到挂环中间，鼠标单击Edit Mesh>Bevel（倒角）对正方体进行倒角操作，如图2-612所示。

STEP 07 鼠标单击Create>Polygon Primitives>Cube创建一个正方体，如图2-613所示，鼠标单击Mesh>Smooth（光滑）对正方体进行光滑操作。光滑后再次执行一次光滑操作，达到光滑两级将形体变为球体的目的，如图2-614所示。按住快捷键【Ctrl+D】对光滑后的球体进行复制，将复制后的球体移动到参考图对应位置，如图2-615所示，选择圆滑球体一半的面进行删除，如图2-616所示。

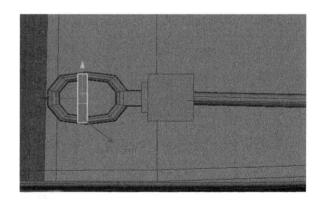

图2-612

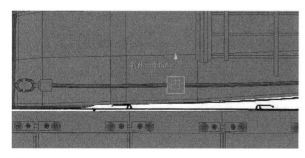

图2-613

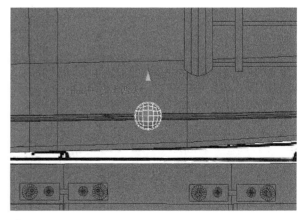

图2-614

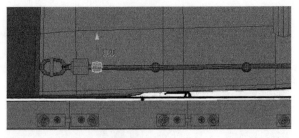

图2-615　　　　　　　　　　　　　　　　　　图2-616

STEP 08 将之前制作的CV曲线和Circle圆环删除，如图2-617所示，选择挂环和绳索模型，鼠标单击Edit Mesh>Group（组）进行打组操作，单击Modify>Center Pivot（置中枢轴点）将中心轴点设置到物体中心，如图2-618所示。

图2-617

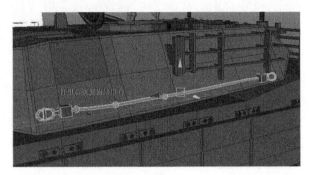

图2-618

16. 制作车体上弯曲绳索结构部件

STEP 01 切换到顶视窗口，鼠标单击Create>CV Curve Tool（CV曲线工具）根据参考图绘制CV曲线，如图2-619所示。鼠标单击Create>NURBS Primitives>Circle创建一个圆环，如图2-620所示。先选择圆环后选择CV曲线，切换到Surfaces模块，鼠标单击Surfaces>Extrude（挤压），挤压出一条绳索样的结构，如图2-621所示。

图2-619

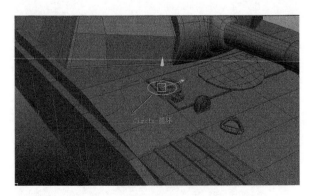

图2-620

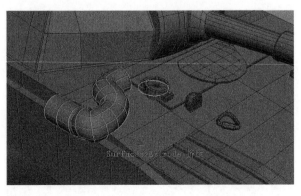

图2-621

STEP 02 通过缩放Circle圆环来控制挤压后绳索的半径，如图2-622所示，删除CV曲线和Circle圆环，鼠标单击Create>Polygon Primitives>Cube创建一个正方体，移动到绳索的前端位置，如图2-624所示。

STEP 03 鼠标单击Edit Mesh>Extrude（挤压）对新建正方体左侧的面进行挤压操作，使用缩放工具将挤压的面整体缩小。再次执行挤压操作，对挤压的面沿x轴进行移动操作，再次挤压对挤压的面进行整体放大。再次执行挤压操作，对挤压的面沿x轴进行移动操作，如图2-625所示。

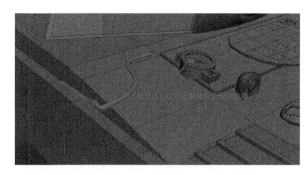

图2-622

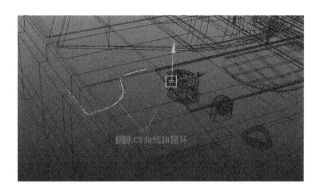

图2-623

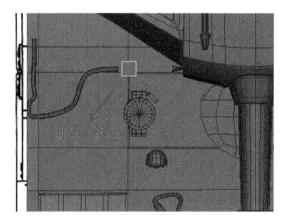

图2-624

STEP 04 鼠标单击Edit Mesh>Insert Edge Loop Tool（插入循环线工具）对挤压后的模型进行加线，如图2-626所示。通过移动点的位置来改变模型的外形轮廓，如图2-627所示。鼠标单击Mesh>Smooth（光滑）对模型进行光滑一级操作，如图2-628所示。

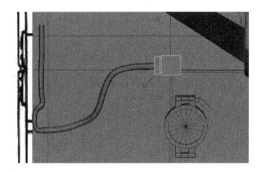

图2-625

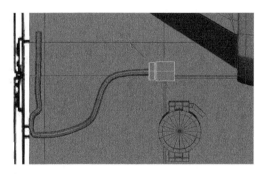

图2-626

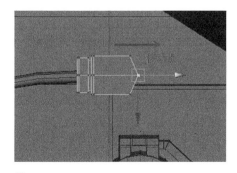

图2-627

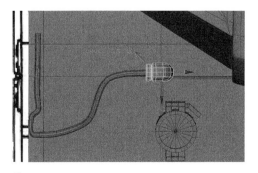

图2-628

STEP 05 鼠标单击Create>Polygon Primitives>Pipe
创建一个管状体，如图2-629所示。删除管状体一半
的面，如图2-630所示，将剩余的管状体沿z轴旋转90
度，如图2-631所示。

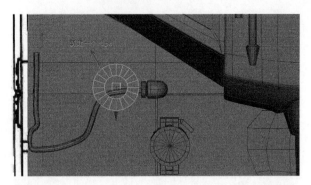

图2-629

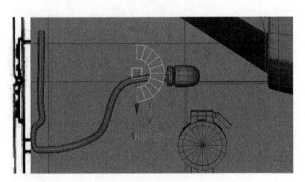

图2-630

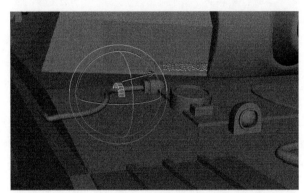

图2-631

STEP 06 按住快捷键【Ctrl+D】对管状体模型进行复
制，对复制后的模型在x轴上旋转90度、z轴旋转180
度，并移动到绳索的靠近末端位置，如图2-632所示。
鼠标单击Edit Mesh>Group（组）对刚制作完成的绳
索和绳索配件进行打组操作，如图2-633所示，将模型
组对称复制到坦克车车身的另一侧，如图2-634所示。

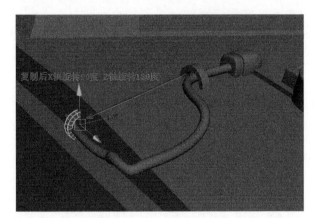

图2-632

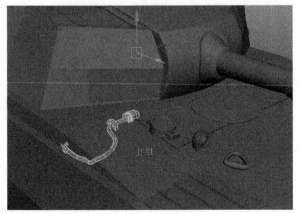

图2-633

图2-634

17. 总体调整并完成坦克车模型的制作

STEP 01 鼠标单击Create>Polygon Primitives>Cube
创建一个正方体，将正方体移动到连接车身和旋转炮塔
的位置处，根据参考图结构对正方体进行简单的调点操
作，这样创建一个正方体模型可以有效地防止旋转炮塔
和车身穿帮，如图2-635所示。

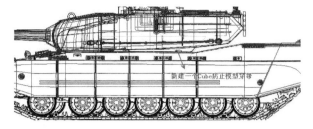

图2-635

STEP 02 选择位于坦克车车身右侧的挡板和挡板零件，鼠标单击Edit Mesh>Group（组）进行打组操作，如图
2-636所示，将模型组对称复制到坦克车车身的左侧，如图2-637所示。

图2-636

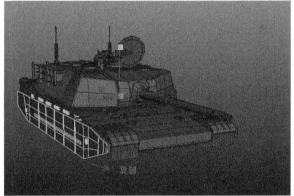

图2-637

STEP 03 鼠标单击Edit Mesh>Group（组）对坦克
车履带进行打组操作，如图2-638所示，按住快捷键
【Ctrl+D】对履带组进行复制，修改复制后的履带组
属性，将Scale X轴的属性调整为相反数值-1，如图
2-639和图2-640所示。

STEP 04 鼠标单击Edit Mesh>Insert Edge Loop Tool
（插入循环线工具）为坦克车车身的边缘处卡线，以起
到光滑时固定形体边缘的作用，如图2-641所示。坦克
车的左侧车身模型和右侧车身模型是关联复制的，在做
卡线操作的时候只需要对一半的坦克车车身进行操作即
可，如图2-642所示。

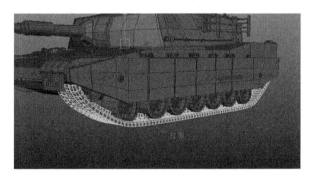

图2-638

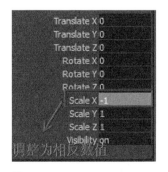

图2-639

图2-640

图2-641

图2-642

STEP 05 选择坦克车的左侧车身模型和右侧车身模型，鼠标单击Mesh>Combine（合并）对选择的两个模型进行合并，如图2-643所示。鼠标单击Edit Mesh>Marge（缝合）对合并后模型的重合点进行缝合操作，如图2-644所示。

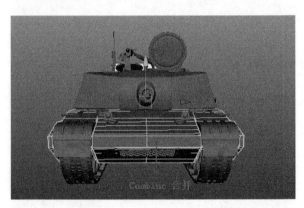

图2-643

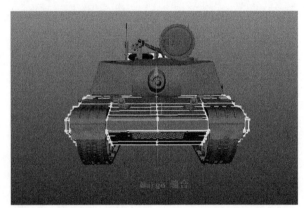

图2-644

2.3.9 任务九：学习OCC渲染模型和运用模型的材质贴图

1. 学习OCC渲染模型

Occlusion渲染以独特的计算方式吸收"环境光"（同时吸收未被阻挡的"光线"和被阻挡光线所产生的"阴影"），从而模拟全局照明效果，它主要是通过改善阴影来实现更好的图像细节。

当场景中所有物体都是单一白色并且是由一个白色灯光来产生均匀的直接照明，那么渲染显示结果是整体白色较多的图像。但是当场景中某些物体阻挡了相当数量的本应投射到其他物体的光线时，这些光线没有到达被阻挡的物体，结果就是物体上被光线阻挡的地方变得较暗。越多光线被阻挡，表面就越暗。此时渲染显示的是带有自身几何相交暗区的白色图像。

Occlusion渲染的结果就是显示了非常精确和平滑的阴影，模拟全局照明，增加场景景深效果，更好地展示出模型的细节。

STEP 01 鼠标单击Create>Polygon Primitives>Cube创建一个正方体，使用缩放工具对正方体模型进行放大，包围住坦克车的模型，删除正方体顶部和前部的面，如图2-645所示。

图2-645

STEP 02 鼠标单击Create>Cameras>Camera（摄像机）创建一个摄像机，如图2-646所示。选择摄像机，鼠标单击Panels>Look Through Selected（以选择的视角查看）就会通过摄像机的角度去观察视图，如图2-647所示。旋转摄像机视角到自己满意的角度，如图2-648所示。

图2-646

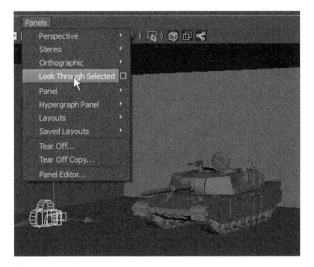

图2-647

图2-648

STEP 03 打开Maya软件的渲染设置，如图2-649所示，在渲染设置中，选择Render Using为mental ray的渲染方式，在Renderable Cameras设置栏中将Renderable Camera（可渲染的摄像机）改为camera1，camera1就是刚创建并调好角度的摄像机，在Image Size设置栏中自定义图片的尺寸，Width为720，Height为576，如图2-650所示。

图2-649

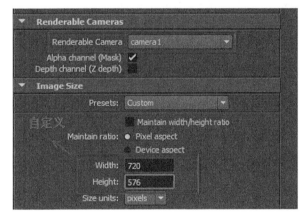

图2-650

STEP 04 选择渲染属性窗口中的Quality（品质），将Quality Presets修改为Production（产品级质量），如图2-651所示。

图2-651

STEP 05 选择摄像机镜头内的所有模型，如图2-652所示，打开位于Maya软件的Render栏，鼠标单击Create new layer and assign selected objects（创建一个新层并将模型放入其中）将选择的模型加入层中，如图2-653所示。

图2-652

图2-653

STEP 06 鼠标右击Render下的Layer1层，在弹出的菜单中使用鼠标单击/右击Attributes（属性设置），如图2-654所示。鼠标单击属性窗口中的Presets（预调装置），在弹出的菜单中使用鼠标单击/右击Occlusion，如图2-655所示。

图2-654

图2-655

STEP 07 最后对模型进行渲染，切换到Render模块，鼠标单击Render>Render the Current Frame（渲染当前的镜头）进行渲染，或者使用鼠标单击Maya软件菜单栏的渲染按钮，如图2-656所示，这样就能将camera1（摄像机1）中的模型渲染成最终效果，如图2-657所示。

图2-656

图2-657

2. 运用模型的材质贴图

STEP 01 以上是使用Occlusion渲染素模的方法，这样的渲染可以让模型的对比度更加强烈。下面将对材质贴图的运用方法进行简单学习，在绘制模型贴图之前首先要合理地拆分好UV，坦克车模型的零件和琐碎的结构比较多，这里对坦克车的整体模型分布了6张UV，如图2-658到图2-663所示。

STEP 02 进入Maya 2013软件，为分好UV的模型添加一个Blinn材质球，如图2-664所示，并将新建材质球的名字命名为"a"，如图2-665所示。

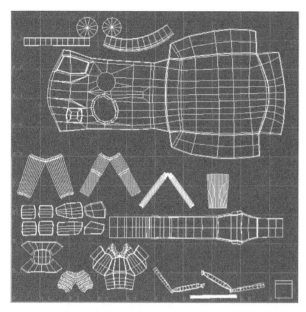

图2-658

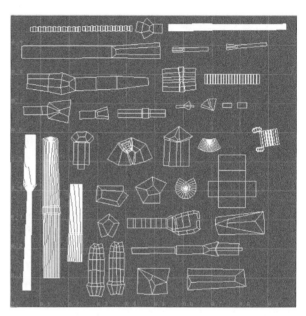

图2-659

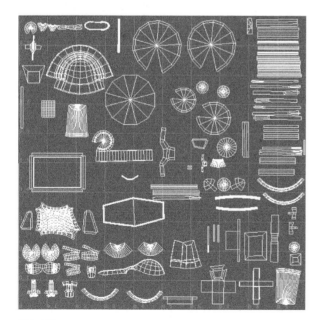

图2-660

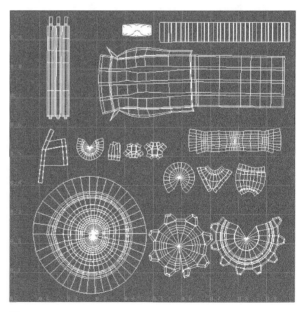

图2-661

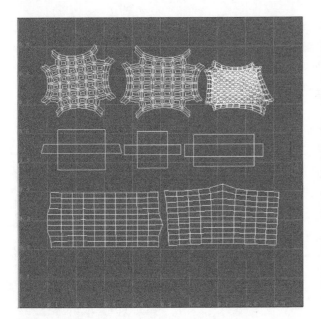

图2-662

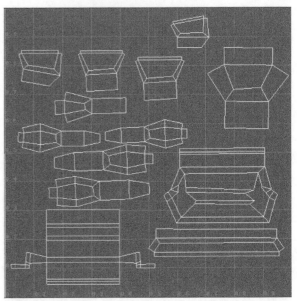

图2-663

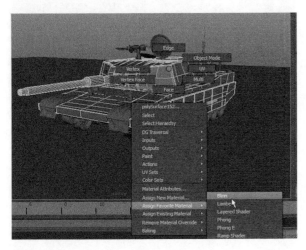

图2-664

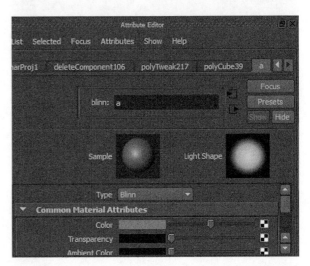

图2-665

STEP 03 将分好UV的模型依次添加Blinn材质，并将命名按字母序列依次修改，如图2-666所示。

STEP 04 选择名为"a"的材质球，鼠标左键单击材质球Color属性后的节点，如图2-667所示，在弹出的对话框中，鼠标左键单击"File"，如图2-668所示。

图2-666

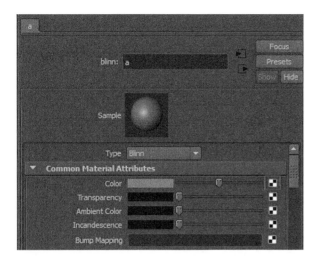

图2-667

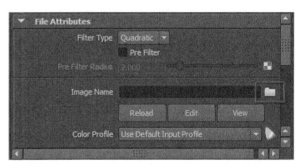

图2-668

STEP 05 在File Attributes中的Image Name选项添加制作完成的材质贴图，如图2-669和图2-670所示。

图2-669

图2-670

STEP 06 运用同样的方法将其他几张贴图导入到模型上，如图2-671到图2-675所示。

图2-671

图2-672

图2-673

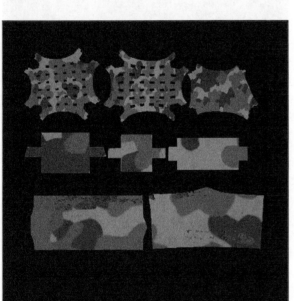

图2-674

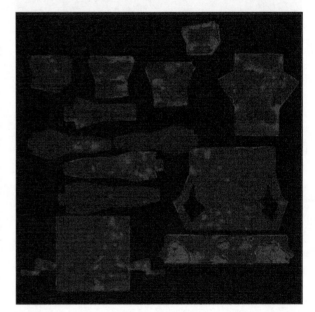

图2-675

STEP 07 将所有的材质贴图导入到模型后对其进行渲染，最终效果如图2-676到图2-680所示。

图2-676

图2-677

图2-678

图2-679

图2-680

STEP 08 最终渲染的坦克车细节展示，如图2-681到图2-686所示。

图2-681

图2-682

图2-683

图2-684

图2-685

图2-686

2.4 本章总结

2.4.1 制作概要

本案例中坦克车是一种能用履带行走的装甲战斗车辆，制作模型之前首先要分析坦克车的整体结构，以便于选择合适的建模方式和流程。结构上坦克车的驾驶室位于车体前部，战斗武器部分位于车体中部，发动机部分位于车体后部。制作过程遵循由整体到局部的方式，系统的学习机械类道具的建模过程。

通过本案例坦克车模型的制作，使学习者了解机械类道具模型的制作流程及制作技巧，掌握机械类道具展现时的布线方法。

本章分为九个任务进行制作。从基础形状的创建到局部细节的刻画，逐步完成坦克车模型的制作。

2.4.2 所用命令

（1）创建多边形：Mesh（网格）>Creat Polygon Tool（创建多边形）。

（2）倒角：Edit Mesh（编辑网格）>Bevel（倒角）。

（3）分割多边形工具：单击快捷键【Shift+鼠标右键】拖动>Split（分割）拖动>Split Polygon Tool（分割多边形工具）。

（4）插入环形边工具：Edit Mesh（编辑网格）>Insert Edge Loop Tool（插入循环切线工具）。

（5）挤压：Edit Mesh（编辑网格）>Extrude（挤压）。

（6）合并：Mesh（网格）>Combine（合并）。

（7）缝合：Edit Mesh（编辑网格）>Merge（缝合）。

（8）打组：Edit（编辑）>Group（打组），快捷键是【Shift+G】。

（9）布尔运算：Mesh>Booleans（布尔运算）。

（10）交互式分割工具：Edit Mesh>Interactive Split Tool（交互式分割工具）。

2.4.3 重点制作步骤

（1）导入参考图片：主要讲解如何将参考图片导入Maya软件中，并如何对参考图片的比例尺寸进行修改。

（2）用于比例参考的坦克车比例参考模型的创建：使用基础几何体构建出用于比例参考的坦克车比例参考模型，确定好比例后再进入详细的制作环节。

（3）旋转炮塔的制作：运用Insert Edge Loop Tool(插入循环线工具)对基础模型加线后调节点的位置，制作出炮塔的外形，主要学习如何运用Booleans（布尔运算）制作坦克车的舱口。

（4）坦克车车身的制作：使用基础模型构建出坦克车的车身轮廓，运用Insert Edge Loop Tool(插入循环线工具)对基础模型加线后调节点的位置，制作出车身的细节结构，主要学习使用Duplicate Face（复制面）的命令对车身侧的面进行复制，通过对复制的面进行Extrude（挤压）命令来制作坦克车两侧的挡板。

（5）坦克车履带的制作：首先制作出一节履带的模型，使用动画模块下的Attach to Motion Patch（连接到运动路径）和Create Animation Snapshot(创建动画快照)命令来制作其他的履带。

（6）坦克车车轮的制作：创建基础模型后使用Extrude（挤压）塑造车轮的轮廓，确定好车轮的形体后学习使用Insert Edge Loop Tool(插入循环线工具)对挤压后的模型进行加线。

（7）坦克车炮塔和机枪的制作：使用简单的基础模型来搭建形体，通过调整编辑点来刻画具体外形。

（8）坦克车其他结构部件的制作：利用基础模型的形体来对其他结构部件进行刻画。

（9）学习使用Occlusion渲染模型：学习在Maya软件的Render（渲染）层中对坦克车模型进行Occlusion渲染。

2.5 课后练习

1. 以"梅卡瓦"坦克车车型为参考，制作出道具模型，如图2-687所示。

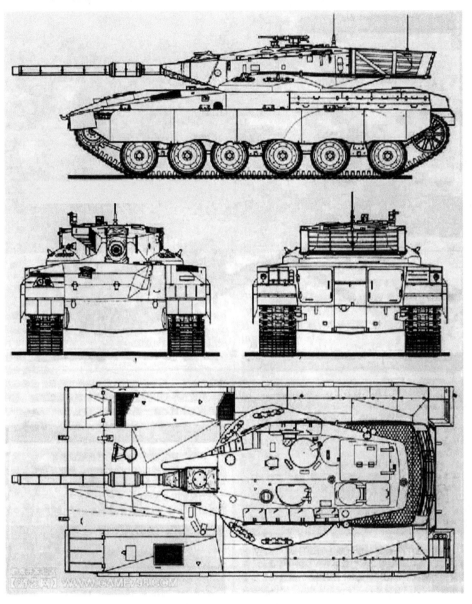

图2-687

2. 制作要求。

（1）模型的结构明显，对模型的细节刻画能够达到较高的还原度。

（2）保证模型的比例准确，模型拓扑线规整。

（3）作品完成文件格式为MB文件，并渲染出Occlusion效果图。

第**3**章 | 场景模型——
古代建筑模型制作

3.1 项目描述

3.1.1 项目介绍

本章场景模型制作中，将以唐代建筑风格为参考进行动画场景的制作。唐代木筑构建筑风格的造型特点主要是"以中轴线左右对称"，结构简单，规整气派。在模型制作过程中，要把握好整体造型的准确性，结构比例的合理性。在下面的任务中，将详细讲解古代建筑场景的制作。

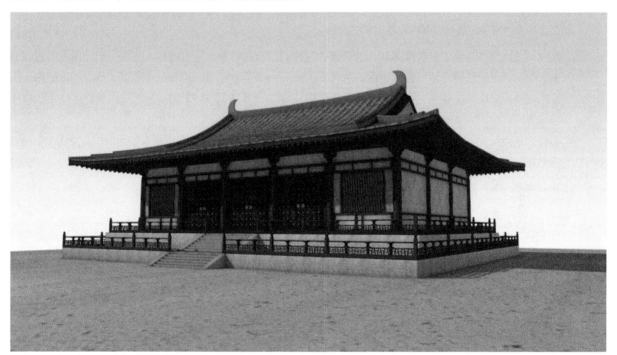

3.1.2 任务分配

本章节中，将分成6个制作任务来完成古代建筑模型的制作。

任　务	制作流程概要
任务一	制作台基和台阶
任务二	制作台基上的围栏
任务三	制作墙体
任务四	制作门窗
任务五	制作立柱与斗拱
任务六	制作屋顶

3.2　项目分析

1. **制作台基**：本案例古代建筑模型中台基形状是两个长方体，使用的方法是创建方体，然后通过调整编辑点、线来完成地基的制作。而台阶部分的形状是由多个的长方体组成的，所以可创建方体、复制多个并调整方体位置，即可完成台阶的制作。

2. **制作围栏**：围栏部分是由多个几何体组成的，使用方体、球体，然后对其使用一次或多次的Extrude（挤压）命令，并通过调整编辑点完成围栏的制作。

3. **制作墙体**：墙体主体和装饰框架制作部分要先创建方体，然后再调整编辑点，注意空出门窗的位置。门窗制作同样通过创建方体，主要运用Insert Edge Loop Tool（插入循环边工具）、Bevel（倒角）和Extrude（挤压）等命令，将窗户和门制作出来。门上的门丁和门把手则是要先创建柱体、球体和圆环体，再通过调整编辑点将其细致制作出来。

4. **制作屋顶与屋脊**：屋顶和屋脊的制作主要运用Create Polygon Tool（创建多边形工具）将屋顶的大体形状制作出来，再通过Slip Polygon Tool（分割多边形工具）命令将转折划分出来，然后再通过调整编辑点、线来完成屋顶和屋脊的制作。

3.3　制作流程

下面进入古代建筑模型的制作当。此案例将通过6个任务来完成古代建筑模型场景的制作。

3.3.1　任务一：制作台基和台阶

首先我们做准备工作，创建项目文件和导入参考图。

1. 创建项目文件：File（文件）>Project Window（项目窗口）

（1）功能说明：通过项目窗口，可以创建新Maya项目，设置项目文件的位置，以及更改现有项目的名称和位置。

（2）操作方法：选择File（文件）单击，然后单机执行Project Window（项目窗口），然后单击New（新建）>在Current Project后面创建项目命名 >■单击执行设置项目文件路径。

（3）常用设置解析：New（新建）是创建新的项目；Current Project（当前项目中）是创建项目命名；▭是执行设置项目文件路径。设置完成后单击Accept确认，如图3-1所示。

2·创建项目命名
1·单击New（新建）
3·设置项目文件路径

图3-1

2. 导入参考图

本案例有关古建模型的三视图，如图3-2所示。

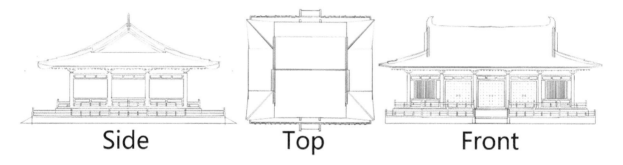

Side　　　　Top　　　　Front

图3-2

（1）功能说明：导入与视图相对的参考图像，为创建模型提供三视图的参考。

（2）操作方法：首先导入顶视图参考图像，在Maya 2013软件中切换到Top（顶视图），选择View（视图）>Image Plane（图像平面）>Import Image（导入图像），如图3-3所示，然后找到顶视图图像文件双击，如图3-4所示。

导入参考图像

图3-3

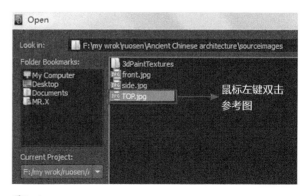

鼠标左键双击参考图

图3-4

注释： 使用同样的方法将其他两张视图参考图像导入
Maya 2013软件中，如图3-5所示。

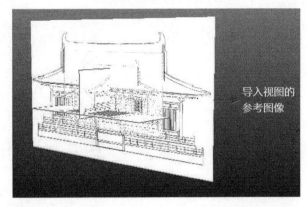

导入视图的
参考图像

图3-5

3. 调整参考图像

（1）功能说明：调整参考图像的位移、旋转和缩
放等属性。

（2）操作方法：选择顶视图的参考图像，按快捷
键【Ctrl+A】在Channel Box通道盒中对顶视图参考
图像属性进行调整，如图3-6所示。

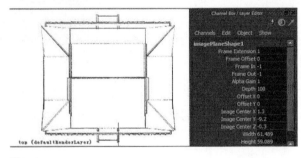

图3-6

然后分别对侧视图和前视图的属性进行调整，如图3-7和图3-8所示。

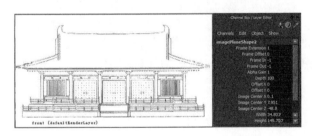

图3-7

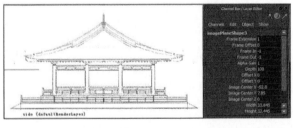

图3-8

注释： 以上操作有两个目的：第一个是将三视图的比例
大小调整一致，这样在创建模型时能更加准确地
把握形体。第二个是由于创建模型时是以世界坐
标轴中心开始的，将参考图像移出世界坐标轴中
心是为了不会在建模过程中遮挡视线。最终效果
如图3-9所示。

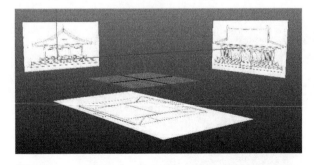

图3-9

4. 制作台基

创建方体调节编辑顶点，制作台基。

STEP 01 在Polygon（多边形）模式下，单击Create（创建）>Polygon Primitives（多边形几何体）>Cube（方

体），创建一个新的方体，如图3-10所示。

STEP 02 单击命令后，视图窗口世界坐标中心生成一个方体，如图3-11所示。

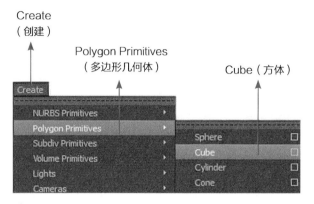

图3-10

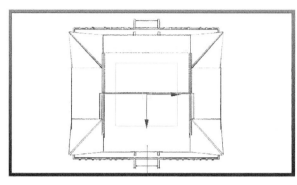

图3-11

STEP 03 然后在Top（顶视图）调整选择该方体，按住鼠标右键不放并将鼠标指针拖向Vertex（顶点）。在顶点编辑下调整顶点，效果如图3-12所示。

STEP 04 接着在Front（前视图）再次调整顶点，效果如图3-13所示。

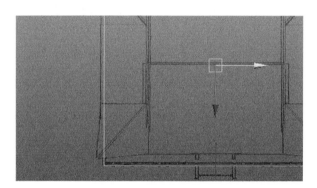

图3-12

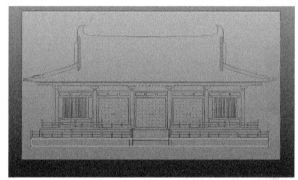

图3-13

STEP 05 使用相同的方法创建第二层台基，效果如图3-14所示。

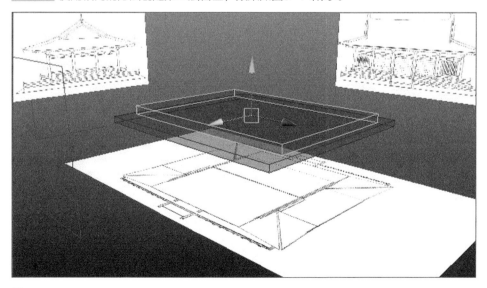

图3-14

创建多边形工具Mesh（网格）>Create Polygon Tool（创建多边形工具）

（1）功能说明：可以通过在场景视图中放置顶点来创建单独的多边形。

（2）操作方法：单击执行，在视图窗口单击鼠标左键放置多个顶点，按键盘上的【Enter】键完成创建，效果如右图所示。

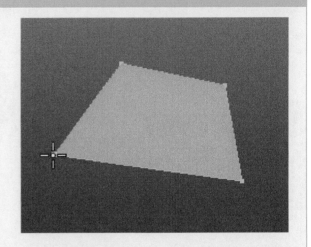

挤压：Edit Mesh（编辑网格）>Extrude（挤压）

（1）功能说明：将所选的面向一个方向挤出。

（2）操作方法：选择要挤压的面，单击执行。如果需要挤压多个面或边，可先选择要挤压的面或边，然后按下【Shift】键加选面或边。如果需要沿已有的曲线挤出面，可选择要挤压的面，然后按【Shift】键加选曲线作为挤压路径，单击执行。

（3）常用参数分析：Edit Mesh（编辑网格）>Extrude（挤压）>▣（选项窗口），如右图所示。

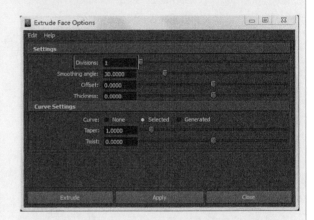

Divisions（分段数）：设置每次挤压出的面或边被细分的段数，如下图所示。

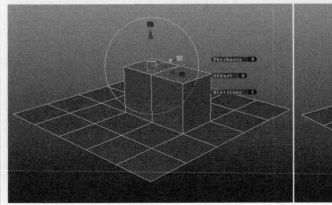

Divisions: 1

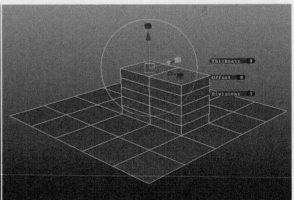

Divisions: 5

5. 制作台阶

创建多边形工具，制作台阶。

STEP 01 在Polygon（多边形）模式下，单击Mesh（网格）>Create Polygon Tool（创建多边形工具）。在Side（侧视图）参照参考图像自行绘制多边形，效果如图3-15所示。

注释： 在使用Create Polygon Tool（创建多边形工具）自行绘多边形后，物体坐标点仍然在世界坐标中心。这时单击Modify（修改）>Center Pivot（中心枢轴），将坐标中心放置到物体中心。

图3-15

STEP 02 切换到Front（前视图），选择该多边形，添加挤压命令，单击Edit Mesh（编辑网格）>Extrude（挤压），效果如图3-16所示。

STEP 03 按快捷键【Ctrl+D】复制，在Front（前视图）对齐位置。然后将两个物体合并，单击Mesh（网格）>Combine（合并），效果如图3-17所示。

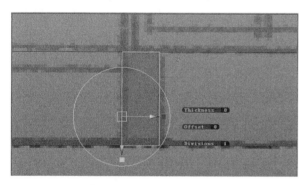

图3-16

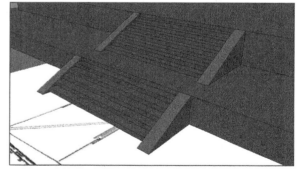

图3-17

再次复制，在侧视图对齐位置，然后调整顶点，效果如图3-18所示。

STEP 04 同样使用Create Polygon Tool（创建多边形工具），在侧视图绘制台阶踢面和踏面，效果如图3-19所示。

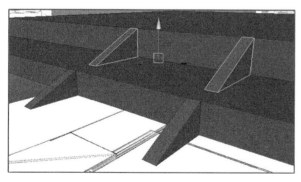

图3-18

图3-19

3.3.2 任务二：制作台基上的围栏

1. 创建方体调整顶点并复制，制作横向围栏

STEP 01 在Front（前视图）创建方体。按键盘上的【R】键缩放快捷键，缩放成条状。然后调整顶点，效果如图3-20所示。

选择并且复制，如图3-21所示。

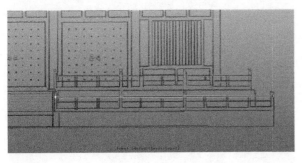

图3-20

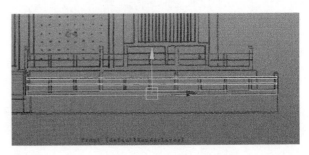

图3-21

2. 创建方体，制作纵向立柱

STEP 01 在Top（顶视图）将物体位置对齐，如图3-22所示。

STEP 02 然后在Top（顶视图）围栏的位置创建方体，来制作较低的围栏立柱，如图3-23所示。

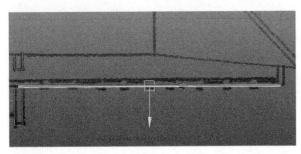

图3-22

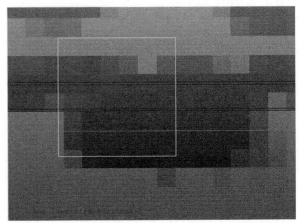

图3-23

STEP 03 切换到Front（前视图）调整顶点，如图3-24所示。

STEP 04 回到persp（透视图）中选择底面，添加Extrude（挤压）命令。然后再切换到Front（前视图）进行多次挤出，效果如图3-25所示。

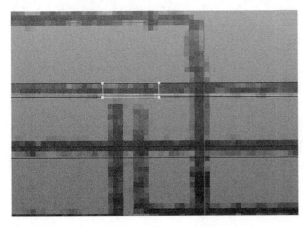

图3-24

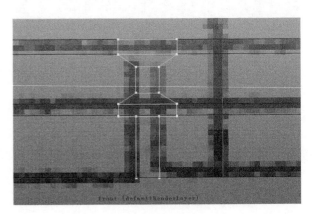

图3-25

STEP 05 然后复制物体，这样较为低的围栏立柱便完成了，如图3-26所示。

STEP 06 接着在Top（顶视图）创建方体制作较高的围栏立柱，如图3-27所示。

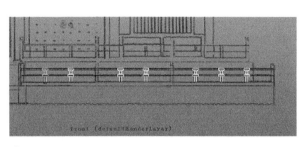

图3-26

图3-27

STEP 07 在Front（前视图）调整顶点，如图3-28所示。

STEP 08 然后再在persp（透视图）中选择最顶层的面，然后切换回Front（前视图）多次添加Extrude（挤压）命令，最后的效果如图3-29所示。

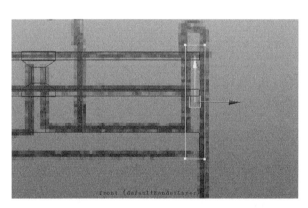

图3-28

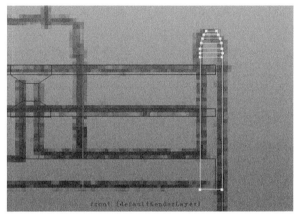

图3-29

3. 创建球体制作围栏立柱装饰

STEP 01 在Top（顶视图）创建球体，如图3-30所示。

STEP 02 切换到Front（前视图）选择球体，在边编辑模式下，通过缩放和位移调整边线的位置，如图3-31所示。

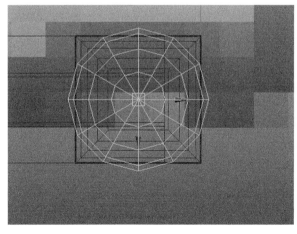

图3-30

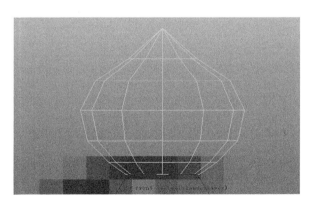

图3-31

STEP 03 全选这两个物体，使用快捷键【Ctrl+G】成组，然后单击 Modify（修改）>Center Pivot（中心枢轴），将坐标中心放置到物体中心，如图3-32所示。

STEP 04 选择立柱组，使用复制快捷键【Ctrl+D】在Front（前视图）复制如图3-33所示效果。

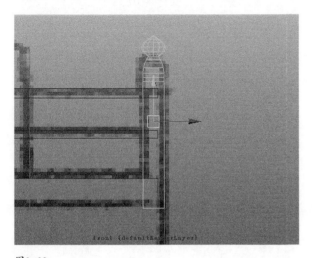

图3-32

图3-33

4. 创建方体制作围栏内饰

STEP 01 使用Create Polygon Tool（创建多边形工具），在Front（前视图）绘制，效果如图3-34所示。

STEP 02 使用Split Polygon Tool（分割多边形工具），将这些两点相连接，如图3-35所示。

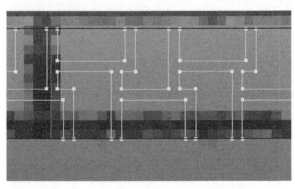

图3-34

图3-35

STEP 03 在Top（顶视图）对其位置后，添加Extrude（挤压）命令，如图3-36所示。

STEP 04 在Front（前视图）复制一份，并将其位置放置在与之相同的围栏内，如图3-37所示。

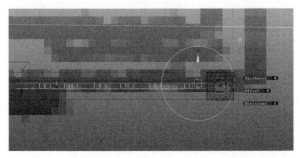

图3-36

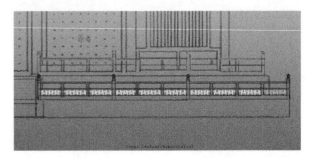

图3-37

注视： 有个别需要调整顶点，最终保持内饰间隙的均匀
和完整性。

STEP 05 然后全部选中这部分围栏，按快捷键
【Ctrl+G】成组，参照参考图像复制到其他位置。最后
完成所有围栏的制作，如图3-38所示。

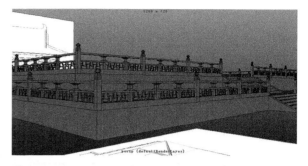

图3-38

技术看板：

插入循环边工具：Edit Mesh（编辑网格）>Insert Edge
Loop Tool（插入循环边工具）

（1）功能说明：可以在多边网格的整个或部分环形边
上插入一个或多个循环边。插入循环边时，会分割与选定环
形边相关的多边形面。

（2）操作方法：单击命令，然后在模型的一条边上按
住鼠标左键并拖拽。观察新插入环形边的位置与走向，确认
后释放鼠标左键即完成操作，如右图所示。

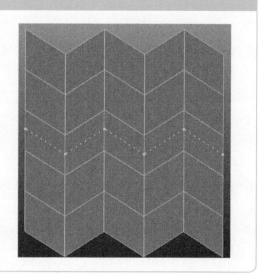

3.3.3　任务三：制作墙体

1. 创建平面制作墙面

STEP 01 在多边形模式下，单击执行Create（创建）>Polygon Primitives（多边形基本几何体）>Plane（平
面），参照Front（前视图）参考图像绘制一个平面调整顶点，如图3-39所示。

STEP 02 选择该平面，单击执行Edit Mesh（编辑网格）>Insert Edge Loop Tool（插入循环边工具），在前视图
参照参考图像插入循环边，然后调整顶点，如图3-40所示。

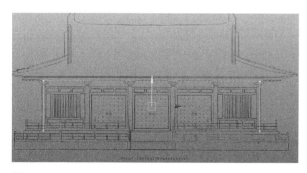

图3-39

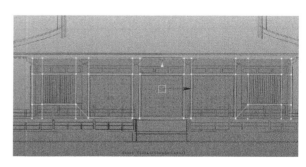

图3-40

STEP 03 选择窗户和门位置的面，按键盘上的【Delete】键将其删除。然后添加Extrude（挤压）命令，如图3-41所示。

STEP 04 选择该创建完成的墙面，按快捷键【Ctrl+D】，然后在侧视图调整位置，如图3-42所示。

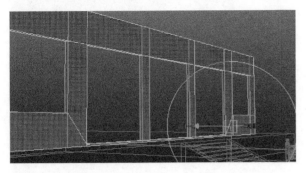

图3-41

图3-42

STEP 05 在侧视图创建一个平面，调整顶点，并添加Extrude（挤压）命令，如图3-43所示。

STEP 06 复制该墙面，调整位置，完成后整体墙面如图3-44所示。

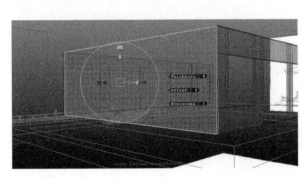

图3-43

图3-44

2. 创建自定义多边形绘制墙面装饰

STEP 01 使用Create Polygon Tool（创建多边形工具），在Front（前视图）绘制，效果如图3-45所示。

STEP 02 单击执行Split Polygon Tool（分割多边形工具），连接顶点使其保持四边面，如图3-46所示。

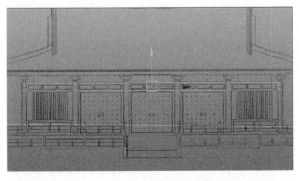
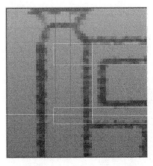
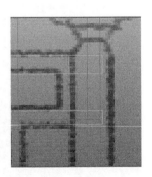

图3-45

图3-46

STEP 03 单击执行Edit Mesh（编辑网格）>Insert Edge Loop Tool（插入循环边工具），划分出框架，然后在Side（侧视图）对齐位置，效果如图3-47所示。

STEP 04 选择面删除，如图3-48所示。

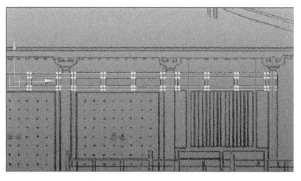

图3-47

图3-48

STEP 05 然后添加Extrude（挤压）命令，如图3-49所示。

STEP 06 使用相同的方法，制作其他部分的装饰框，如图3-50所示。

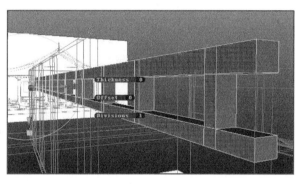

图3-49

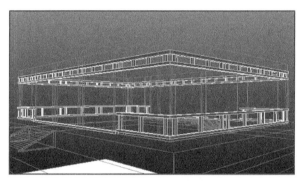

图3-50

3.3.4　任务四：制作门窗

1. 创建平面和方体，制作门窗

STEP 01 在Front（前视图）参照参考图像，沿之前创建完成的墙面上创建平面，如图3-51所示。

STEP 02 在Side（侧视图）调整好位置，单击执行Edit Mesh（编辑网格）>Insert Edge Loop Tool（插入循环边工具），如图3-52所示。

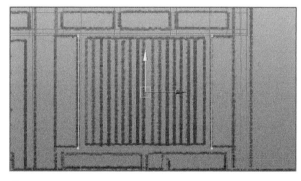

图3-51

图3-52

STEP 03 然后选择窗户位置的面，单击执行Edit Mesh（编辑网格）>Extrude（挤压）命令，接着使用缩放向中心挤出，如图3-53所示。

STEP 04 删除这个面，选择整个窗框，单击执行Edit Mesh（编辑网格）>Extrude（挤压）命令，效果如图3-54所示。

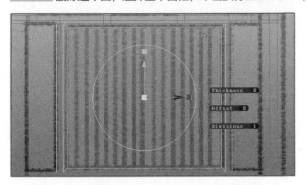

图3-53

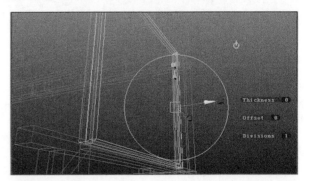

图3-54

STEP 05 接着选择窗框两侧的面，添加Extrude（挤压）命令，效果如图3-55所示。

注释： 这里添加挤压命令后，可缩放y轴同时挤出相等体量的面。

STEP 06 创建方体移动到窗框的位置，缩放或者调整顶点，如图3-56所示。

STEP 07 选择复制，效果如图3-57所示。

图3-55

图3-56

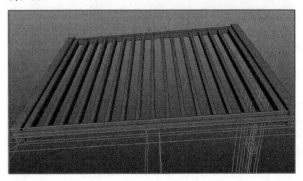

图3-57

注释： 复制出一个调整好位置后，可按快捷键【Shift+D】复制上一步操作。

STEP 08 使用相同的方法制作门框，如图3-58所示。

STEP 09 门和窗纸的创建方法可使用一个平面制作，效果如图3-59所示。

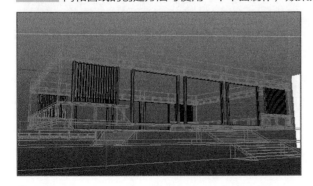

图3-58

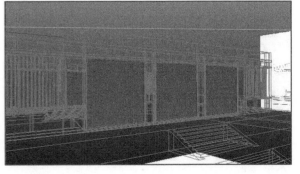

图3-59

2. 创建圆柱体制作门钉和门把手

STEP 01 在Front（前视图）多边形模式下，单击执行Create（创建）>Polygon Primitives（多边形基本几何体）>Cylinder（圆柱体），然后调节大小位置，如图3-60所示。

STEP 02 然后复制出所有门钉，如图3-61所示。

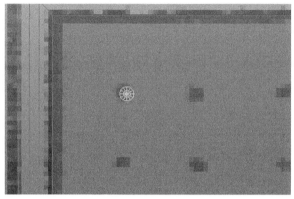

图3-60

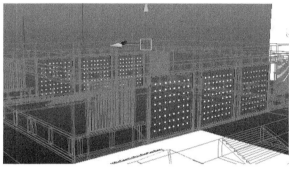

图3-61

STEP 03 再次创建圆柱体，调整位置大小到门把手的位置，如图3-62所示。

STEP 04 创建球体，删除一半将其大小位置调整到刚才创建柱体的中心，如图3-63所示。

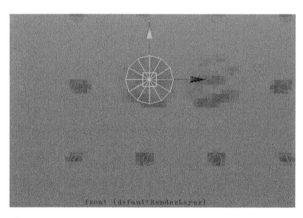

图3-62

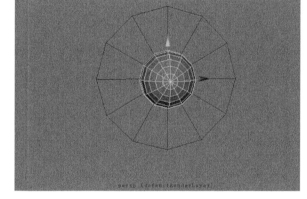

图3-63

STEP 05 创建环形，选中环形物体在Channel Box（通道盒）调节环形属性，如图3-64所示。

STEP 06 复制完成所有门把手的制作，如图3-65所示。

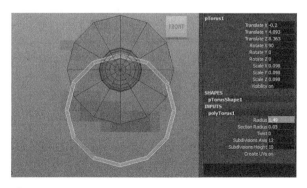

图3-64

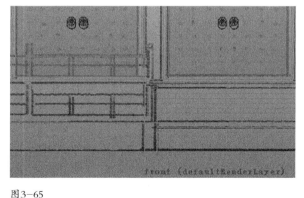

图3-65

技术看板：

倒角：Edit Mesh（编辑网格）>Bevel（倒角）

（1）功能说明：为多边形网格在角或边缘处创建倒角变形，使其变得更加圆滑。

（2）操作方法：选择多边形或多边形的几条边，单击执行。

（3）常用参数分析：单击Edit Mesh（编辑网格）>Bevel（倒角）>■（选项窗口），如右图所示。

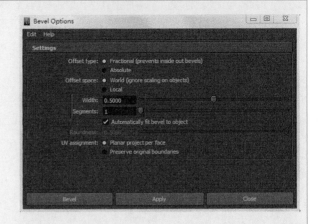

注释： Width（宽度）：宽度的取值在0~1之间，控制初始边与偏移中心的距离，如下图（左）所示。

注释： Segments（段数）：设定倒角面平面于所选边方向的段数，如下图（右）所示。

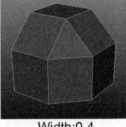

Width:0.05　　　　Width:0.4

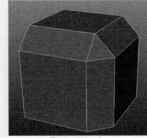
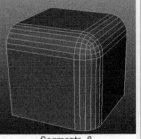

Segments　1　　　　Segments　6

3.3.5　任务五：制作立柱与斗拱

1. 创建方体制作立柱底座

STEP 01 单击执行Create（创建）>Polygon Primitives（多边形基本几何体）>Cube（方体），设置通道盒缩放属性，如图3-66所示。

STEP 02 然后在Front（前视图）和Side（侧视图），调整底座的位置，如图3-67所示。

图3-66

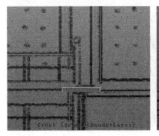
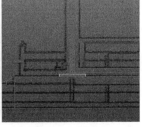

图3-67

STEP 03 接着选择最顶层面，单击执行Edit Mesh（编辑网格）>Bevel（倒角），使用默认设置添加倒角命令，如图3-68所示。

STEP 04 再次选择最顶层面，继续添加两次默认设置的倒角命令，如图3-69所示。

图3-68

图3-69

STEP 05 最后调整下底座边缘平滑的过渡，使其看起来更加自然，如图3-70所示。

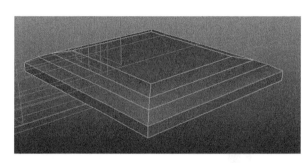

图3-70

2. 创建圆柱体制作立柱

STEP 01 单击执行Create（创建）>Polygon Primitives（多边形基本几何体）>Cylinder（圆柱体），并设置通风盒属性，如图3-71所示。

STEP 02 然后在Front（前视图）和Side（侧视图）调整立柱位置，如图3-72所示。

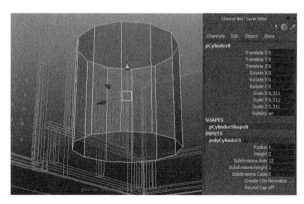

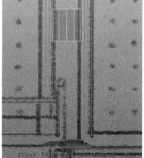

图3-71

图3-72

STEP 03 接着在顶点编辑模式下调整顶点，如图3-73所示。

STEP 04 选择立柱最上端的截面，对其多次添加挤压命令。单击执行Edit Mesh（编辑网格）>Extrude（挤压）命令，如图3-74所示。

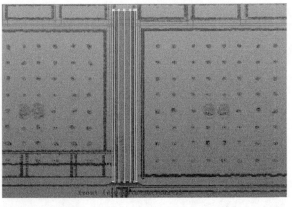
图3-73

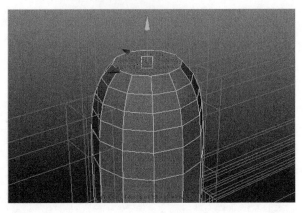
图3-74

3. 创建自定义多边形绘制，制作斗拱

STEP 01 使用Create Polygon Tool（创建多边形工具），在Front（前视图）绘制，效果如图3-75所示。

STEP 02 对其添加挤出命令，在Side（侧视图）确定挤出位置，如图3-76所示。

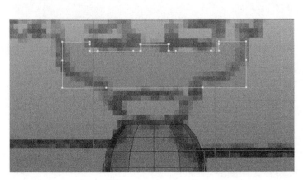
图3-75

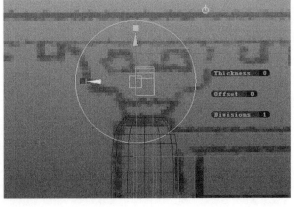
图3-76

STEP 03 选择这些直角的边线，添加倒角命令，效果如图3-77所示。

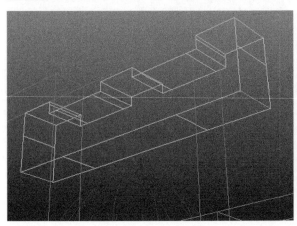

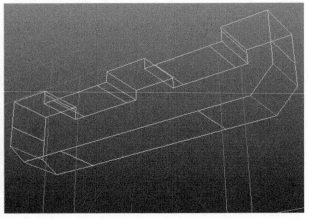
图3-77

STEP 04 选择被倒出的边，再次使用倒角命令，如图3-78所示。

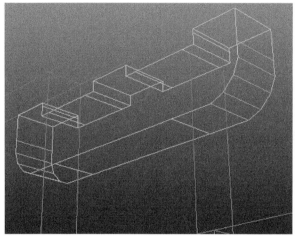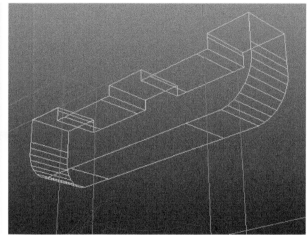

图3-78

STEP 05 使用相同的方法对直角边添加倒角命令，效果如图3-79所示。

STEP 06 选择顶端两侧的方形面片，添加挤出命令。首先沿y轴进行位移调整，然后鼠标左键单击方向轴上的小方块，激活方向轴的缩放轴，进行缩放，如图3-80所示。

STEP 07 再次进行添加挤出命令，最后效果如图3-81所示。

STEP 08 选择面编辑，选择一部分面，如图3-82所示。

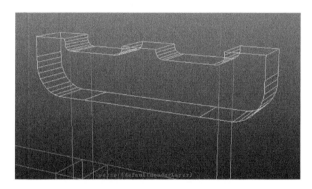

图3-79

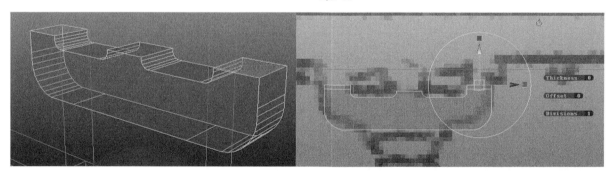

图3-80

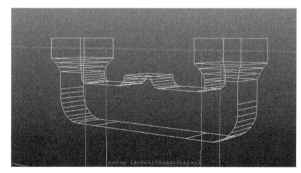

图3-81

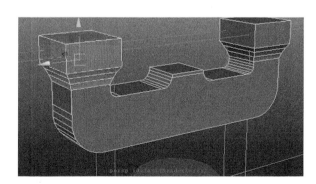

图3-82

STEP 09 然后单击执行Mesh（网格）>Extract（提取），如图3-83所示。

STEP 10 选择被分离出来的部分，单击执行Modify（修改）>Center Pivot（中心枢轴），将坐标中心放置到物体中心。然后移动到如图3-84所示的位置。

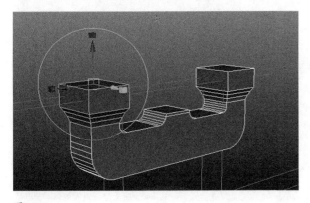

图3-83

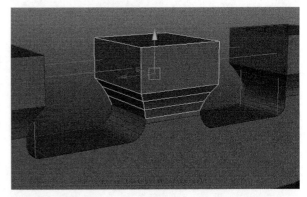

图3-84

STEP 11 调整形状，并且复制一份，然后旋转90度，效果如图3-85所示。

STEP 12 使用相同的制作方法，将其他部分完成，如图3-86所示。

STEP 13 最后选择立柱和斗拱整体成组，参照前视图和侧视图参考图像，如图3-87所示。

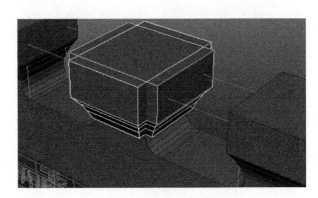

图3-85

图3-86

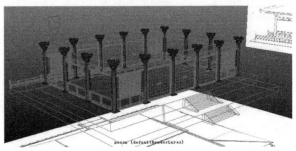

图3-87

技术看板：

分割多边形工具：Split Polygon Tool（分割多边形工具）

单击在Polygons（多边形）模块下的 Split Polygon Tool（分离多边形工具）

（1）功能说明：创建新的面、顶点和边，把现有的面分割为多个面。可以通过跨面绘制一条线，以指定分割位置来分割网格中的一个或多个多边形面。

（2）操作方法：点击执行，在多边形需要分割的边上连续单击，按键盘上的【Enter】键或【Q】键完成分割。

（3）常用参数分析：键盘【Ctrl】+鼠标【右键】拖动>Split（分割）拖动> Split Polygon Tool（分割多边形工具）>▣（选项窗口），如下图所示。

注释： Slip only from edges（仅从边分割），如下图所示。

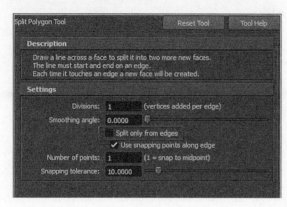

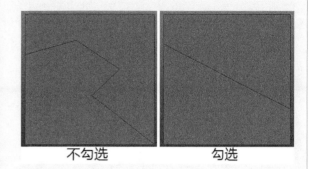

不勾选　　　　　　勾选

3.3.6 任务六：制作屋顶

1. 创建方体制作屋顶

STEP 01 单击执行Create（创建）>Polygon Primitives（多边形基本几何体）>Cube（方体），参考前视图和侧视图调整顶点，如图3-88所示。

STEP 02 在顶视图创建平面，单击执行Create（创建）>Polygon Primitives（多边形基本几何体）>Plane（平面），调整大小，如图3-89所示。

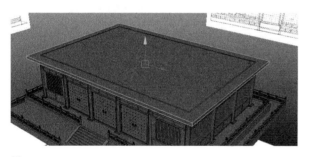

图3-88

图3-89

STEP 03 然后对该平面通道盒属性进行设置，如图3-90所示。

STEP 04 参照顶视图参考图像，调整平面上拓扑线的位置，如图3-91所示。

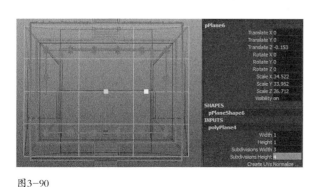

图3-90

图3-91

STEP 05 使用分割多边形工具，分割屋顶4个角的面，如图3-92所示。

STEP 06 选择中间矩形四边的边线，添加倒角命令，如图3-93所示。

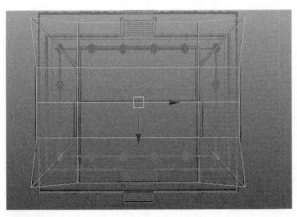

图3-92

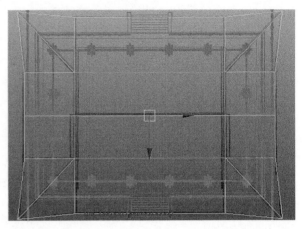

图3-93

STEP 07 添加倒角命令，在通道盒调整Offset属性为0.02，如图3-94所示。

STEP 08 调整顶点，调整出屋顶的大致形状，如图3-95所示。

图3-94

图3-95

STEP 09 添加循环边，细化屋顶。再次调整边或顶点，如图3-96所示。

STEP 10 选择屋顶两侧三角部分的面，单击执行Mesh（网格）>Extract（提取）。分离出这部分面备用，如图3-97所示。

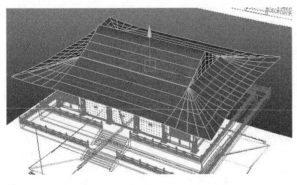

图3-96

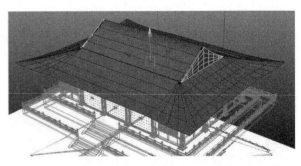

图3-97

STEP 11 选择屋顶，添加挤出命令，如图3-98所示。

图3-98

2. 制作屋脊

使用Create Polygon Tool（创建多边形工具），在Front（前视图）绘制出屋脊轮廓，然后添加挤出命令，再对边缘进行倒角使其平滑，效果如图3-99所示。

图3-99

制作简单材质贴图和渲染模型

3. 创建摄影机

STEP 01 将模式切换到Rendering（渲染），如图3-100所示。

STEP 02 在主菜单栏上选择Create（创建）>Cameras（摄影机组）>Camera（摄影机），使用常规摄影机，如图3-101所示。

STEP 03 在视图中选择创建完成的"Camera 1"，然后在视图窗口上面选择Panels（面板）>Look Through Selected（通过选择查看），如图3-102所示。

图3-100

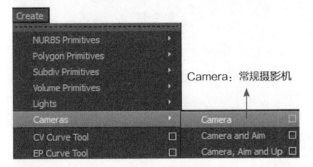

图3-101

图3-102

STEP 04 然后以摄影机视角来任意调节可视范围和角度，如图3-103所示。

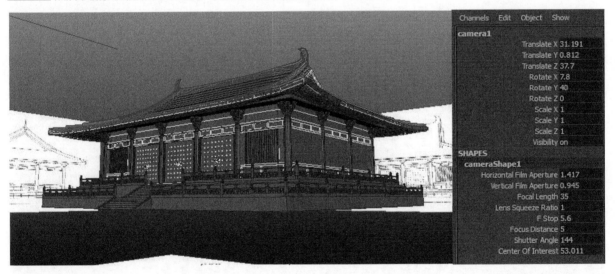

图3-103

4. 创建灯光

STEP 01 创建平行光。单击执行Create（创建）>Lights（灯光）>Directional Light（平行光），创建一盏平行光，如图3-104所示。

STEP 02 然后在视图窗口上单击Panels（面板）>Look Through Selected（沿对象观察），调整灯光的角度，如图3-105所示。

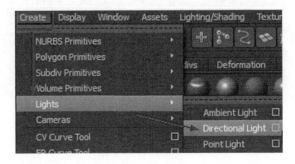

图3-104

图3-105

STEP 03 可参考"三电光源"的方法将灯光调整为如图3-106所示效果。

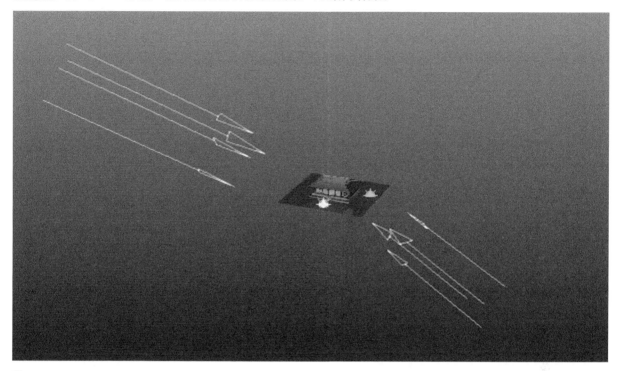

图3-106

5. 创建材质贴图

STEP 01 打开材质编辑器。单击执行Window（窗口）>Rendering Editors（渲染编辑器）>Hyper shade，打开材质编辑器，如图3-107所示。

STEP 02 为模型赋予材质。在材质编辑器Hyper shade中，创建好模型材质，如图3-108和图3-109所示。

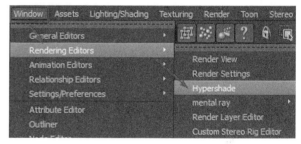

图3-107

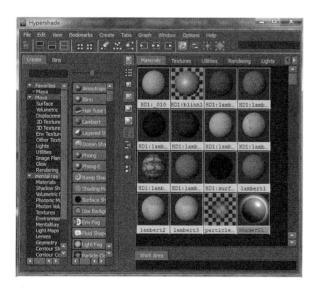

图3-108

图3-109

6. 设置渲染器

STEP 01 打开渲染器设置。单击执行Window（窗口）> Rendering Editors（渲染编辑器）>Render Settings（渲染设置），打开渲染设置窗口，如图3-110所示。

STEP 02 设置渲染图像尺寸。在Common（通用）选项卡栏内查找Renderable Cameras（可渲染摄影机）卷标栏，在Renderable Cameras下拉列表里选择"Camera 1"。然后在Image Size（图像尺寸）卷标栏下的Presets（预置）内选择"HD 720"，如图3-111所示。

图3-110

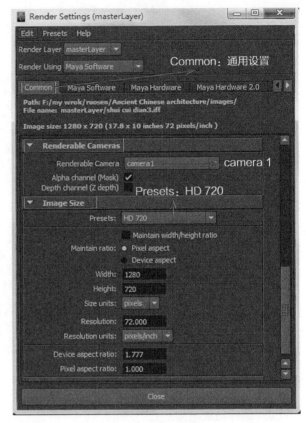

图3-111

STEP 03 打开"mental ray"渲染器。在渲染设置窗口中，单击执行Render Using（使用渲染器）旁边的下拉列表，选择"mental ray"单击执行，如图3-112所示。

STEP 04 然后选择Quality（质量）选项卡栏，在Quality Presets（质量预置）旁的下拉列表里选择Production（产品级），如图3-113所示，渲染效果如图3-114所示。

图3-112

图3-113

图3-114

STEP 05 然后在渲染层创建一个新层，将所有模型添加到这个新层中，如图3-115所示。

STEP 06 在这个层级下渲染Occlusion（灯光闭塞贴图），效果如图3-116所示。

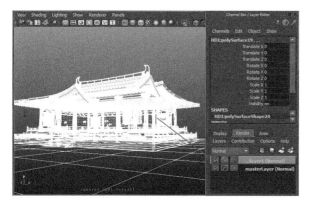

图3-115

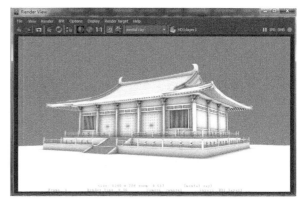

图3-116

STEP 07 最后在Photoshop软件中将两次渲染的图像进行处理，这样最终效果就完成了，如图3-117所示。

图3-117

STEP 08 在场景中变更摄影机机位的同时也要改变灯光方向，以配合整个场景氛围渲染的效果，从不同的摄影机角度进行渲染，如图3-118～图3-120所示。

图3-118

图3-119

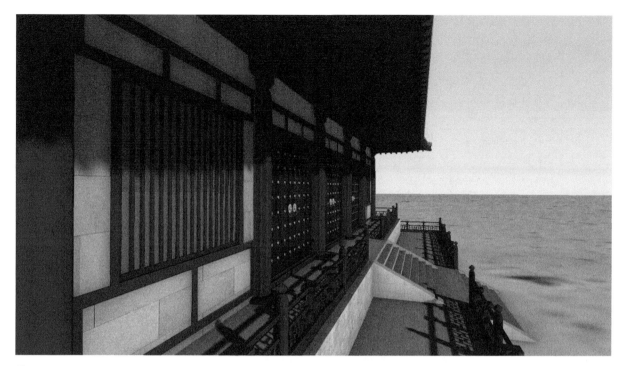

图3-120

3.4   本章总结

3.4.1   制作概要

本案例中，古代建筑的整体形状内容包括主体殿体，以及四周的台阶、围栏，而且都是由小部件组合完成的，由此在制作上就要首先考虑从大处着眼，使用接近于原设形状的基本物体来搭建出整体形态。

通过本案例场景的制作，使学习者了解阁楼的布局特点、房屋结构和搭建流程等内容，并在此基础上掌握一些动画场景的制作技巧，希望能进行举一反三，通过练习来掌握多种景致的建模方式和处理方法。

本章分为6个任务进行制作，从整体轮廓的创建到古代建筑的细节装饰，逐步完成整个模型的制作。

3.4.2   所用命令

（1）创建多边形：Mesh（网格）>Creat Polygon Tool（创建多边形）。

（2）倒角：Edit Mesh（编辑网格）>Bevel（倒角）。

（3）分割多边形工具：按快捷键【Ctrl+鼠标右键】拖动>Split（分割）拖动>Split Polygon Tool（分割多边形工具）。

（4）插入环形边工具：Edit Mesh（编辑网格）>Insert Edge Loop Tool（插入环形边工具）。

（5）挤压：Edit Mesh（编辑网格）>Extrude（挤压）。

3.4.3   重点制作步骤

（1）导入参考图片：主要讲解如何将参考图片导入Maya软件中及如何对参考图片的比例尺寸进行修改。

（2）古代建筑台基和台阶的创建：使用基础几何形体创建出台基和台阶的基本形状，确定好比例后再进一步进行细节的制作。

（3）古代建筑围栏的制作：围栏基础体形使用基础几何体创建并调整，运用Creat Polygon Tool（创建多边形）工具，绘制出围栏内部雕饰。

（4）古代建筑墙体的制作：创建面片并配合Insert Edge Loop Tool（插入环形边工具）制作古代建筑的墙体。

（5）古代建筑门窗的制作：通过创建面片，配合Extrude（挤压）工具进行制作。

（6）古代建筑立柱与斗拱的制作：使用Creat Polygon Tool（创建多边形）工具，绘制出斗拱形状，再进行挤出命令的操作和细节的调整。

（7）古代建筑屋顶的制作：创建面片通过调整顶点等编辑操作，创建出屋顶的形体。

3.5 课后练习

1. 以唐代古建"大明宫"中的小行宫为参考，制作出建筑模型，如图3-121所示。

图3-121

2. 制作要求。

独立完成古代建筑模型的制作，确保各物体间的空间位置准确，大小比例符合参考图的要求。

（1）整体建筑比例准确，外观造型美观并与参考建筑风格一致。

（2）房间空间构成合理，与参考图相似。

（3）各个结构之间位置恰当，在制作过程中能运用正确的命令操作。

第4章

角色模型——
卡通人物模型制作

4.1 项目描述

4.1.1 项目介绍

在本章卡通角色制作中，我们将以日本动画片《数码宝贝驯兽师》中的角色为参考进行角色模型的制作。虽然卡通类角色的形体结构相对于写实类角色而言更简单，但是在造型上依然要注意轮廓和比例的准确性。在下面的任务中，将详细讲解卡通人物模型的制作。

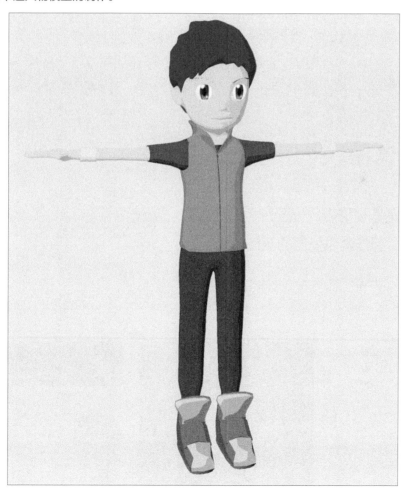

4.1.2 任务分配

本章节中，将分成4个制作任务来完成卡通人物角色的制作。

任 务	制作流程概要
任务一	制作角色模型基础形状
任务二	制作头部及细节
任务三	制作手部及鞋子
任务四	制作服装以及对模型上色

4.2 项目分析

1. **制作角色模型基础形状：** 卡通人物模型的制作由基础几何体开始，创建立方体，通过调整编辑点并挤压，完成模型基础形体的创建。

2. **制作头部及细节：** 在头部制作的细节中通过多次加线Interactive Split Tool（交互式切分工具）和Extrude（挤压），分别制作出鼻子、嘴巴和耳朵等。

3. **制作手部及鞋子：** 运用添加环线Insert Edge Loop Tool（插入环形边工具）、Extrude（挤压）和Split Polygon Tool（分离多边形工具）等命令，制作手部和鞋子。

4. **制作服装以及对模型上色：** 基本卡通人物形体制作好后，使用Separate（分离）、Duplicate Face（复制面）等命令将形体表面的面复制出来，通过编辑复制出的点、线完成形状的进一步调整，运用Extrude（挤压）出厚度。

4.3 制作流程

下面进入卡通人物模型的制作环节，此案例将通过4个任务来完成模型的制作。

4.3.1 任务一：制作角色模型的基础形状

1. 制作正、侧视图参考图

在创建基础模型前，为了方便观察参考图，应先将参考图分成front、side视图（正、侧视图），并将其导入Maya软件中。

STEP 01 打开Photoshop软件，直接将参考图拖入到Photoshop软件窗口中，如图4-1所示。

STEP 02 按下快捷键【Ctrl+R】打开"参考线"，在"参考线"上按住鼠标左键往下拖动就会出现一条参考直线，将其拖动到图中的位置，如图4-2所示。

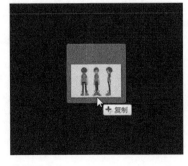

图4-1

图4-2

STEP 03 在切割前最重要的就是检测图片中的front、side视图（正、侧视图）是否能相互对上，用"参考线"来匹配一下（找相对来说容易参考的结构）。图中小男孩的耳朵、肩膀、手和鞋子都是不错的参考，如图4-3所示。

STEP 04 从图中可以看出front、side视图（正、侧视图）基本都能对上位，那么这张图就可以直接使用。（按下【V】键"移动工具"，可以调节已经摆放好的"参考线"）接下来开始进行切割步骤，按下【C】键"裁剪工具"根据参考线切割。由于有了"参考线"，因此"裁剪工具"会自动吸附到"参考线"上面，如图4-4所示。

STEP 05 对裁剪后的图片双击鼠标左键，完成本次裁剪，然后打开菜单"文件"＞"存储为"，如图4-5所示。

图4-3

图4-4

图4-5

STEP 06 命名并保存到你的文件夹中，格式为JPG，如图4-6所示。

STEP 07 保存完毕后打开"历史记录"，单击 选择"裁剪"的上一步"拖移参考线"，或者按下快捷键【Ctrl+Z】返回上一步（注意：Photoshop软件中连续按下快捷键【Ctrl+Z】不会一直返回上一步，而是当返回上一步后，再按下快捷键【Ctrl+Z】时就会前进一步），如图4-7所示。

STEP 08 以裁剪front视图（正视图）相同的方法，裁剪出side视图（侧视图），并另存文件，如图4-8所示。

图4-6

图4-7

图4-8

2. 将正、侧参考图导入Maya软件中

STEP 01 当获取了front、side视图（正、侧视图）后，进入Maya软件，按【空格】键切换到四视图，如图4-9所示。

STEP 02 将鼠标放在front视图（正视图）的任意位置，再次按下【空格】键切换到front视图（正视图），如图4-10所示。

STEP 03 切换到视图后不要进行任何动作（移动、缩小放大等），因为做任何动作都会影响视图导入后的正确位置。单击 "导入图片"按钮，找到存放图片的文件夹并导入图片，如图4-11所示。

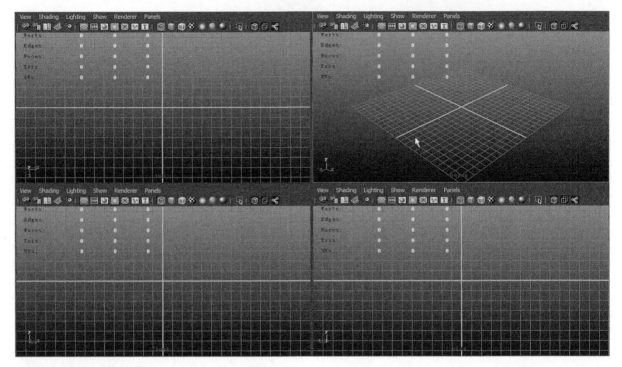

图4-9

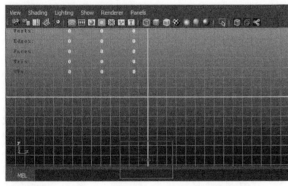

图4-10

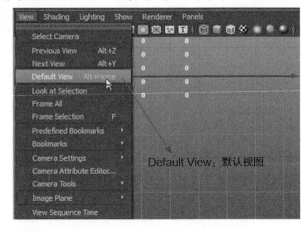

图4-11

注释： 如果你的视图曾拉远或拉近，将会使以后导入的图像平面出现大小不一的情况。所以如果在导入之前出现上述问题，可以通过File（文件）>New Scene（新建场景）来新建场景，对弹出的窗口单击Don't Save（不保存），如图4-12所示。

或者在视图菜单中选择View（视图）>Default View（默认视图）让视图摄像机都恢复到初始位置，如图4-13所示。

图4-12

图4-13

如果单击图标无法打开选择图片窗口，可以单击View（视图）>Image Plane（平面图片）>Import Image...（导入图片...）命令打开导入图片窗口，如图4-14所示。

STEP 04 以同样的方式将side视图（侧视图）导入进Maya软件，如图4-15所示。

STEP 05 front、side视图（正、侧视图）导入完毕后，对它们进行对位调整（将图片尽量对到中心）。切换到front视图（正视图），选择图片，调出图片属性栏，如图4-16所示。

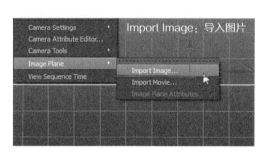

图4-14

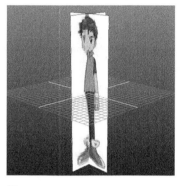

图4-15

图4-16

STEP 06 单击Image Center X（x轴的图片中心），按住鼠标中间左右滑动可以调节图片左右平移。由于这张图片的身体有点倾斜，因此先不用顾虑其他，要优先把头部对到中心线。

注释： 如果觉得在左右滑动时动作过快，可以按住【Ctrl】键精确地、慢慢地移动（也可直接在里面输入数值调整），如图4-17所示。

STEP 07 切回到persp视图（透视图），将图片往后移动，否则它们会在建模时影响观察。选择front视图（正视图），单击Image Center Z（z轴的图片中心），按住鼠标中间向左移动，如图4-18所示。

STEP 08 以同样的方式将side视图（侧视图）移动出去，如图4-19所示。

图4-17

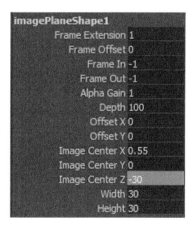

图4-18

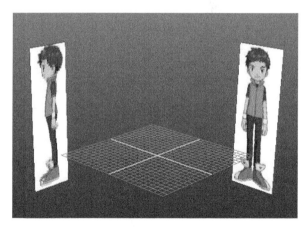

图4-19

注释： 如果想隐藏参考图，可以选择视图菜单中的Show（显示）>Cameras（摄像机）来切换显示和隐藏，如图4-20所示。

STEP 09 分别导入front视图（正视图）和side视图（侧视图）后，对这两张图进行一下对位，确保两者之间位置差距不会太大。在此之前将Maya模块选为Polygons（多边形），如图4-21所示。

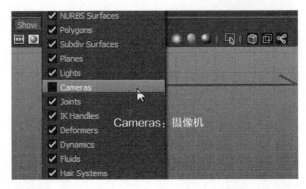

Cameras：摄像机

Polygons：多边形

图4-20

图4-21

STEP 10 单击Create（创建）>Polygon Primitives（多边形基本几何体）>Poly Cube（立方体）或者直接单击在Polygons模块下的■创建一个立方体，如图4-22所示。

STEP 11 鼠标单击创建出的立方体，按下【R】键或者单击工具盒中的■"缩放工具"，如图4-23所示。

Create：创建

Polygon Primitives：多边形基本几何体

Cube：立方体

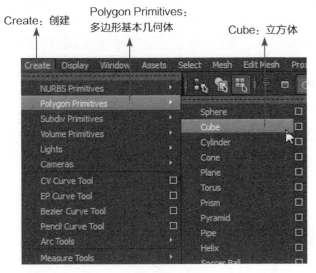

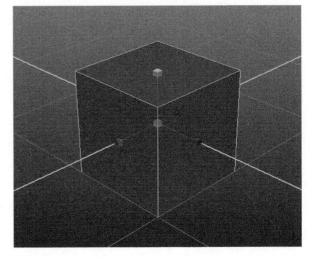

图4-22

图4-23

STEP 12 进入front视图（正视图），单击"缩放工具"中红色的小盒子（变为黄色即选定），按住鼠标左键将它拉长（往右移动）。拉长完后再对"缩放工具"中绿色的小盒子按下鼠标左键并往下移动，将立方体压扁，如图4-24所示。

STEP 13 按下【W】键或者从工具盒中单击■"移动工具"将参考物向上移动到耳部（移动工具的使用方法和缩放工具一样），如图4-25所示：

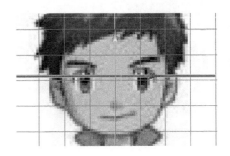

图4-24

图4-25

STEP 14 对这个参考物进行一次复制，单击 Edit（编辑）>Duplicate（复制）或者按下快捷键【Ctrl+D】直接复制选中的物体。随后将复制出的物体移动到肩膀处，如图4-26和图4-27所示。

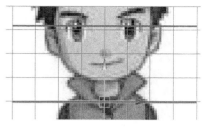

图4-26

图4-27

STEP 15 以同样的方法在手腕、手和脚腕处各放一个参考物，如图4-28所示。

STEP 16 切换到side视图（侧视图），这两张图还是有一定位置上的差距的，如图4-29所示。

STEP 17 选择side视图（侧视图）图片，从它的属性中单击Image Center Y（y轴的图片中心），按住鼠标中间左右移动（即y轴的上下移动），与front视图（正视图）放的参考物匹配，如图4-30所示。

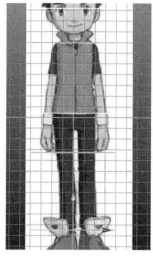

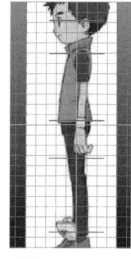

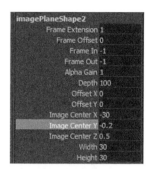

图4-28

图4-29

图4-30

注释： 可以单击隐藏网格使图像和参考物更容易被观察，如图4-31所示。

Grid：网格

图4-31

3. 观察参考图，制作模型总体形态

STEP 01 对位完毕后将参考物体删除（框选参考物体，按下【Delete】键删除）。接下来开始建造卡通人物的基础形状，先创建一个立方体。进入front视图（正视图）按下【R】键按住立方体正中间的小方块，将这个立方体整体放大到图中所示的位置，如图4-32所示。

STEP 02 单击y轴"缩放工具"的绿色小方盒，当颜色变为黄色时表示已经选定，如图4-33所示。

STEP 03 往上移动增加拉长的高度，配合"移动工具"的使用。将这个立方体在front视图（正视图）及side视图（侧视图）中调整到如图4-34所示的位置。

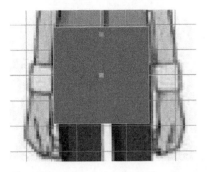
图4-32

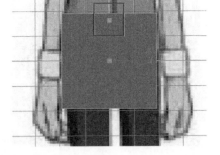
图4-33

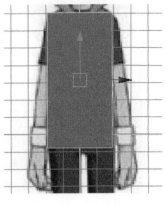
图4-34

STEP 04 单击PolyCube1打开属性栏，如图4-35所示。

STEP 05 为这个立方体设置一定的段数方便之后的模型制作。设置Subdivisions Width（细分宽度）为2，设置Subdivisions Height（细分高度）为8，如图4-36所示。

STEP 06 按住鼠标右键，向左滑动到Vertex（点选择）上后松开右键，如图4-37所示。

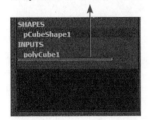
图4-35

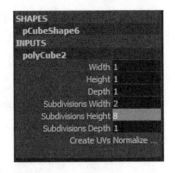
图4-36

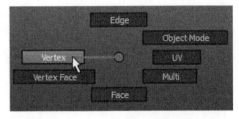
图4-37

STEP 07 调整点的位置，选择点后通过【W】键、【R】键移动（对于顶点选择，【R】是对称缩放，因此必须在选择2个点以上时才能使用）。图中的中点是按下【W】键"移动工具"往下移动，左右两边的是同时选择（先选择一个顶点，再运用快捷键【Shift+左键】加选另一个顶点）用【R】键对称缩小距离，如图4-38所示。

STEP 08 切换到side视图（侧视图），框选点，将它们对上参考图，通过按下"4"键（线框显示）和【5】键（实体显示）来回切换观察，如图4-39所示。

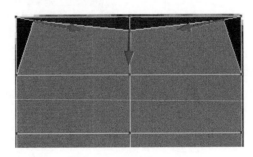
图4-38

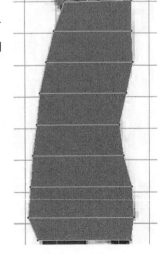
图4-39

STEP 09 切换到persp视图（透视图），将视角挪移到顶视图，框选左右两边的点将它们往后（z的负轴向）移动，如图4-40和图4-41所示。

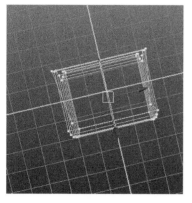

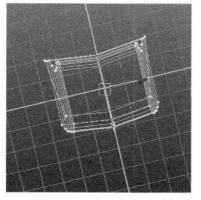

注释: 当执行完点、面或边选择后，应当切回Object Mode（对物体模式），如图4-42所示。

Object Mode：对物体模式

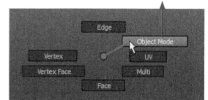

图4-40　　　　　　　图4-41　　　　　　　图4-42

4. 制作手臂

STEP 01 制作手臂前应对此时的模型做一个镜像复制，这样只需要在一边制作，另一边就会通过镜像自动复制。按住右键向下移动面Face（面选择），如图4-43所示。

STEP 02 框选一半边模型的面，按下【Delete】键删除，如图4-44所示。

STEP 03 选择物体，确保物体的中心点在网格中心（打开网格显示），单击Edit（编辑）>Duplicate Special（特殊复制）>▣（参数窗口），如图4-45所示。

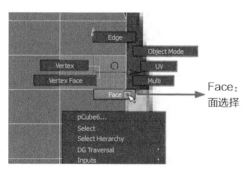

Face：
面选择

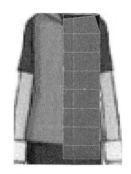

Duplicate Special：特殊复制

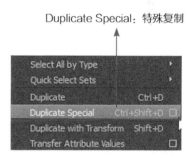

Copy：复制
Instance：实例

图4-43　　　　　　　图4-44　　　　　　　图4-45

技术看板:

Edit（编辑）>Duplicate Special（特殊复制）

（1）功能说明：使用该命令可以对选择的物体进行复制或镜像复制。

（2）操作方法：选择物体，单击执行。

（3）常用参数解析：Edit（编辑）>Duplicate Special（特殊复制）>▣（参数窗口），如图所示。

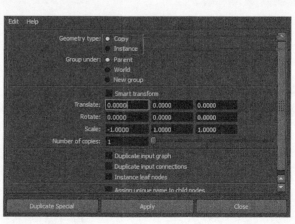

Copy（复制）：用于拷贝对象，Maya软件默认该选项为开启状态。

Instance（实例）：复制时，只是创建所选对象的一个实例。所创建的实例等于镜像复制，因为这个命令所创建出的物体总是与原模型相同，当修改原模型时，实例也会发生同样的变化；而修改实例时，原模型也同样会发生变化，如图所示。

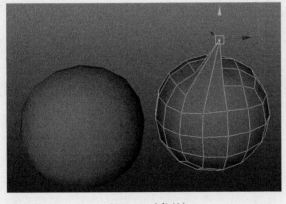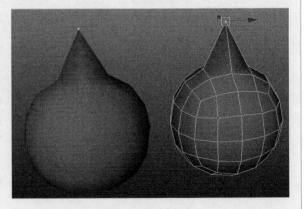

使用Copy（复制）　　　　　　　　　　　　　使用Instance（实例）

STEP 04 打开该命令的参数窗口后，先进行一次还原默认属性，单击Edit（编辑）>Reset Settings（恢复默认），如图4-46所示。

STEP 05 调整Geometry type（几何体类型）的选项，将默认值Copy（复制）改为Instance（实例），另外将Scale（大小）的数值把x轴的1改为-1，随后单击Duplicate Special（特殊复制）。这样的意思就是在相反的x轴上镜像复制一个大小相等的物体，如图4-47所示。

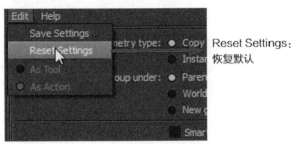

Reset Settings：恢复默认

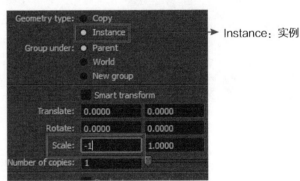

Instance：实例

图4-46　　　　　　　　　　　　　　　　　　图4-47

STEP 06 再次对位，由于模型的中心线是头对齐，因此身体并不能和中心线对上。选择右边的点和参考图对齐。通过此次调点发现，镜像复制的便捷功能展现出来了，就算你怎样编辑这个模型的点、面或线，另一边都会自动镜像复制你的操作步骤，如图4-48所示。

STEP 07 选择肩部的面，单击Edit Mesh（编辑网格）>Extrude（挤压），如图4-49所示。

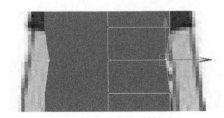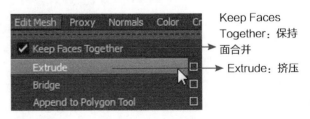

Keep Faces Together：保持面合并

Extrude：挤压

图4-48　　　　　　　　　　　　　　　　　　图4-49

技术看板：

挤压：Edit Mesh（编辑网格）>Extrude（挤压）

（1）功能说明：将所选的面向一个方向挤出。

（2）操作方法：选择要挤压的面，单击执行。如果需要挤压多个面或边，可先选择要挤压的面或边，然后按下【Shift】键加选面或边。如果需要沿已有的曲线挤出面，可选择要挤压的面，然后按【Shift】键加选曲线作为挤压路径，单击执行。

（3）常用参数分析：Edit Mesh（编辑网格）>Extrude（挤压）>▣（参数窗口），如右图所示。

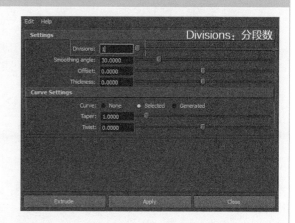

>Divisions（分段数）：设定每次挤压出的面或边被细分的段数，如图所示。

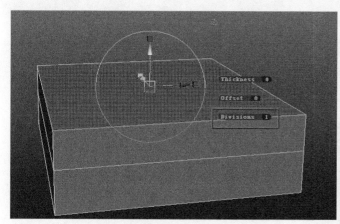

Divisions（分段数）：1

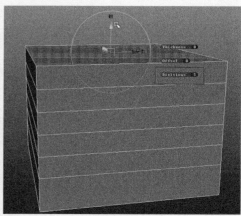

Divisions（分段数）：5

STEP 08 任意单击一个"缩放工具"中的小方盒，引导出中心整体缩放的小盒子。再按住中心的小方盒将其整体缩小，如图4-50和图4-51所示。

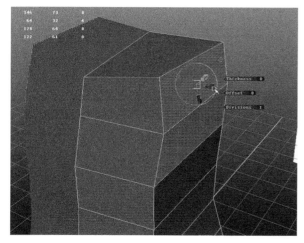

图4-50

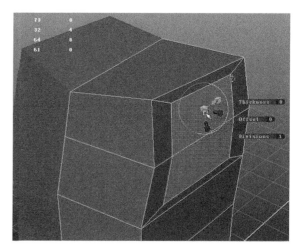

图4-51

STEP 09 单击"缩放工具"中的蓝色小箭头，往外拉出一定的距离，如图4-52所示。

STEP 10 对这部分挤压出的形状进行一些调整，选择Edge（边选择）双击胳膊肘这边的边，如图4-53和图4-54所示。

STEP 11 调整视角到斜下方观看，胳膊肘下面的这条边并没有被选上。这是因为在这条边的左右两侧各有一个5边顶点，因此双击连选边时Maya软件会自动停在这段有争议的顶点。手动添加这个边，按住【Shift】键加选上，如图4-55和图4-56所示。

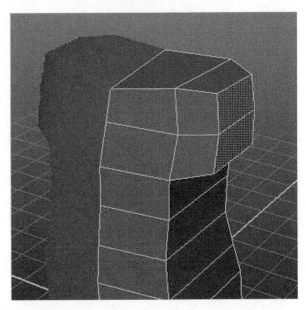

图4-52

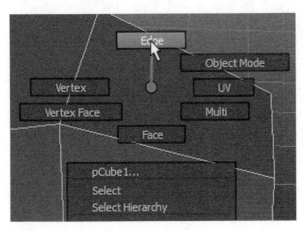

图4-53

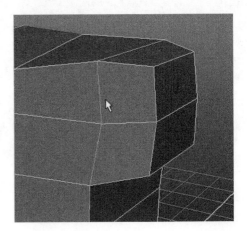

图4-54

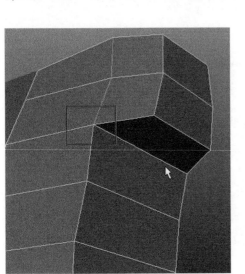

图4-55

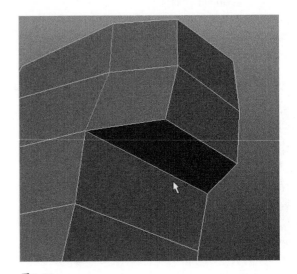

图4-56

STEP 12 按下【R】键将其整体缩放一下，然后用同样的方法对之前挤压出来的面也来一次整体缩小，如图4-57和图4-58所示。

STEP 13 连续使用Extrude（挤压）命令，挤压出其大臂、手肘、小臂和手的大型，如图4-59所示。

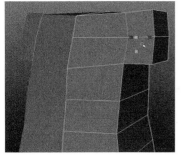

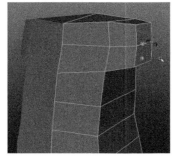

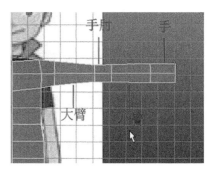

图4-57　　　　　　　　　　　图4-58　　　　　　　　　　　图4-59

5. 制作腿部

STEP 01 接下来开始进行腿部的制作。先在front视图（正视图）对躯干下部制作突起，框选腿外的点往上移动，如图4-60所示。

STEP 02 在persp视图（透视图）中选择下面的面挤压。切换到front视图（正视图），按住鼠标中间往下移动，按下【E】键或者单击██ "旋转工具"，控制转轴旋转让它们与腿部平行，如图4-61所示。

STEP 03 旋转完后单击Edit Mesh（编辑网格）>Extrude（挤压）继续向下挤压出大腿，也可以使用【G】键 "重复上一个命令"，如图4-62所示。

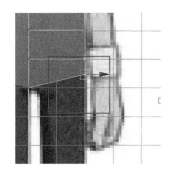

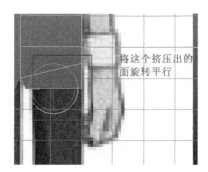

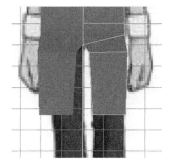

图4-60　　　　　　　　　　　图4-61　　　　　　　　　　　图4-62

STEP 04 对刚才挤压出的区域进行调整。前面已经说过由于图片的问题，front视图（正视图）以头部为中心对位，因此身体部分并不是完全匹配的，所以只要参考一半的参考图进行模型对位即可，如图4-63所示。

STEP 05 重复上面的步骤，单击Edit Mesh（编辑网格）>Extrude（挤压）挤压出膝盖和小腿。同样每次挤压出新物体后一定要对其调整，使其与图中的位置更加相近，如图4-64所示。

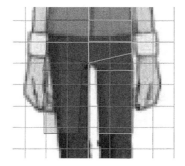

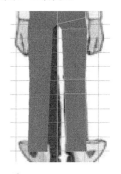

图4-63　　　　　　　　　　　图4-64

6. 制作足部

STEP 01 单击Edit Mesh（编辑网格）>Extrude（挤压）挤压出脚踝。先整体缩小将要挤压出脚踝的面，然后按下【G】键"重复上次命令"再次对该面挤压，如图4-65和图4-66所示。

STEP 02 单击Edit Mesh（编辑网格）>Extrude（挤压）挤压出鞋子。按下【R】键"缩放工具"整体放大挤压出的面，如图4-67所示。

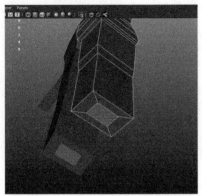
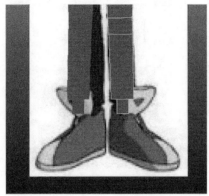
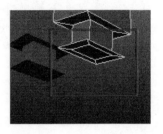

图4-65　　　　　　　　　　　　图4-66　　　　　　　　　　　　图4-67

STEP 03 按下【G】键"重复上次命令"再次挤压面，直到鞋底，如图4-68所示。

STEP 04 单击Edit Mesh（编辑网格）>Extrude（挤压）挤压出鞋子前的形状，如图4-69所示。

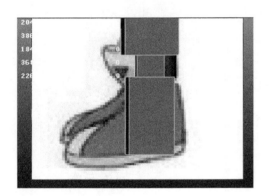
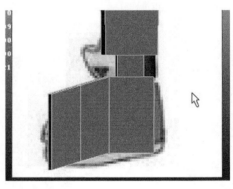

图4-68　　　　　　　　　　　　　　　　图4-69

STEP 05 单击Edit Mesh（编辑网格）>Insert Edge Loop Tool（插入环形边工具）为刚挤压出的盒子添加一条中环线，如图4-70和图4-71所示。

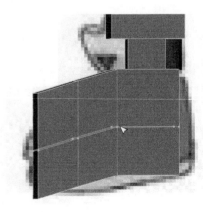

图4-70　　　　　　　　　　图4-71

技术看板：

Edit Mesh（编辑网格）>Insert Edge Loop Tool（插入环形边工具）

（1）功能说明：可以在多边网格的整个或部分环形边上插入一个或多个循环边。插入循环边时，会分割与选定环形边相关的多边形面。

（2）操作方法：单击命令，在模型的一条边上拖曳鼠标，观察新插入环形边的位置与走向，确认后释放鼠标左键即完成操作。

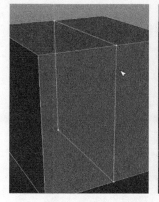

STEP 06 按住鼠标右键，切换点选择模式，通过按下"4"键的线框显示将点与参考图片匹配，如图4-72和图4-73所示。

图4-72

图4-73

STEP 07 按下"5"键切回实体显示，单击Shading（着色）>X-Ray（X-射线），可以发现原本固色显示的盒子变成了半透明状，这样就可以看到模型中被遮挡的对象了，也更加方便观看模型后面的参考图片。在此模式下继续对点进行调整，如图4-74和图4-75所示。

图4-74

图4-75

7. 制作头部

STEP 01 调整完鞋子和腿部后，开始Extrude（挤压）制作出头部。由于头部是一个整体，因此在镜像模式下制作比较烦琐。选择左右两边的模型，单击Mesh（网格）>Combine（合并）进行合并，如图4-76和图4-77所示。

图4-76

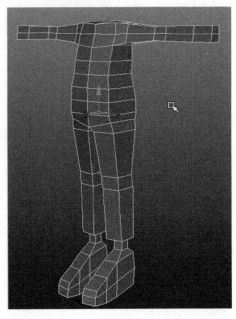

图4-77

技术看板：

Mesh（网格）>Combine（合并）

（1）功能说明：将所选的多个多边形对象合并成一个单独的对象，合并后的多边形并没有共享边，它们自身在形状上是相互独立的，只是这些多边形可以当作一个多边形来操作。

（2）操作方法：同时选择两个或两个以上的多边形，单击执行。

应用效果如图所示。

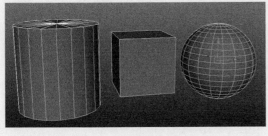

合并前

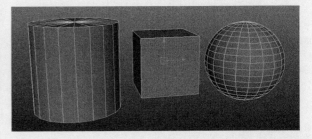

合并后

STEP 02 合并后的多边形并没有共享边，它们自身在形状上仍然是相互独立的，只是这些多边形可以当作一个整体对象来操作。因此要对它进行一次缝合，单击Edit Mesh（编辑网格）>Merge（缝合）即把合并后的模型缝合在一起，如图4-78所示。

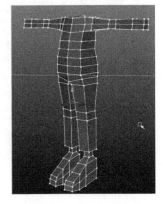

图4-78

注释： 如果是第一次使用Merge（缝合）命令，应先打开它的属性，单击Edit Mesh（编辑网格）>Merge（缝合）>□（参数窗口），如图4-79所示。

进入Merge（缝合）属性后，先还原默认属性值。单击Edit（编辑）>Reset Settings（还原默认值），将Threshold（阈值）调低为0.001，如图4-80所示。

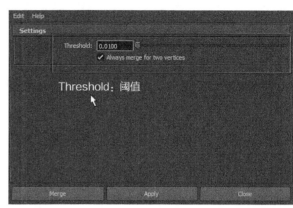

图4-79   图4-80

技术看板：

Threshold（阈值）：该阈值设定两点被缝合的范围，阈值大于两点距离时，这两个点才会被缝合。

注意：通常在模型的制作中，复杂的模型有时会出现布线较乱的情况。为了减少不必要的错误，所以阈值一般会设置为0.001。下面用几个例子来展示一下阈值大小的影响，如右图所示。

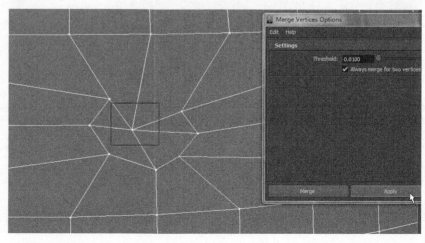

Threshold（阈值）：0.01

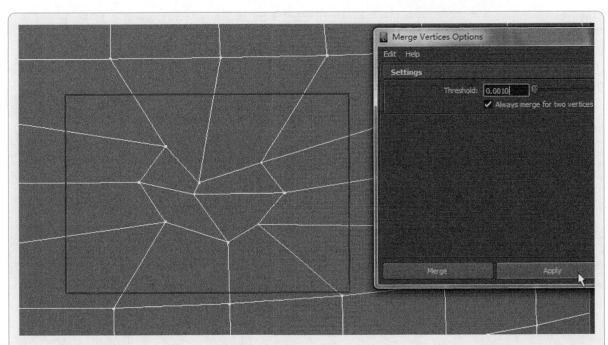

Threshold（阈值）：0.001

从图中看出，原先在Threshold（阈值）为0.01范围内合并的那两个点在Threshold（阈值）为0.001下并没合并。因此为了减少错误的缝合，应先将Threshold（阈值）的数值改为0.001。

Always merge for two vertices（总是缝合两个点）当选择两个以上点时，勾选该命令，合并功能将会无视Threshold（阈值）设定的距离将其合并，仅用于点的合并。

STEP 03 选择形体最上面的面，单击Edit Mesh（编辑网格）>Extrude（挤压）挤压出头部，如图4-81所示。

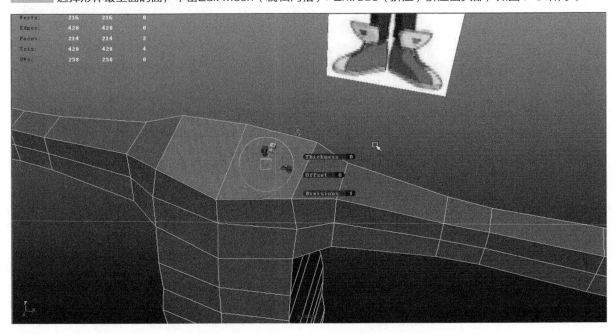

图4-81

STEP 04 对这部分被挤压的面先整体缩小一点，按下【R】键"缩放工具"按住鼠标中间左右移动可以进行整体缩放大小，缩放完后按下【W】键"移动工具"向上略微移动，如图4-82所示。

STEP 05 单击Edit Mesh（编辑网格）>Extrude（挤压）或者通过按下【G】键"重复上次命令"再次向上挤压，形成脖子，如图4-83所示。

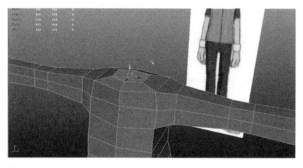

图4-82 图4-83

STEP 06 单击Edit Mesh（编辑网格）>Extrude（挤压）或者通过按下【G】键"重复上次命令"，再次向上挤压并整体放大，如图4-84所示。

STEP 07 按下【G】键"重复上次命令"连续向上挤压到头顶，如图4-85所示。

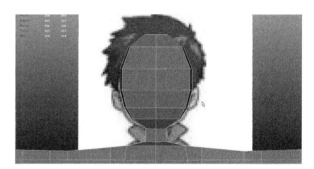

图4-84 图4-85

STEP 08 切换到persp视图（透视图），为头部侧面添加一条中线方便对头部进行调整，如图4-86所示。

STEP 09 单击Edit Mesh（编辑网格）>Insert Edge Loop Tool（插入环形边工具）>■（参数窗口），如图4-87所示。

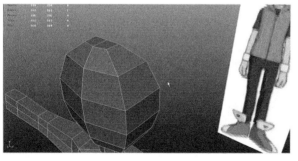

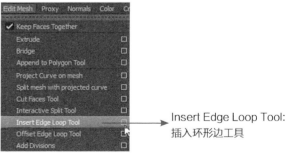

Insert Edge Loop Tool：插入环形边工具

图4-86 图4-87

STEP 10 单击Reset Tool（还原默认）先还原参数为默认，如图4-88所示。

STEP 11 在Settings（设置）下选择Maintain position（保持位置）中的Multiple edge loops（多环边），并且将Number of edge loops（环边数）的数值改为1，如图4-89所示。

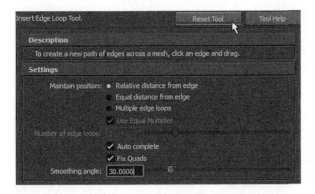

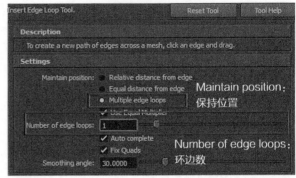

图4-88

图4-89

STEP 12 关闭参数窗口后，可直接在头部侧面加线，此时的插入环线工具已经变为添加中心线工具，如图4-90所示。

STEP 13 切换到side视图（侧视图）对头部进行点调节，如图4-91和图4-92所示。

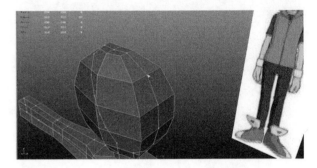

图4-90

图4-91

图4-92

STEP 14 切换到persp视图（透视图），单击Edit Mesh（编辑网格）>Interactive Split Tool（交互式切分工具），如图4-93所示。

STEP 15 用Interactive Split Tool（交互式切分工具）工具在头顶上连一条线，先在一个顶点左键单击一下，如图4-94所示。

Interactive Split Tool：
交互式切分工具

图4-93

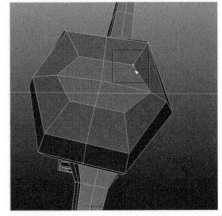

图4-94

STEP 16 左键对目标处单击一次，如图4-95所示。

STEP 17 随后单击鼠标右键或者按下【Q】键即可完成本次连接，如图4-96所示。

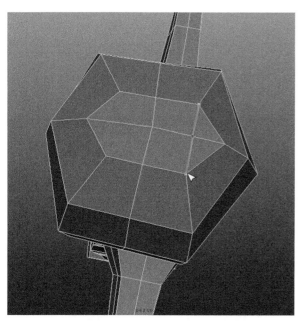

图4-95

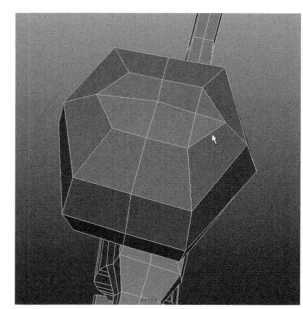

图4-96

STEP 18 以同样的方式为另一边也连接一条线，如图4-97所示。

STEP 19 切换回side视图（侧视图），通过刚才新添加的两个顶点将他的头顶拉高，如图4-98所示。

STEP 20 front视图（正视图）调整，如图4-99所示。

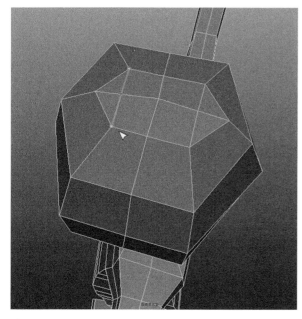

图4-97

图4-98

图4-99

4.3.2 任务二：制作头部及细节

1. 制作头部

STEP 01 删除一半模型，进行镜像复制制作，如图4-100所示。

STEP 02 单击Edit（编辑）>Duplicate special（特殊复制）>■（参数窗口）。设置完毕后单击Duplicate special（特殊复制），如图4-101和图4-102所示。

STEP 03 在persp视图（透视图）中调整头部的线和点，总体来说就是要让头部形状越圆越好，如图4-103所示。

图4-100

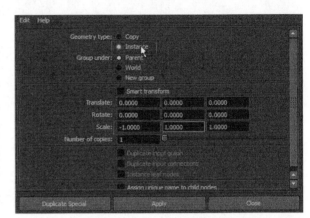

图4-101

图4-102

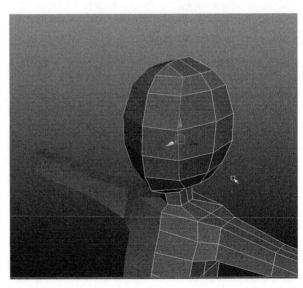

图4-103

STEP 04 四视图下的头部形状，如图4-104所示。

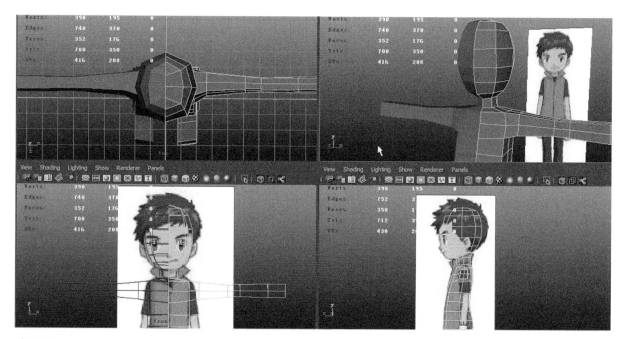

图4-104

2. 制作眼部

STEP 01 基本形体制作完成后，开始制作脸部。一般方法是先确定眼部和嘴部的位置，用挤压的方式构成环形线，再生成其他结构线。先在脸部上添加一条环线，如图4-105所示。

STEP 02 在persp视图中调整点让脸部变圆，然后切换到front视图选择脸部中间的9个面，如图4-106所示。

图4-105

图4-106

STEP 03 单击Edit Mesh（编辑网格）>Extrude（挤压），按下【R】键"缩放工具"，按住鼠标中间向左移动，将被挤压的面缩小到如图中眼睛大小，如图4-107所示。

STEP 04 4（线框视图）、5（实体视图）模式下来回切换观察，调节眼部的点，如图4-108所示。

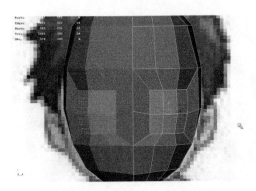

图4-107

STEP 05 在side视图（侧视图）中，以横向调整眼部的点，不与眼睛形状对位，如图4-109所示。

STEP 06 选择之前所挤压出的面，按下【Delete】键删除，再次对眼睛的点进一步调整，如图4-110和图4-111所示。

STEP 07 单击Edit Mesh（编辑网格）>Insert Edge Loop Tool（插入环形边工具）>□（参数窗口），单击Reset Tool（还原默认值）将数值还原为默认，如图4-112所示。

图4-108

图4-109

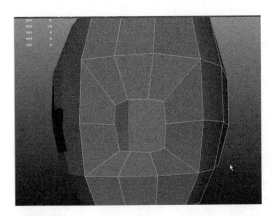

图4-110

图4-111

STEP 08 单击Edit Mesh（编辑网格）>Insert Edge Loop Tool（插入环形边工具）在脸部添加一条环线，如图4-113所示。

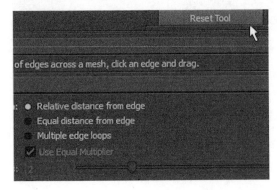

图4-112

图4-113

STEP 09 调整新添加环线的点位置，如图4-114所示。

STEP 10 双击选择眼睛内圈的环线，单击Edit Mesh（编辑网格）>Extrude（挤压），单击蓝色挤压箭头，向内挤压形成一定的厚度，如图4-115和图4-116所示。

STEP 11 单击Create（创建）>NURBS Primitives（NURBS 基本几何体）>Sphere（球体）创建一个NURBS球体或者单击Surfaces（表面）下的Sphere（球体）⬛直接创建，用这个NURBS球体来做小男孩的眼睛，如图4-117和图4-118所示。

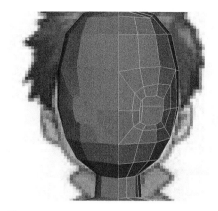

图4-114

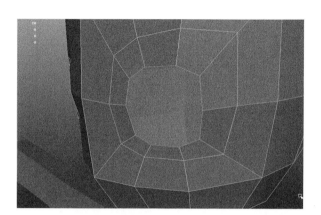

图4-115

图4-116

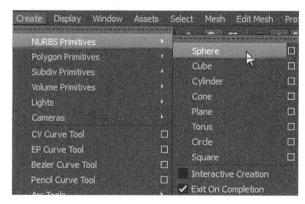

图4-117

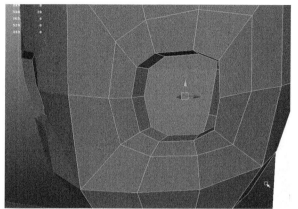

图4-118

STEP 12 将创建后出的NURBS球移动到眼部的位置，如图4-119所示。

STEP 13 调整NURBS球的Rotate X（X旋转轴）属性，将数值设置为90度，如图4-120所示。

STEP 14 在front、side视图（正侧视图）互相切换，调整眼球的大小和位置，如图4-121和图4-122所示。

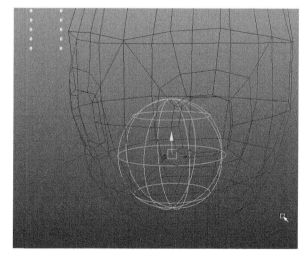

图4-119

图4-120

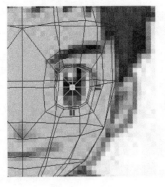

图4-121

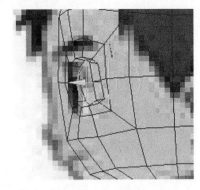

图4-122

STEP 15 单击打开Edit Mesh（编辑网格）>Interactive Split Tool（交互式切分工具）>□（参数窗口），还原默认值后将Magnet Tolerance（磁体容差）的数值改为0，这样添加加线工具就不会被固定在所要加线的中心位置，如图4-123和图4-124所示。

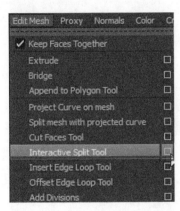

图4-123

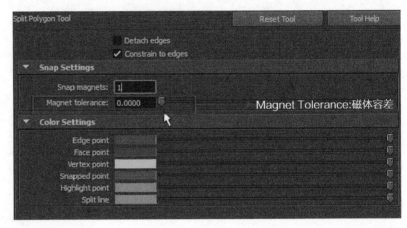

图4-124

STEP 16 关闭Interactive Split Tool（交互式切分工具）的参数窗口，在脸部位置直接单击鼠标左键画线连接，连接完成后按鼠标右键完成本次操作，如图4-125所示。

STEP 17 单击在Polygons（多边形）下的Split Polygon Tool（分离多边形工具），此工具可以在多边形上需要分割的边上连续单击，按鼠标右键或者【Q】键结束本次分割，按回车键为结束此命令，如图4-126所示。

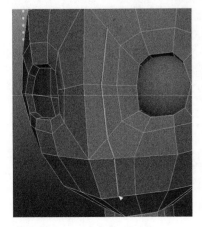

图4-125

图4-126

技术看板：分割多边形工具：Split Polygon Tool（分割多边形工具）

　　单击在Polygons（多边形）模块下的 Split Polygon Tool（分离多边形工具）。

　　（1）功能说明：创建新的面、顶点和边，把现有的面分割为多个面。可以通过跨面绘制一条线以指定分割位置来分割网格中的一个或多个多边形面。

　　（2）操作方法：单击执行，在多边形需要分割的边上连续单击，按下【Enter】键或【Q】键完成分割。

　　常用参数解析：【Ctrl】键+鼠标右键向左拖动>Split（分割）向右拖动>Split Polygon tool（分割多边形工具）> ▣（参数窗口），如图所示。

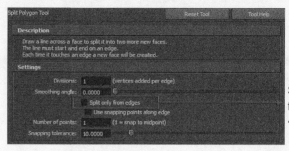

Split only from edges：仅从边分割

STEP 18 将鼠标放在边上，单击鼠标左键它会自动吸附到顶点上，单击一次后再向目标边单击即为连线，按【Q】键即可结束本次分割，如图4-127所示。

STEP 19 分割完成后，将这条多余的线段删除。单击Edit Mesh（编辑网格）>Delete Edge/Vertex（删除边/顶点）。由于使用键盘上的【Delete】键只能删除边而不会删除这条边上的顶点（故而需要手动再次按【Delete】键来删除废点），因此为了避免因为废点而影响模型，可直接执行Delete Edge/Vertex（删除边/顶点）命令来删除不需要的顶点，如图4-128所示。

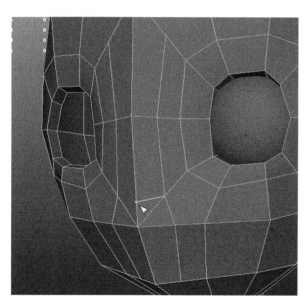

图4-127

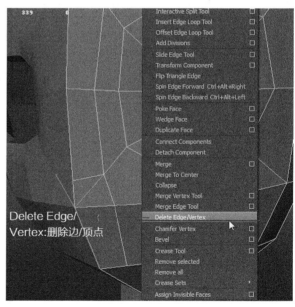

图4-128

3. 制作鼻子

STEP 01 卡通人物的鼻子不会过于明显，基本都是冒个小尖头。单击鼻子位置的点，向外移动，为他拉出小鼻子，如图4-129所示。

STEP 02 单击在Polygons（多边形）模块下的 Split Polygon Tool（分离多边形工具）命令，如图中所示连接一条新线，调整面部布线，如图4-130所示。

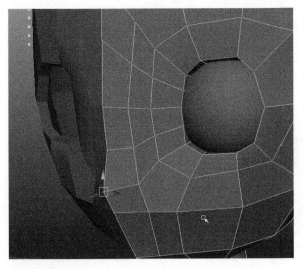

图4-129

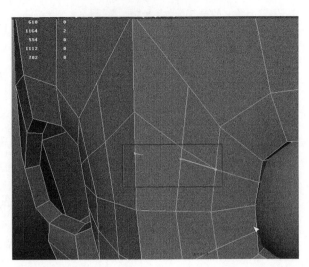

图4-130

STEP 03 以同样的方法删除废线，选择废线单击Edit Mesh（编辑网格）>Delete Edge/Vertex（删除边/顶点），如图4-131所示。

STEP 04 单击Polygons（多边形）模块下的 Split Polygon Tool（分离多边形工具），按照图中所示添加这样的线段，如图4-132所示。

图4-131

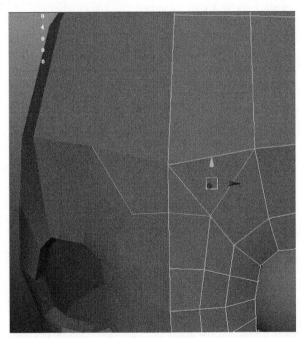

图4-132

STEP 05 单击Edit Mesh（编辑网格）>Delete Edge/Vertex（删除边/顶点），删除因加线所产生的废线，如图4-133所示。

STEP 06 单击Edit Mesh（编辑网格）>Insert Edge Loop Tool（插入环形边工具）为眼睛内圈添加一条环线，如图4-134所示。

STEP 07 在制作模型时，应不断通过按下【3】键（光滑预览）和【1】键（取消光滑预览）来回切换预览，这样能时刻观察到模型成型后的效果，如图4-135所示。

STEP 08 当发现有5边面时应立即将其修复，单击Polygons（多边形）模块下的 Split Polygon Tool（分离多边形工具），在5边面上横向添加一条直线，破除5边面，如图4-136和图4-137所示。

STEP 09 单击Polygons（多边形）模块下的 Split Polygon Tool（分离多边形工具），添加图中框选的新线段，并删除红色标记出的线段，如图4-138所示。

图4-133

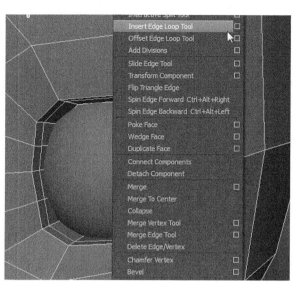

图4-134

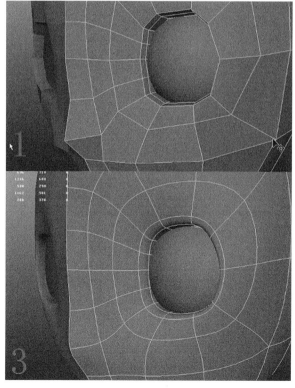

图4-135

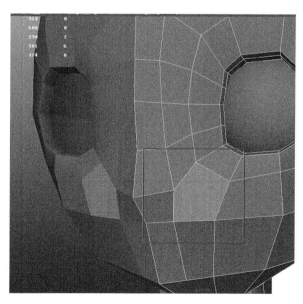

图4-136

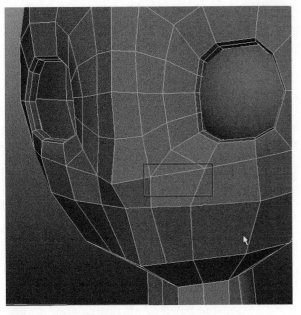

图4-137

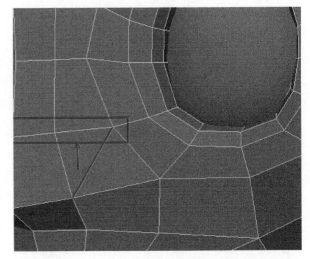

图4-138

4. 制作嘴部

STEP 01 进入面选择命令，选择嘴部的6个面，单击Edit Mesh（编辑网格）>Extrude（挤压），如图4-139所示。

STEP 02 Extrude（挤压）命令激活后，按下【R】键"缩放工具"，按住鼠标中间向左移动整体缩放挤压的面，如图4-140所示。

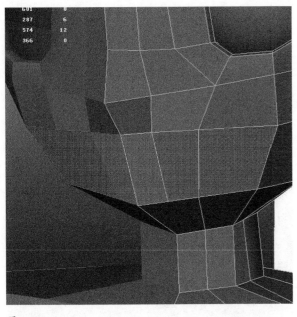

图4-139

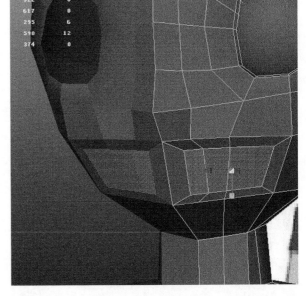

图4-140

STEP 03 按下【W】键"移动工具"向内移动。因为是镜像挤压面，所以两者都是独立挤压出来的，应将两边的面拼凑在一起，如图4-141所示。

STEP 04 删除因镜像挤压生成的废面，按下【3】键（光滑预览）方便我们观察废面，如图4-142所示。

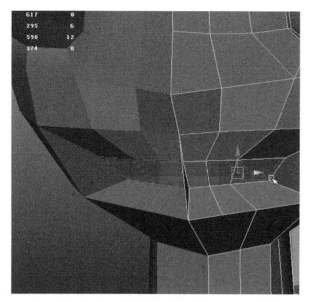

图4-141

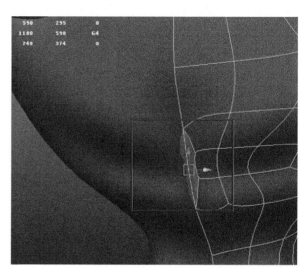

图4-142

STEP 05 从图中可以看出，删除中间的废面后，左右两边的面已经正确连在一起了，如图4-143所示。

STEP 06 按下【1】键（取消光滑预览），单击Edit Mesh（编辑网格）>Insert Edge Loop Tool（插入环形边工具），在刚才挤压的面上添加一条环线，如图4-144所示。

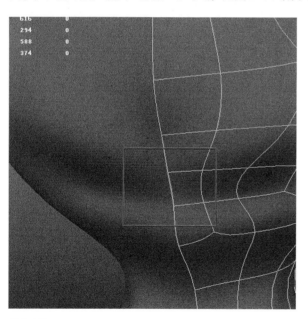

图4-143

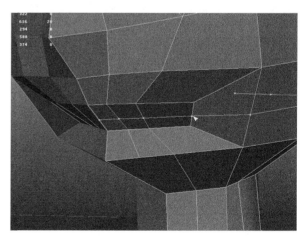

图4-144

STEP 07 选择嘴部的面，单击Edit Mesh（编辑网格）>Extrude（挤压）将这些面向内挤压形成口腔，同时按下【Delete】键删除这些多余的面，如图4-145所示。

STEP 08 将视角移动到头部内，选择这一圈刚刚挤压出的口腔边缘线，按下【R】键"缩放工具"，单击蓝色挤压方盒，先将它们压平行（z轴向），如图4-146所示。

图4-145

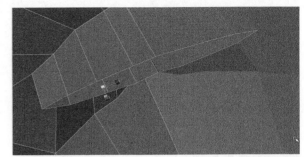

图4-146

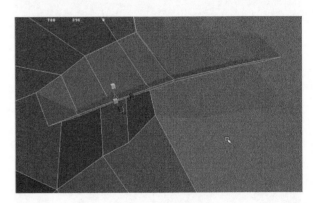

图4-147

STEP 09 再单击绿色挤压方盒,将它们交错参差(y轴向),这样做可以让视图在外面观看时,看不到口腔内的形状,如图4-147所示。

STEP 10 单击Edit Mesh(编辑网格)>Insert Edge Loop Tool(插入环形边工具),在嘴里和嘴外分别添加一条环线,如图4-148和图4-149所示。

注释: 开始调形时并不是添加的线越多越好,相反,线越多就表示越难控制,所以应该先用少量的线构型,然后根据情况一点点添加线段。

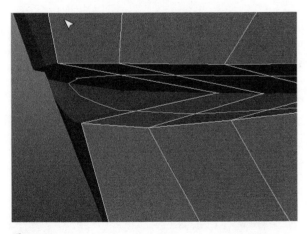

图4-148

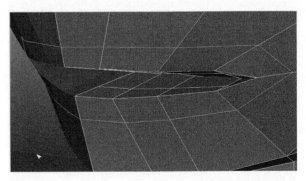

图4-149

STEP 11 双击鼠标左键选择刚才在嘴里添加的环线,按下【R】键"缩放工具"控制y轴向的缩放,将它们相互贴在一起,如图4-150所示。

STEP 12 单击Edit Mesh(编辑网格)>Insert Edge Loop Tool(插入环形边工具),在嘴角处添加一条环线,方便以后对嘴角的调节,如图4-151所示。

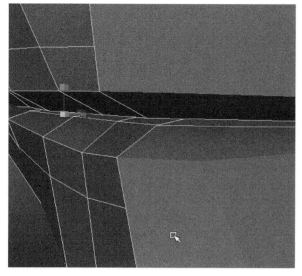

图4-150

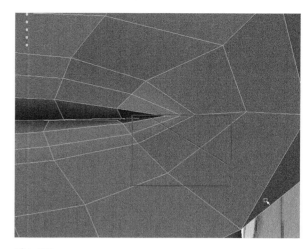

图4-151

5. 制作下巴

STEP 01 单击在Polygons（多边形）模块下的 ![icon]Split Polygon Tool（分离多边形工具）为脖子处的5边面连接线段，如图4-152所示。

STEP 02 不要在意这条线段连接到哪个位置会更好，因为以后可以随时根据布线来修改，如图4-153所示。

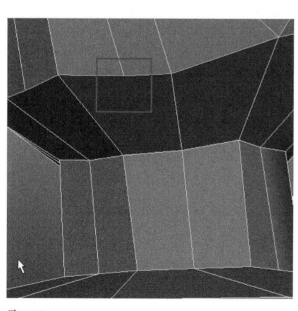

图4-152

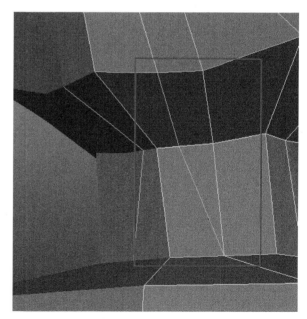

图4-153

STEP 03 单击Edit Mesh（编辑网格）>Insert Edge Loop Tool（插入环形边工具）为脖子添加3条环线，这样能更好地控制脖子的形状，如图4-154所示。

STEP 04 在side视图（侧视图）对脖子的点进行调整，如图4-155所示。

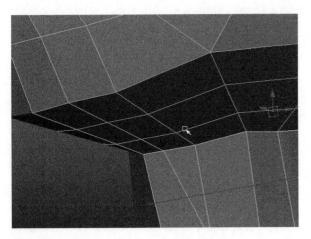

图4-154

图4-155

STEP 05 在front视图（正视图）对形状，在side视图（侧视图）对位置，如图4-156所示。

6. 制作眉部

STEP 01 单击Edit Mesh（编辑网格）>Insert Edge Loop Tool（插入环形边工具）对眼睛部位添加2条环线，如图4-157所示。

STEP 02 选择眼睛，单击Edit（编辑）>Duplicate Special（特殊复制）>□（参数窗口），单击Edit（编辑）>Reset Settings（恢复默认），将Scale（大小）中的x轴改为-1。选择完毕后单击Duplicate Special（特殊复制），这样眼睛就被对称复制了一个，如图4-158所示。

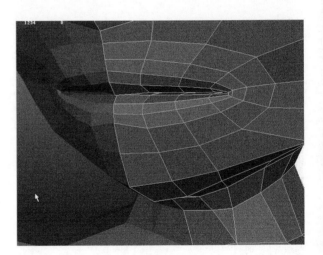

图4-156

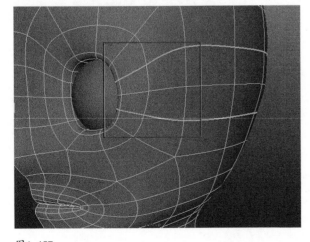

图4-157

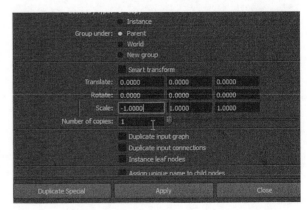

图4-158

STEP 03 选择眼睛上面的边，按下【W】键"移动工具"对z轴向的移动箭头向外拉，形成眉头，如图4-159所示。

STEP 04 单击Edit Mesh（编辑网格）>Insert Edge Loop Tool（插入环形边工具），为眉头内圈添加一条环线，选择靠近眉头的两个点，沿y轴向向上移动，以加强眉头的突出感觉，如图4-160和图4-161所示。

STEP 05 按下【3】键（光滑预览）可以看到眉头的效果，如图4-162所示。

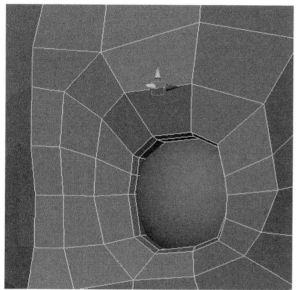

图4-159

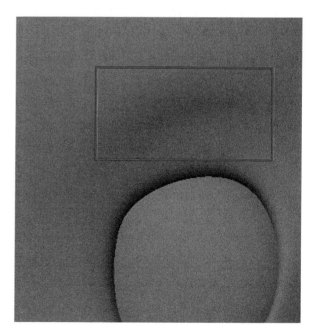

图4-160

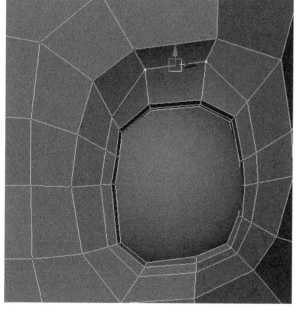

图4-161

图4-162

7. 制作耳部

STEP 01 选择头部侧面的6个面，单击Edit Mesh（编辑网格）>Extrude（挤压）将挤压出的面向内挤压，形成耳朵的长方形，如图4-163和图4-164所示。

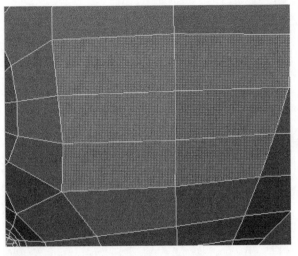

图4-163

图4-164

STEP 02 在透视图用x轴的控制杆向内挤压，将面压平，如图4-165所示。

STEP 03 按下【G】键"重复上次命令"，再次对该面挤压，并向外延伸，如图4-166所示。

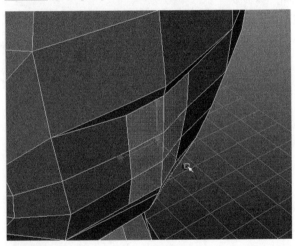

图4-165

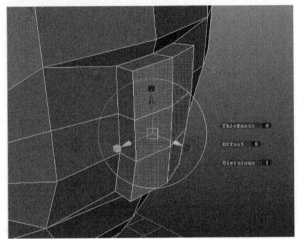

图4-166

STEP 04 按下【E】键"旋转工具"向脸部正面旋转，形成一个扇形，如图4-167所示。

STEP 05 切换到side视图（侧视图），在点选择模式下调整形状，将靠近下面的点向外拉出，如图4-168所示。

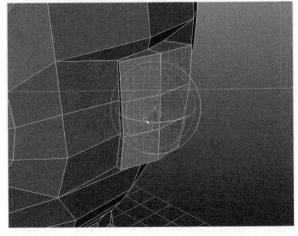

图4-167

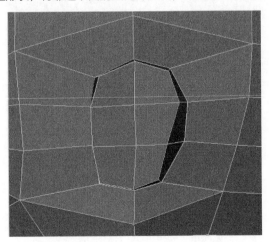

图4-168

STEP 06 切回到Persp视图（透视图），单击Edit Mesh（编辑网格）>Insert Edge Loop Tool（插入环形边工具），在耳朵中间添加一条环线，如图4-169所示。

STEP 07 双击选择刚才添加的环线，按下【R】键"缩放工具"直接按住鼠标中间向左移动鼠标，将这圈环线整体缩小一点。如图4-170所示。

注释： 在双击选择完这圈环线后，按住【Ctrl】键将耳朵靠前的边反选择去掉，不要这部分边被缩小，如图4-171所示。

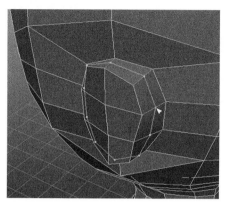

图4-169

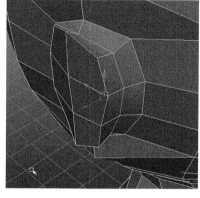

图4-170

图4-171

STEP 08 选择耳部中间的两个点，按下【W】键"移动工具"向内略微移动，如图4-172所示。

STEP 09 调整耳根处的点，将它们向外拉出以免在【3】键（光滑预览）下显得生硬，如图4-173所示。

STEP 10 单击Edit Mesh（编辑网格）>Insert Edge Loop Tool（插入环形边工具），在图4-174所示的位置添加一圈环线。

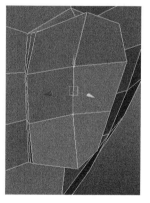

图4-172

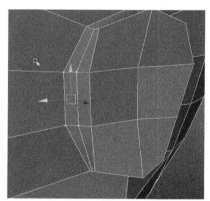

图4-173

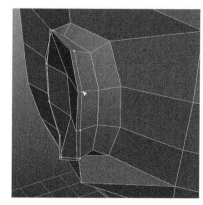

图4-174

STEP 11 在side视图（侧视图）中调整点，将上一步添加环线的点向外略微拉出，如图4-175所示。

STEP 12 在persp视图（透视图）中单击Edit Mesh（编辑网格）>Insert Edge Loop Tool（插入环形边工具），在中间环线的位置再次添加一条环线，这样可以提高这里的结构与层次感，如图4-176和图4-177所示。

STEP 13 进一步对耳部的线进行调整，完善耳部形态，如图4-178所示。

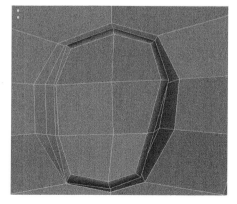

图4-175

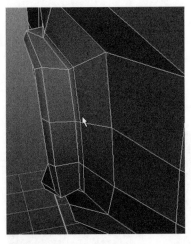

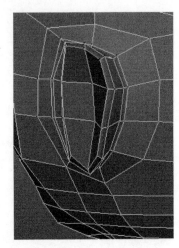

图4-176　　　　　　　　　　　　图4-177　　　　　　　　　　　　图4-178

8. 制作头发

STEP 01 下面开始头发的制作，在front视图（正视图）下框选面，然后切换到side视图（侧视图），加选后脑勺的面和反选掉耳朵被多选的面，如图4-179和图4-180所示。

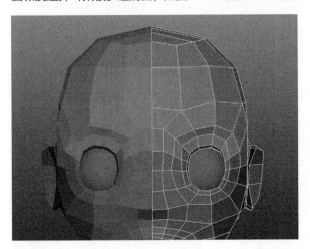

图4-179

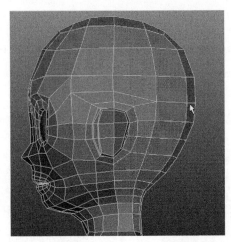

图4-180

STEP 02 单击Edit Mesh（编辑网格）>Duplicate Face（复制面）复制出选择的面，这时会发现之前镜像复制的另一半面消失了，如图4-181和图4-182所示，这是因为特殊复制出来的模型无法进行一些命令，它们会因为这些特殊命令而消失。当然可以在进行Duplicate Face（复制面）之前，对它们进行一次Combine（合并）加Merge（缝合），这样可以避免镜像复制的面消失，但是同样以后在制作中还是会要拆分身体做镜像，所以这两个制作方式各有利弊。

 → Duplicate Face：复制面

图4-181

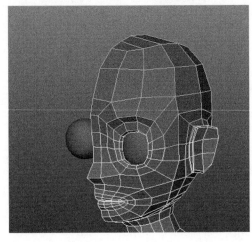

图4-182

技术看板：

Edit Mesh（编辑网格）>Duplicate Face（复制面）

（1）功能说明：复制多边形上的已选择的面，使其成为现有网格的一部分，或者是脱离原来的模型成为独立的面片，而原来的模型保持不变。

（2）操作方法：选择要复制的面，单击Edit Mesh（编辑网格）>Duplicate Face（复制面），如图所示。

（3）常用参数分析：单击Edit Mesh（编辑网格）>Duplicate Face（复制面）>▣（参数窗口），如图所示。

Separate duplicate faces（分离复制的面）：激活该选项后，复制后的面会处于对象模式；取消激活该选项后，复制面都会处于组件选择状态。

Offset（偏移）：设定该参数能够使复制的面产生均匀缩放的效果。

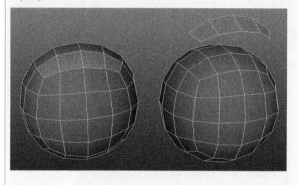

Separate duplicate faces：分离复制的面
Offset：偏移

STEP 03 单击Edit（编辑）>Duplicate Special（特殊复制）>□（参数窗口）先还原默认，调整Geometry type（几何体类型）的选项，将默认值Copy（复制）改为Instance（镜像）。另外，在下面Scale（大小）的数值把x轴的1改为-1，随后单击Duplicate Special（特殊复制）。为这半个模型再次进行一次镜像复制，如图4-183所示。

STEP 04 头发的面是在头部的基础上复制出的新面，它们都是重叠在一起的，在选择上不是很容易选到，因此先框选这部分模型，然后按住【Ctrl】键进行反选择，去掉多余的模型留下头发，如图4-184和图4-185所示。

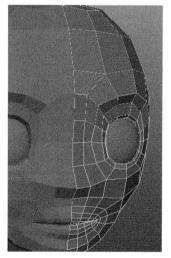

图4-183

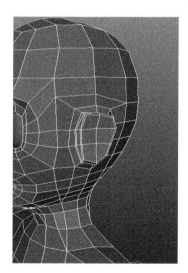

图4-184

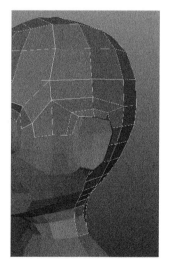

图4-185

STEP 05 单击Modify（修改）>Center Pivot（恢复物体中心），将物体的坐标轴还原到默认位置，如图4-186所示。

STEP 06 按下【R】键"缩放工具"，再按住鼠标中间向右移动鼠标，将其整体放大一点，复制出来的面不再是虚线显示即可，这样能方便之后对头发的制作。如图4-187和图4-188所示。

Center Pivot：恢复物体中心

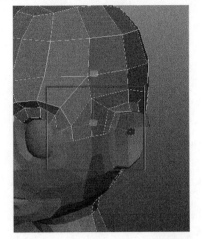

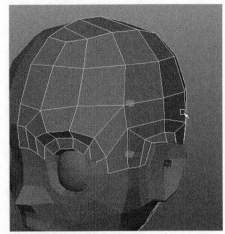

图4-186

图4-187

图4-188

STEP 07 单击Edit（编辑）>Duplicate Special（特殊复制）（由于之前进行过了参数的设置，所以这里直接单击命令即可）。选择被复制的另一半物体单击Mesh（网格）>Combine（合并），如图4-189所示。

STEP 08 单击Edit Mesh（编辑网格）>Merge（缝合）>□（参数窗口），图4-190所示的Threshold（阈值）为0.01的情况下并没有合并，因此加大Threshold（阈值）为0.1进行一次Merge（缝合），从图4-191中可以看出中间的点已经正确缝合在一起了。

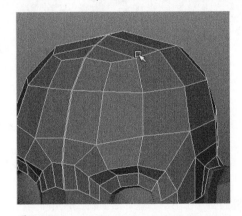

图4-189

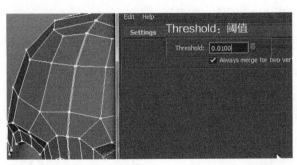

图4-190

注释： 为了减少错误的缝合，修改后的Threshold（阈值）数值应在之后的第一时间改为0.001并单击参数窗口中的Apply（应用）或者Merge（缝合）保存参数，如图4-192所示。

图4-191

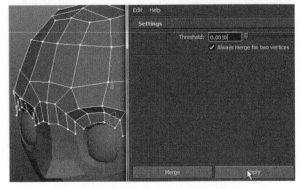

图4-192

在front视图（正视图）中单击在Polygons（多边形）模块下的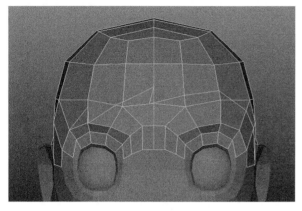Split Polygon Tool（分离多边形工具）绘制出头发的边界，如图4-193所示。在side视图（侧视图）绘制front视图（正视图）中绘制不到的面，如图4-194所示。

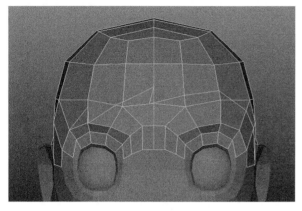

图4-193

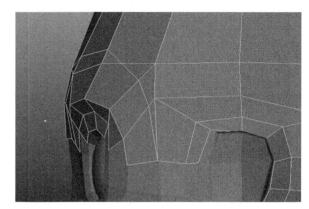

图4-194

STEP 10 按下快捷键【Shift+I】"独立显示物体"或者单击■进入被选择物体的独立显示视图，如图4-195所示。

STEP 11 选择发际线以外的面，按下【Delete】键删除，如图4-196所示。

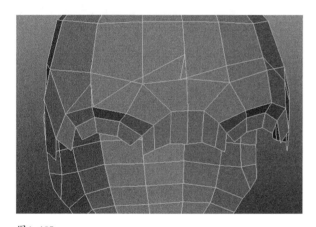

图4-195

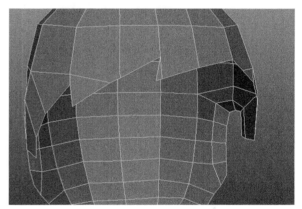

图4-196

STEP 12 删除多余影响结构的线，双击选择后单击Edit Mesh（编辑网格）>Delete Edge/Vertex（删除边/顶点），如图4-197所示。

STEP 13 整理那些因为删除面而留下的5边面，选择边缘相近的两个点，如图4-198所示。

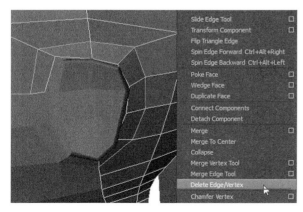

图4-197

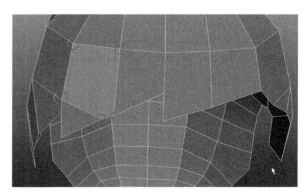

图4-198

STEP 14 单击Edit Mesh（编辑网格）>Merge（缝合）选中的两个点，如图4-199所示。

注释： Merge（缝合）命令在选择不同的情况下最后的效果是不一样的，当选择整个模型使用Merge（缝合）命令时就是对整个物体的点进行其参数窗口里Threshold（阈值）内的一个整体缝合；而单独选择点使用Merge（缝合）命令时其意思是将选中的点进行合并。

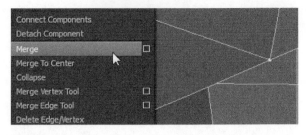

图4-199

STEP 15 这里同样也有个5边面，但是不能使用上一步处理的方法，因为现在这个多余的点代表一个结构，因此应当为其单独连接一条线，如图4-200所示。

STEP 16 单击在Polygons（多边形）模块下的 Split Polygon Tool（分离多边形工具），连接线段如图4-201所示。

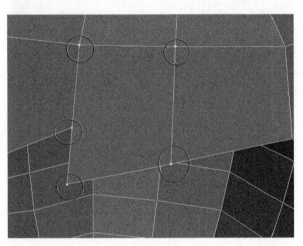

图4-200

图4-201

STEP 17 选择头发这层面单击Edit Mesh（编辑网格）>Extrude（挤压），单击蓝色的箭头向外整体挤压出厚度，如图4-202所示。

STEP 18 将Polygons（多边形）模块换成Animation（动画）模块，如图4-203所示。

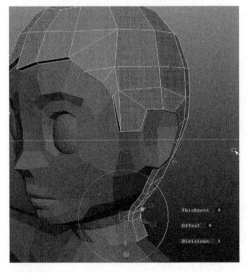

图4-202

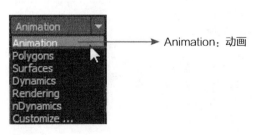

Animation：动画

图4-203

STEP 19 单击Animation（动画）模块下的Create Deformers（创建变形器）>Lattice（晶格），如图4-204所示。

STEP 20 晶格创建出来后，可以看到一层层的控制线。对控制线按住鼠标右键，向上滑动单击Lattice Point（晶格点选择），如图4-205和图4-206所示。

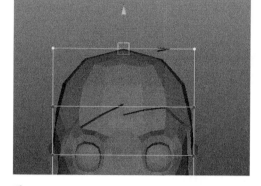

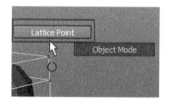

图4-204　　　　　　　　　　图4-205　　　　　　　　　　　　　图4-206

STEP 21 将晶格的S Divisions（S分段数）属性由2改为5，如图4-207所示，效果如图4-208所示。

STEP 22 在front视图（正视图）中对称选择两边相对称的点，按下【R】键"缩放工具"选择x轴向的控制器向外拉长，可以看出控制器控制了被选中的物体，也将物体进行了拉伸。如图4-209和图4-210所示。

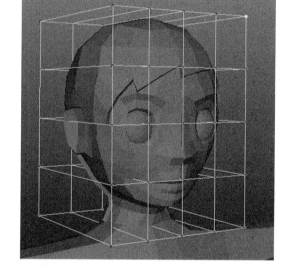

S Divisions:
S分段数

图4-207　　　　　　　　　　　　　　图4-208

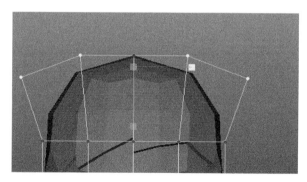

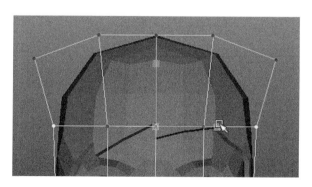

图4-209　　　　　　　　　　　　　图4-210

STEP 23 当使用晶格控制器操作完毕后，单击Edit（编辑）>Delete by Type（删除类型）>History（历史记录），如图4-211所示，晶格就会随着历史记录的删除而被清除，如图4-212所示。

Delete by Type：删除类型　　　History：历史记录

图4-211

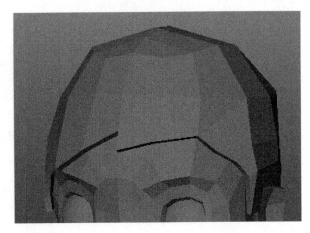

图4-212

STEP 24 手动调整，删除这些多余的面，框选按下【Delete】键删除，如图4-213所示。

STEP 25 被删除面的边界会出现空心的情况，应当为其补上新面。单击Mesh（网格）>Fill Hole（补洞），从图4-214中可以看出，那些本来空心的地方被填满了，但是这些新面并没有互相连上线段，需要手动连接才行。

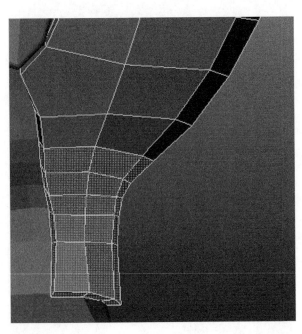

图4-213

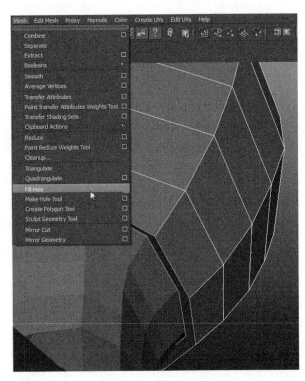

图4-214

STEP 26 单击在Polygons（多边形）模块下的 Split Polygon Tool（分离多边形工具），为这些面连接上线段，如图4-215和图4-216所示。

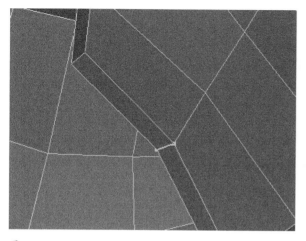

图4-215

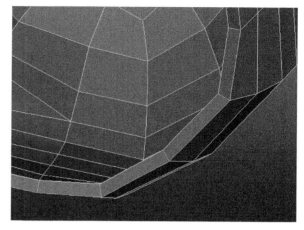

图4-216

4.3.3 任务三：制作手部及鞋子

1. 制作手部

STEP 01 下面开始制作手部模型，选择手臂的面，单击Edit Mesh（编辑网格）>Extrude（挤压），如图4-217所示。

STEP 02 按下【R】键"缩放工具"，通过y轴和z轴向的缩放工具将它们压小，如图4-218所示。

STEP 03 按下【G】键"重复上次命令"，再次挤压，按下【W】键"移动工具"向外拉出一段距离，如图4-219所示。

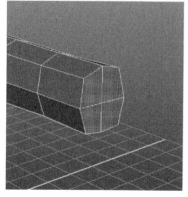

图4-217

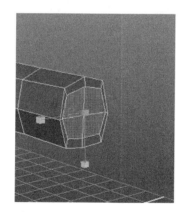

图4-218

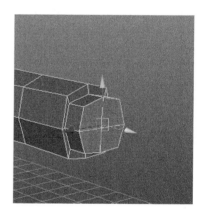

图4-219

STEP 04 在side视图（侧视图）中按下【G】键"重复上次命令"，再次向外挤压一段并调整形状。这样挤压是为了增加它的段数，当然也可以先挤压一段较长的，然后通过Insert Edge Loop Tool（插入环形边工具）命令来增加其线段，如图4-220和图4-221所示。

STEP 05 重复上面的步骤，继续使用Extrude（挤压）工具向外挤压，并调整大体形状，如图4-222所示。

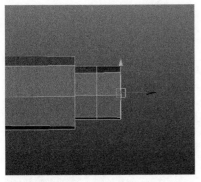

图4-220

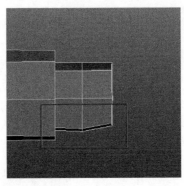

图4-221

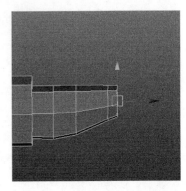

图4-222

 STEP 06 切换到Top视图（顶视图），选择手部左右两侧的点，按下【R】键对它们进行z轴向的拉伸，形成手部的宽度，如图4-223所示。

STEP 07 单击Polygons（多边形）模块下的 Split Polygon Tool（分离多边形工具），为手部绘制线段，让手部出口处有4个面能挤压出4根手指，如图4-224所示。

STEP 08 从手背连接到手心，在persp视图（透视图）中将手心的线也连接上，如图4-225所示。

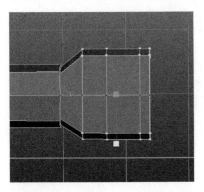

图4-223

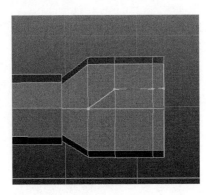

图4-224

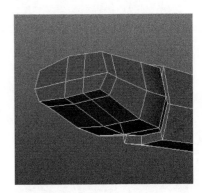

图4-225

STEP 09 总共画出两条线段，这样手掌的前方出口位置就出现了4块区域，如图4-226所示。

STEP 10 单击关闭Edit Mesh（编辑网格）>Keep Faces Together（保持面合并），如图4-227所示。按下快捷键【Shift+左键】加选中线，并按下【Delete】键删除，这样在接下来的挤压中就不会出现8个面同时被分别挤压出去的情况，如图4-228所示。

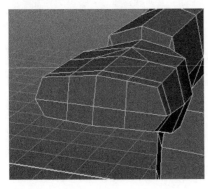

图4-226

图4-227

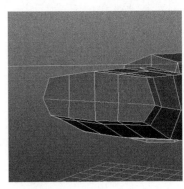

图4-228

技术看板：

Edit Mesh（编辑网格）>Keep Faces Together（保持面合并）

（1）功能说明：保持新生成的面或边合并在一起。在执行挤压面或边，复制面或提取等操作时，勾选和取消勾选Keep Faces Together（保持面合并）的效果完全不同。除非制作特殊效果，默认勾选该选项。

（2）操作方法：单击执行，可切换激活和关闭。

（3）效果示例：激活Keep Faces Together（保持面合并）所挤压的面，如右图所示。

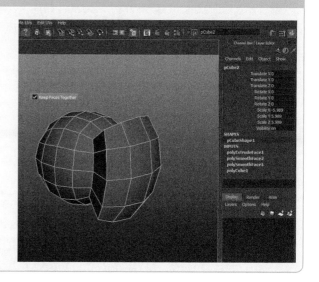

STEP 11 选择4个面，单击Edit Mesh（编辑网格）>Extrude（挤压），向外拉开一段距离，如图4-229和图4-230所示。

STEP 12 根据手指的食指、中指、无名指和小拇指分别调整它们的长度，如图4-231所示。

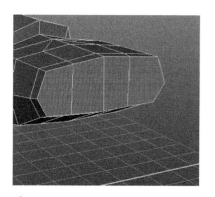

图4-229

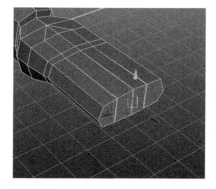

图4-230

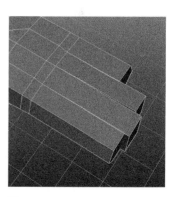

图4-231

STEP 13 挤压完成后，第一时间将Keep Faces Together（保持面合并）勾选上，防止在以后的制作中出错，如图4-232所示。

STEP 14 单击Edit Mesh（编辑网格）>Insert Edge Loop Tool（插入环形边工具）>□（参数窗口），在Settings（设置）下选择Maintain position（保持位置）中的Multiple of edge loops（多环边），并且将Number of edge loops（环边数）的数值改为1，如图4-233所示。

图4-232

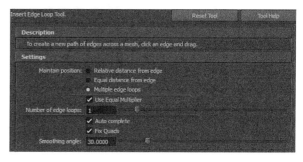

图4-233

STEP 15 在手指上直接单击鼠标左键添加出中心线，如图4-234所示。

STEP 16 单击Edit Mesh（编辑网格）>Bevel（倒角），如图4-235所示，可以使选择的线段变为2条。

STEP 17 选择倒角的Offset（分支）属性，如图4-236所示。按住鼠标中间左右滑动，找到适合的位置。除了小拇指以外，其他3个指头应该没问题。小拇指需要手动调整，选择小拇指上的2根线段，按下【R】键"缩放工具"控制x轴向的控制器进行调整，如图4-237所示。

STEP 18 在Top视图（顶视图）中框选食指的面，如图4-238所示。

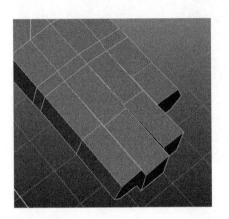

图4-234

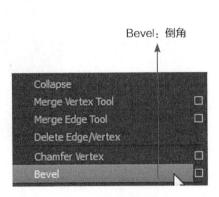

Bevel：倒角

图4-235

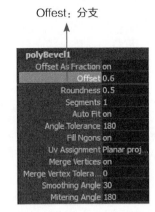

Offest：分支

图4-236

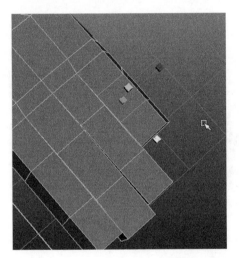

图4-237

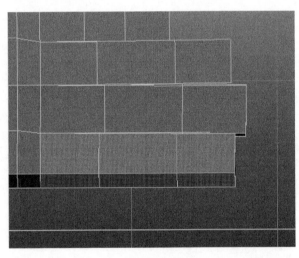

图4-238

STEP 19 按下【R】键"缩放工具"后按住【D】键"显示中心点"，将中心点向指根移动，到位之后，直接旋转一定的角度，将食指与整体分开，如图4-239和图4-240所示。

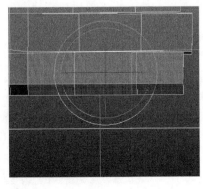

图4-239

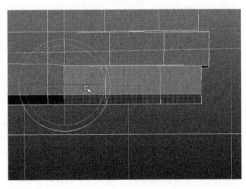

图4-240

注释： 面的中心点移动是临时性的，也就是说当你移动后切换面或者切换别的操作方式（如旋转、移动和缩放等），就会使这个面的中心点初始化。

STEP 20 以相同的方式将其余4根手指分开，如图4-241所示。

STEP 21 单击Edit Mesh（编辑网格）>Insert Edge Loop Tool（插入环形边工具），如果还是之前设置的加中线参数，那么直接单击创建即可，如图4-242所示。

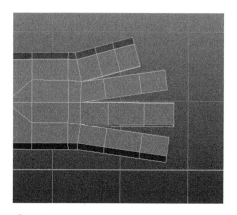

图4-241

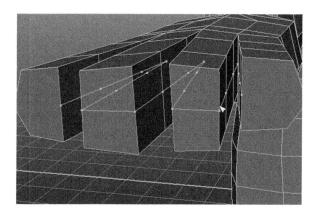

图4-242

STEP 22 单击Polygons（多边形）模块下的 Split Polygon Tool（分离多边形工具），将食指与小拇指的线连接上，如图4-243和图4-244所示。

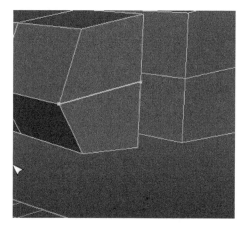

图4-243

图4-244

STEP 23 在Top视图（顶视图）中调整手的点，选择点后按住鼠标中键自由移动进行调节。熟悉此操作方式，它会在之后的建模过程中使操作更方便、快捷，如图4-245所示。

注释： 当切换到Front、Side、Top视图（正视、侧视、顶视图）中的任意一个视图时，它都是一个平面，因此按住鼠标中键后的操作就像在操作平面图形一样，例如在Front视图（正视图）中只有x与y轴，而在Side视图（侧视图）中只有y轴与z轴。

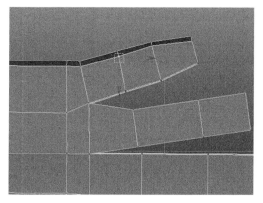

图4-245

STEP 24 在手指关节处加线，保证至少有3条线，这样在后期做动画时才不会出现问题（此操作为制作的基本技巧，从开始制作模型时就保持这样的布线），如图4-246所示。

STEP 25 单击Edit Mesh（编辑网格）>Cut Faces Tool（切割面工具），如图4-247所示，直接按住鼠标左键变成一条竖直线后松开左键，如图4-248所示。

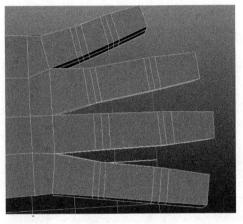

Cut Faces Tool：切割面工具

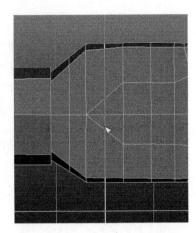

图4-246   图4-247   图4-248

STEP 26 切割成功。Cut Faces Tool（切割面工具）可以在任何地方切线（也可以选择区域内的面进行切割），只要合理运用它，就会是非常实用的命令，如图4-249所示。

STEP 27 选择侧面的4个面，单击Edit Mesh（编辑网格）>Extrude（挤压）向外挤出大拇指并略微缩小，如图4-250和图4-251所示。

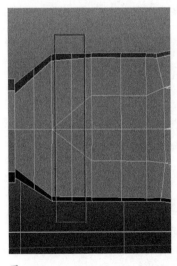

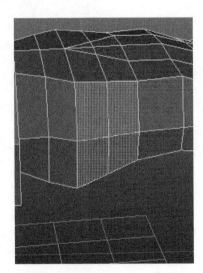

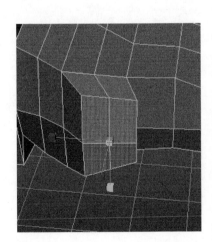

图4-249   图4-250   图4-251

STEP 28 切换到Top视图（顶视图），按下【G】键"重复上次命令"向外不断挤压，并且按下【E】键"旋转工具"，按住鼠标中键移动控制挤压出面的方向，如图4-252和图4-253所示。

STEP 29 完成后调整大拇指的形状，将硬边调得圆滑一些，如图4-254所示。

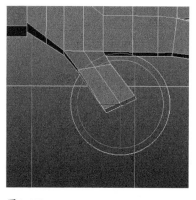

图4-252

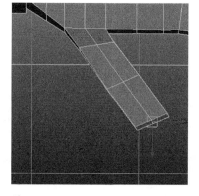

图4-253

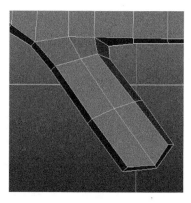

图4-254

注释： 如果挤压出的不是这个形状，而是4个独立的面，请确认Edit Mesh（编辑网格）>Keep Faces Together（保持面合并）是否已勾选上。

STEP 30 手部完成后通过按下【3】键"光滑预览"、【1】键"取消光滑预览"来回切换，观看效果并修改。

注释： 在调整点、面、线时请勿在【3】键"光滑预览"模式下修改，如图4-255所示。

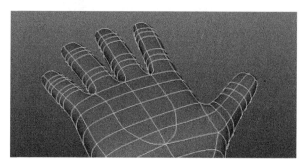

图4-255

2. 制作鞋子

STEP 01 接下来开始鞋子的制作。鞋子属于道具类，它的表面有许多凸起的结构，鞋带孔、鞋舌头等，如图4-256所示。

STEP 02 为了方便制作，单击Edit Mesh（编辑网格）>Insert Edge Loop Tool（插入环形边工具），在脚踝处单击鼠标左键添加一条环线，如图4-257所示。

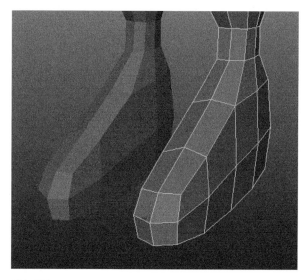

图4-256

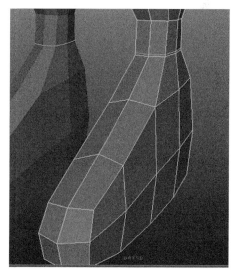

图4-257

STEP 03 双击鼠标左键选择这圈面，按下【Delete】键删除，如图4-258所示。

STEP 04 单击Mesh（网格）>Separate（分离）将鞋子与整体模型分离，如图4-259所示。

图4-258

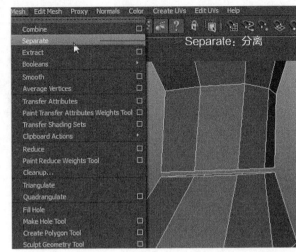

图4-259

STEP 05 对分离出的鞋子进行调整，按下【R】键"缩放工具"将鞋子拉宽一些，让它有鞋子的厚度，如图4-260所示。

STEP 06 双击选择鞋口处的边，按下【R】键"缩放工具"在Top视图（顶视图）中按住鼠标中键向右移动，将这个鞋口整体放大，如图4-261所示。

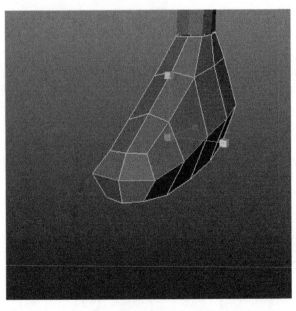

图4-260

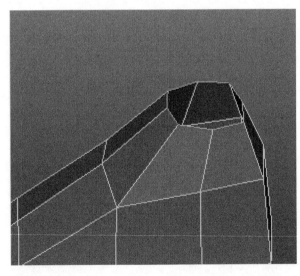

图4-261

STEP 07 单击Edit Mesh（编辑网格）>Extrude（挤压），按住蓝色挤压箭头向内挤压，如图4-262所示。

STEP 08 按下【G】键"重复上次命令"继续向内挤压形成一定的厚度，如图4-263所示。

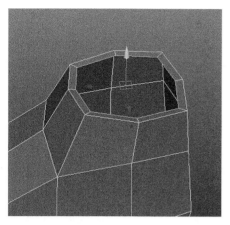

图4-262

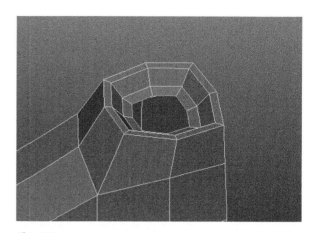

图4-263

STEP 09 单击Edit Mesh（编辑网格）>Insert Edge Loop Tool（插入环形边工具），添加3条环线，进入调节形状阶段，如图4-264所示。

STEP 10 选择鞋带搭扣附近的点（注意另一侧也要选择上），将它们略微向上提高一些，方便之后的挤压，如图4-265所示。

STEP 11 选择鞋带部位的面，包括正面和左右两侧的面，如图4-266所示。

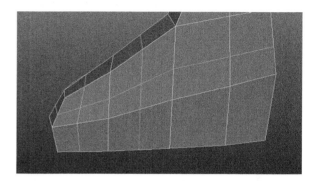

图4-264

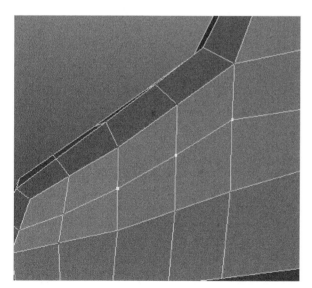

图4-265

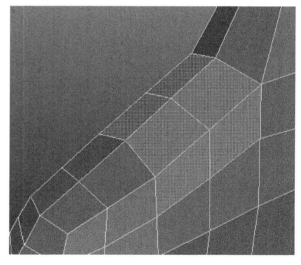

图4-266

STEP 12 单击Edit Mesh（编辑网格）>Extrude（挤压），挤出面后不要急着向外拉出，按下【R】键"缩放工具"按住鼠标中键向左移动，将挤压出的面整体缩小一点，如图4-267所示。

STEP 13 按下【G】键"重复上次命令"控制蓝色放射箭头向外挤压。这样挤压两次的目的就是为了让挤出的面在按下【3】键"光滑预览"以及以后的Smooth（细分）之后仍能保持边缘的形状，如图4-268所示。

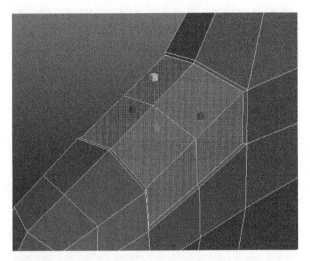

图4-267

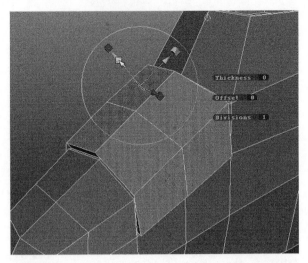

图4-268

STEP 14 再次按下【G】键"光滑预览",按下【R】键"缩放工具"按住鼠标中键向左移动整体缩小,如图4-269所示。

注释: 由于这次挤压的面并不是完全的平面,它有转折,因此在整体缩小后,左右两侧的面可以明显看出有嵌入的痕迹,应该在这之后按下【W】键"移动工具"将挤压的面向上移动后再按下【R】键"缩放工具",左右相对放大一定厚度。

STEP 15 选择鞋子舌头位置的面,单击Edit Mesh(编辑网格)>Extrude(挤压)在Side视图(侧视图)中向上挤压,如图4-270所示。

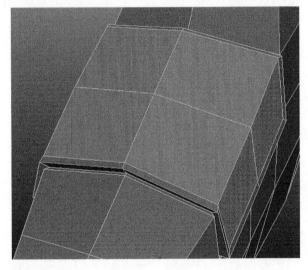

图4-269

STEP 16 通过【G】键"重复上次命令"不断向上挤压,按照舌头的形状向大致方位移动,如图4-271所示。

STEP 17 选择最上面的点按下【R】键"缩放工具",在Side视图(侧视图)将它们拉开,如图4-272所示。

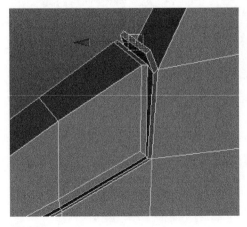

图4-270

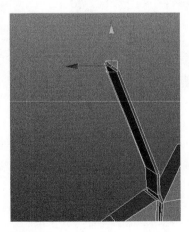

图4-271

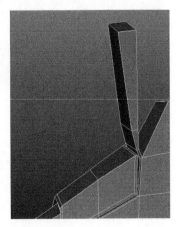

图4-272

STEP 18 选择鞋舌头正面的面，单击Edit Mesh（编辑网格）>Extrude（挤压），按下【R】键"缩放工具"，按住鼠标中键向左移动，整体所缩小后按下【W】键"移动工具"向前移动一点，消除之前整体缩放所嵌进去的地方，如图4-273和图4-274所示。

STEP 19 在Front视图（正视图）中选择左右两边的点，按下【R】键"缩放工具"对称拉开距离，如图4-275所示。

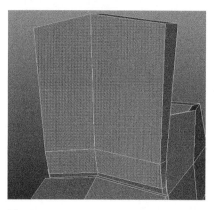
图4-273

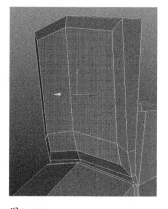
图4-274

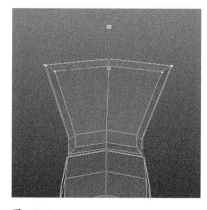
图4-275

STEP 20 在鞋子中部，在之前挤压出的位置单击Polygons（多边形）模块下的📐Split Polygon Tool（分离多边形工具），为它连接一条线，先在中间的线段做个最大角度点，然后在最上端段的边连接一个最小角度点，如图4-276和图4-277所示。

STEP 21 另一边用同样的方式制作，左右两侧所画出的线段不用完全相同，如图4-278所示。

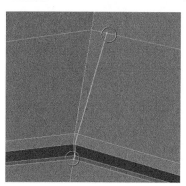
图4-276

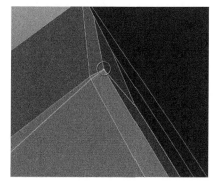
图4-277

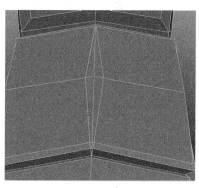
图4-278

STEP 22 选择中间刚被画出的面，单击Edit Mesh（编辑网格）>Extrude（挤压），单击蓝色挤压箭头，挤压出一个凹口，如图4-279和图4-280所示。

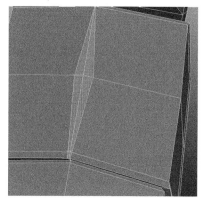

图4-279

图4-280

STEP 23 其余的突起结构也是运用同样的方法，先画出需要的边缘线再挤出结构。这里用Cut Faces（切割面）工具，切换到persp视图（透视图），单击Edit Mesh（编辑网格）>Cut Faces Tool（切割面工具）横切一条直线，如图4-281所示。

STEP 24 双击选择鞋底侧面的一圈面。单击Edit Mesh（编辑网格）>Extrude（挤压），单击蓝色挤压箭头向外拉出，如图4-282和图4-283所示。

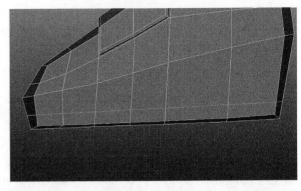

图4-281

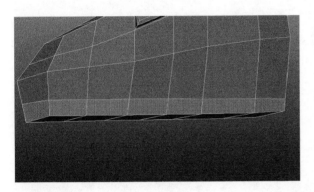

图4-282

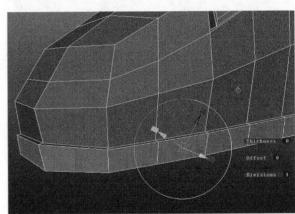

图4-283

STEP 25 按下【3】键"光滑预览"可以发现，已经有了一些鞋部边缘的轮廓，但不是很明显，如图4-284所示。

STEP 26 按下【1】键"取消光滑预览"单击Edit Mesh（编辑网格）>Insert Edge Loop Tool（插入环形边工具），在挤压出的缝隙那里添加一条环线。这样的加线方式可以称为"卡线"，如图4-285所示。

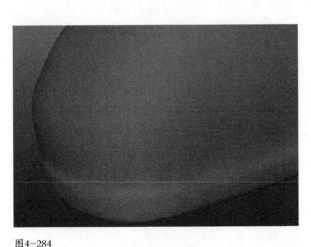

图4-284

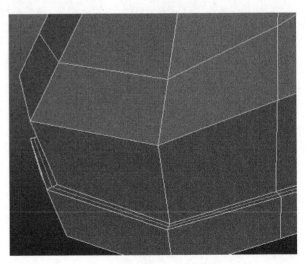

图4-285

STEP 27 按下【3】键"光滑预览"可以发现经过"卡线"后的效果明显加强了，如图4-286所示。

STEP 28 单击Edit（编辑）>Group（组）为鞋子打组，如图4-287所示，这样能让它的物体中心变为打过组的中心，也就是中心线。再单击Edit（编辑）>Duplicate Special（特殊复制），如图4-288所示。

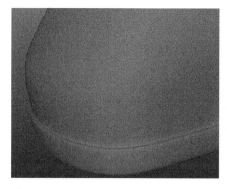

图4-286

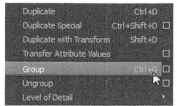

图4-287

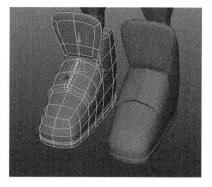

图4-288

4.3.4 任务四：制作服装并对模型上色

1. 制作服装

`STEP 01` 调整身体、胳膊和腿的形态，在这基础上制作人物的衣服。单击Edit Mesh（编辑网格）>Insert Edge Loop Tool（插入环形边工具），在衣服与裤子的接缝处添加一条环线，如图4-289所示。

`STEP 02` 选择因添加环线所产生的中间面，按下【Delete】键删除，如图4-290所示。

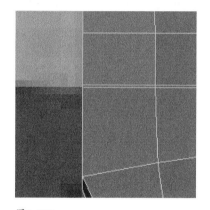

图4-289

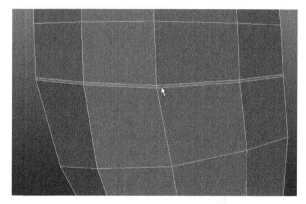

图4-290

`STEP 03` 随后单击Mesh（网格）>Separate（分离），将裤子与上半身分割开。框选裤子接缝处的所有点，按下【R】键"缩放工具"，按住鼠标中键向左移动整体缩小，如图4-291所示。

`STEP 04` 先框选衣服接缝附近的边，然后按住快捷键【Ctrl+左键】"反选择"框选除了边界的线。这样保留下来的只有边界的线，如图4-292和图4-293所示。

`STEP 05` 按下【W】键"移动工具"向下移动一段距离，覆盖裤子的漏缝，如图4-294所示。

`STEP 06` 单击Edit Mesh（编辑网格）>Extrude（挤压），控制蓝色箭头控制器，向内挤压，如图4-295所示。

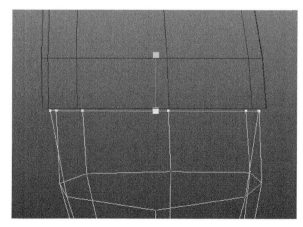

图4-291

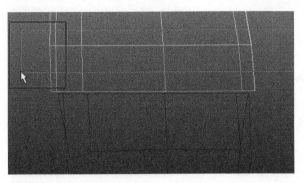

图4-292

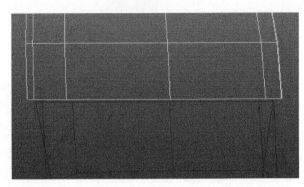

图4-293

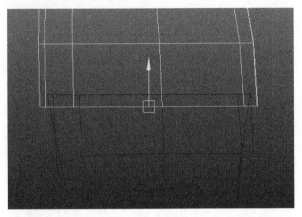

图4-294

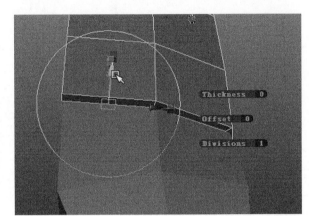

图4-295

STEP 07 选择衣服的面（除去袖口和脖子的面），单击Edit Mesh（编辑网格）>Duplicate Face（复制面），如图4-296所示。

STEP 08 与之前所用相同的方法，选择这一区域的物体，然后按住快捷键【Ctrl+左键】"反选择"框选不要的物体，如图4-297所示。

STEP 09 单击Modify（修改）>Center Pivot（恢复物体中心），按下【R】键"缩放工具"后按住鼠标中键向右移动，将物体整体放大一点，如图4-298所示。

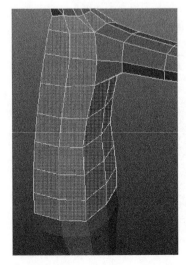

图4-296

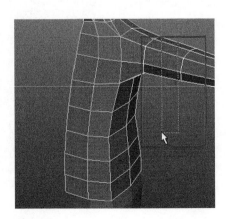

图4-297

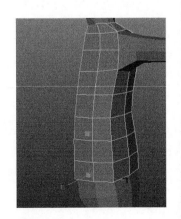

图4-298

STEP 10 对靠近脖子处的点进行调整，将这些点向外移动。因为这些点处在转弯处，在刚才的整体缩放中都会被或多或少地嵌入别的物体中，如图4-299所示。

STEP 11 单击在Polygons（多边形）模块下的 Split Polygon Tool（分离多边形工具），绘制出衣领口的边界线，如图4-300所示。

STEP 12 选择衣领口区域内的面，按下【Delete】键删除，如图4-301所示。

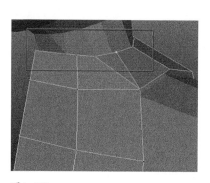
图4-299

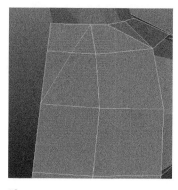
图4-300

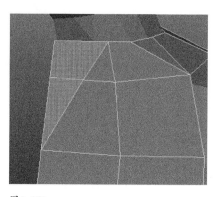
图4-301

STEP 13 单击在Polygons（多边形）模块下的 Split Polygon Tool（分离多边形工具），绘制出衣领的大概结构，如图4-302和图4-303所示。

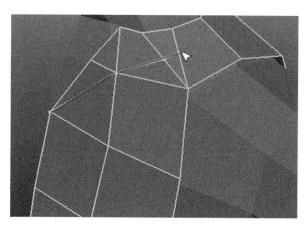
图4-302

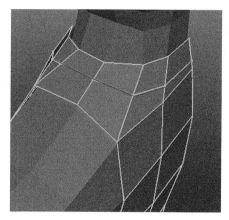
图4-303

STEP 14 选择刚才绘制线段内的面，单击Edit Mesh（编辑网格）>Extrude（挤压），如图4-304所示。

STEP 15 在Front视图（正视图）中按住鼠标中键移动，先挤压出一个大型，不用在意方向和形状，如图4-305所示。

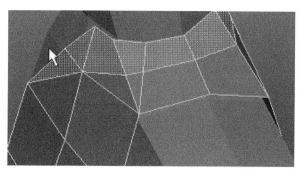
图4-304

图4-305

STEP 16 单击Edit Mesh（编辑网格）>Insert Edge Loop Tool（插入环形边工具），为挤压出的衣领添加一条环线，方便之后的控制调节，并删除多余的废线，如图4-306所示。

STEP 17 在Front、Side视图（正、侧视图）中不断切换，观看形状并调整，如图4-307和图4-308所示。

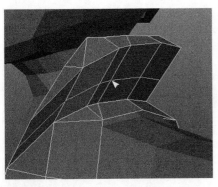
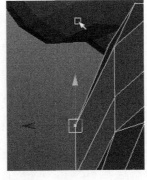
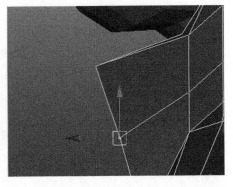

图4-306   图4-307   图4-308

STEP 18 背部的衣领因为挤压的缘故飞了出去，在Front视图（正视图）中将它们修复，框选区域内的点按下【W】键"移动工具"向中心移动，如图4-309所示。

STEP 19 根据情况单击在Polygons（多边形）模块下的 Split Polygon Tool（分离多边形工具）连接一条新的线段（里侧也要连上），这样的连接可以代替图中左边的那根线段，此方法的意义在于不用去调节那些将要被调节的线，而是直接用新连线代替那些线，如图4-310所示。

STEP 20 添加完成后即可删除那条被代替的线，如图4-311所示。

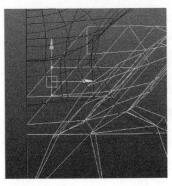
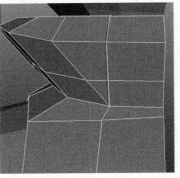
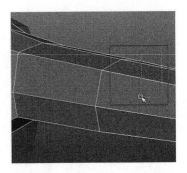

图4-309   图4-310   图4-311

STEP 21 在【3】键"光滑预览"下修改后的衣领效果，如图4-312所示。

STEP 22 选择衣袖的面，单击Edit Mesh（编辑网格）>Duplicate Face（复制面），如图4-313和图4-314所示。

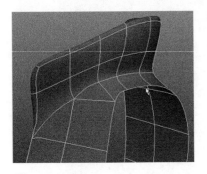
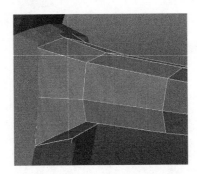

图4-312   图4-313   图4-314

STEP 23 单击Modify（修改）>Center Pivot（恢复物体中心），按下【R】键"缩放工具"后按住鼠标中键向右移动，整体放大，如图4-315所示。

STEP 24 双击鼠标左键选择衣服袖子边缘的边，单击Edit Mesh（编辑网格）>Extrude（挤压），按下【R】键"缩放工具"后按住鼠标中键向左移动，整体缩小形成实体，如图4-316和图4-317所示。

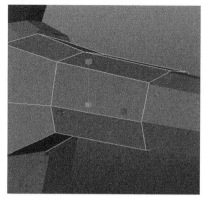
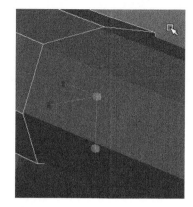
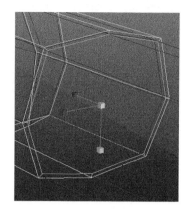

图4-315　　　　　　　　　图4-316　　　　　　　　　图4-317

STEP 25 用同样的方法制作手腕，框选面，单击Edit Mesh（编辑网格）>Duplicate Face（复制面），通过框选再反选择。选上复制出的面，单击Modify（修改）>Center Pivot（恢复物体中心），然后略微放大一圈，单击Edit Mesh（编辑网格）>Extrude（挤压），最后单击蓝色挤压箭头向上移动，挤压出厚度，如图4-318和图4-319所示。

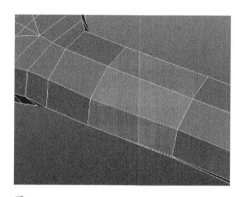
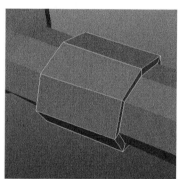

图4-318　　　　　　　　　图4-319

STEP 26 按下快捷键【Shift+I】"独立显示"或者单击 ▣ 独立显示按钮，在护腕一边各加3条环线，这样做是为了卡住物体形状，不让物体在【3】键"光滑预览"或者smooth（细分）后出现物体变形，如图4-320~图4-322所示。

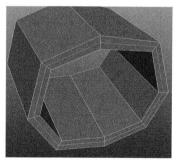
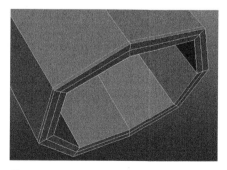
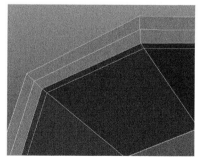

图4-320　　　　　　　　　图4-321　　　　　　　　　图4-322

STEP 27 按下【3】键"光滑预览"有卡线的效果，及按下【3】键"光滑预览"下没有进行卡线的效果分别如图4-323和图4-324所示。

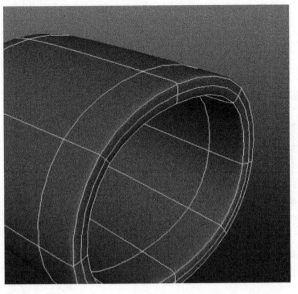

图4-323

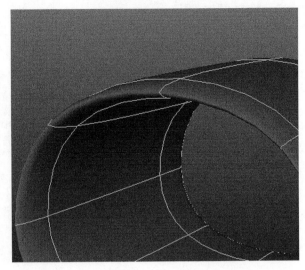

图4-324

STEP 28 对护腕两侧卡线完成后，框选除了头发、眼睛和鞋以外的物体如图4-325所示。单击Edit（编辑）>Group（组），对这些框选的物体进行打组（所有在一个组里的物体相等于是一个物体），这样它们的中心点就会变为组的中心点，如图4-326所示。

STEP 29 单击Edit（编辑）>Duplicate Special（特殊复制）>□（参数窗口），参数窗口中单击Edit（编辑）>Reset Settings（恢复默认），将Scale的*x*轴改为-1，如图4-327所示。

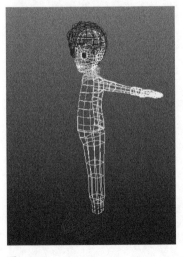

图4-325

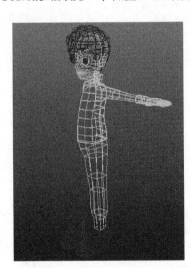

图4-326

图4-327

2. 对模型上色

STEP 01 切换至Rendering（渲染）模块下，如图4-328所示。选择衣服，单击Toon（卡通）>Assign Fill Shader（选择填充着色器）>Shaded Brightness Three Tone（三色着色器）或者单击Toon栏 下的 ，如图4-329所示。

STEP 02 附上Shaded Brightness Three Tone这个材质球，如图4-330所示。

图4-328

图4-329 图4-330

STEP 03 单击Window（窗口）>Rendering Editors（渲染编辑器）>Hypershade（超材质编辑器），如图4-331所示。创建一个运算"+/- Average"节点，如图4-332所示。

STEP 04 对三色材质球按住鼠标中键拖向"+/- Average"节点，如图4-333所示。

图4-331

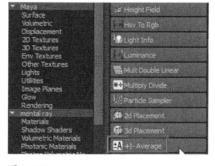

图4-332

图4-333

STEP 05 将三色材质球分别输入到运算节点的input 3D[0]和[1]上，如图4-334所示。

STEP 06 随后删除这两条连接，这样做就可以创建出input 3D的这两个属性，如图4-335所示。

STEP 07 双击"+/- Average"节点，将"Plus-Minus-Average Attributes"下的Operation运算方式改为Average（平均值），如图4-336所示。

图4-334 图4-335

图4-336

STEP 08 对三色材质球按住鼠标中键拖向"+/-Average"节点，选择Other...，如图4-337所示。

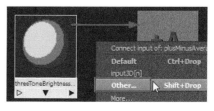

图4-337

STEP 09 对三色材质球按住鼠标中键拖向"+/- Average"节点，选择Other...，将三色材质球中的color[0]和[1].color分别输入到A+-的input 3D[0]和[1]上，如图4-338和图4-339所示。

图4-338

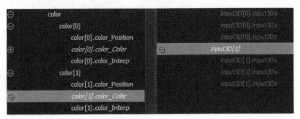

图4-339

STEP 10 根据实时渲染调整材质球的颜色，如图4-340和图4-341所示。

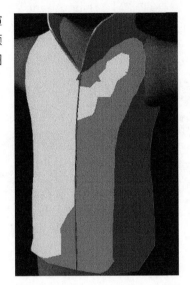

图4-340

图4-341

STEP 11 将材质调节好后对模型进行渲染，最终效果如图4-342和图4-343所示。

图4-342

图4-343

4.4 本章总结

4.4.1 制作概要

本案例中卡通人物的整体结构造型是写实人物形象的概括，在建模时要注意轮廓和比例的准确性。在制作过程中主要掌握正确的布线规律，以及对于点、线、面正确分布的处理。

通过本案例模型的制作，使学习者了解卡通类人物模型的结构特点及整体制作流程，在此基础上掌握模型制作的布线技巧，并通过练习总结不同卡通人物的建模方式和处理方法。

本章分为4个任务进行制作。从制作人物基础形体到身体各部分的细节制作，逐步完成整个模型的制作。

4.4.2 所有命令

（1）挤压：Edit Mesh（编辑网格）>Extrude（挤压）。

（2）复制面：Edit Mesh（编辑网格）>Duplicate Face（复制面）。

（3）保持面合并：Edit Mesh（编辑网格）>Keep Faces Together（保持面合并）。

（4）分割多边形工具：【Ctrl】键+鼠标右键向左拖动>Split（分割）向右拖动>Split Polygon tool（分割多边形工具）或单击在Polygons（多边形）模块下的 Split Polygon Tool（分离多边形工具）。

（5）插入环形边工具：Edit Mesh（编辑网格）>Insert Edge Loop Tool（插入环形边工具）。

（6）特殊复制：Edit（编辑）>Duplicate Special（特殊复制）。

（7）合并：Mesh（网格）>Combine（合并）。

（8）缝合：Edit Mesh（编辑网格）>Merge（缝合）。

4.4.3 重点制作步骤

（1）制作角色模型的基础形状：首先制作出模型的整体形态，确定位置及比例准确。

（2）制作头部及细节：在整体形态的基础上对头部进行深入刻画，精细调整眼睛、鼻子、嘴巴和耳朵等面部结构。

（3）制作手部及鞋子：进一步完成模型各部分细节的处理，制作手部和人物的鞋子。

（4）制作服装并对模型上色：制作人物服装，简单学习调节材质，对模型进行上色处理。

4.5　课后练习

1. 以图4-344中的卡通人物形象为参考，制作出模型。

图4-344

2. 制作要求。

（1）熟练运用Extrude（挤压）和Split Polygon Tool（分离多边形工具）等命令。

（2）制作的卡通人物角色的结构完整，比例准确。

（3）制作时布线合理、规整，没有多余的点、线、面出现在最终模型上。

第**5**章 | 生物模型——蜥蜴模型制作

5.1 项目描述

5.1.1 项目介绍

蜥蜴属于冷血爬虫类，身体结构上有躯干、四肢、四足和尾部，周身覆盖以表皮衍生的角质鳞片。本项目将学习蜥蜴模型的制作。通过本项目的学习，将会对生物类的建模有所了解和掌握。

5.1.2 任务分配

本章节中，将分成6个制作任务来完成蜥蜴模型的制作。

任 务	制作流程概要
任务一	参考图片的导入与调整
任务二	制作蜥蜴头部模型
任务三	制作蜥蜴身体模型
任务四	制作蜥蜴四肢模型
任务五	拼接蜥蜴头部模型与身体四肢模型
任务六	材质贴图的运用方法与渲染

5.2　项目分析

1. **参考图片的导入与调整**：参考图片的导入与调整是制作模型前准备的基础，参考图片的导入为模型制作时比例的确定及细节的刻画提供了对比依据。

2. **蜥蜴头部模型的制作**：运用最简单的正方体来起形，通过Insert Edge Loop Tool（插入循环切线工具）命令调整头部的整体结构，再通过对点、线的编辑来刻画头部的细致结构。

3. **蜥蜴身体模型的制作**：运用简单的正方体来起形，对照参考图，运用Insert Edge Loop Tool（插入循环切线工具）命令和点的编辑来调整身体的整体结构。

4. **蜥蜴四肢模型的制作**：运用简单的圆柱体来起形，通过分别对肢体、足部和趾节模型的制作并合并，完成对蜥蜴四肢的制作。

5. **拼接蜥蜴头部模型与身体四肢模型**：熟练地运用Combine（合并）、Merge（缝合）两项命令来实现头部、身体和四肢模型的拼接。

6. **材质贴图的运用方法与渲染**：学习如何给模型添加材质球，以及添加颜色贴图。

5.3　制作流程

5.3.1　任务一：参考图片的导入与调整

STEP 01 在正式进入制作之前，先设置工程目录的名称和存放位置，这样能够合理地存放所制作的模型相关文件。鼠标单击File>Project window（项目窗口）打开可选择的存放路径，如图5-1所示。

STEP 02 Current Project处为创建的工程文件夹命名，Location为存放路径，其他选项只需要选择Secondary Project Locations下的Use defaults的默认选项。单击New创建一个新的工程文件夹，重新命名为"Lizard Project"。鼠标单击Accept（同意），新的工程文件夹就这样被建立了。以后的工程文件也是默认在此文件夹中被打开的，如图5-2所示。

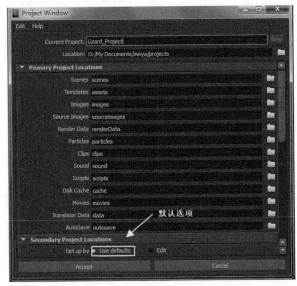

图5-1　　　　　　　　　　　　　　　　　　　图5-2

STEP 03 制作前先搜集相关的图片进行参考，图5-3和图5-4所示的是从网络上查找到的蜥蜴顶视图和侧视图。

STEP 04 将找好的蜥蜴侧视图导入进Maya中。在Maya三维视图中按空格键进入选择所有视图的界面，如图5-5所示。

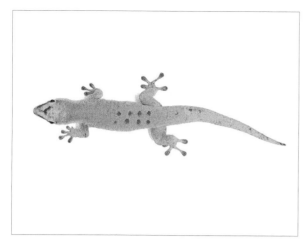

图5-3

图5-4

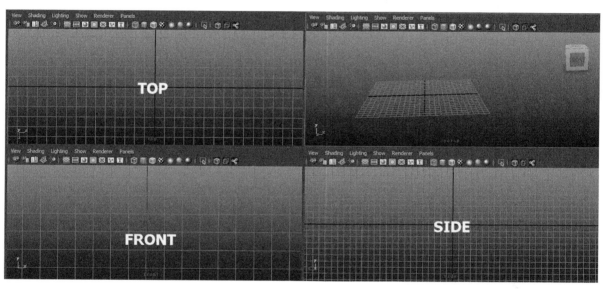

图5-5

STEP 05 在side视图窗口中按下空格键，将视图窗口切换到侧视图。鼠标单击View>Image Plane>Import Image，导入侧视图图片，如图5-6和图5-7所示。

图5-6

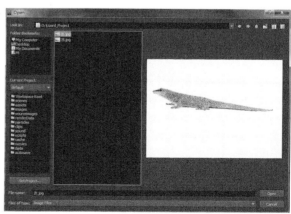

图5-7

STEP 06 进入三维视图选择参考图并改变图片的Image Center X属性，如图5-8所示。在x轴上移动，将其移出世界坐标中心，如图5-9所示。

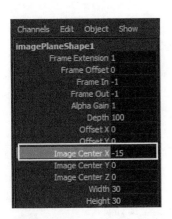

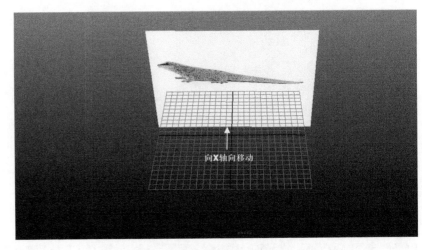

图5-8

图5-9

STEP 07 在top视图窗口中按下空格键，将视图窗口切换到顶视图。鼠标单击View>Image Plane>Import Image导入顶视图参考图片，进入三维视图，选择参考图并改变它的Image Center Y属性，在y轴上移动，将其移出世界坐标中心，如图5-10所示。

STEP 08 由于参考图的位置尺寸大小等原因，因此导入进来的顶视图、侧视图的位置并不匹配，这里我们可以利用正方体作参考，来对导入的参考图进行大小的调整。首先以侧视图作参考，用正方形来确定蜥蜴的长度，如图5-11所示。

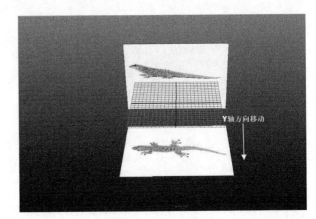

图5-10

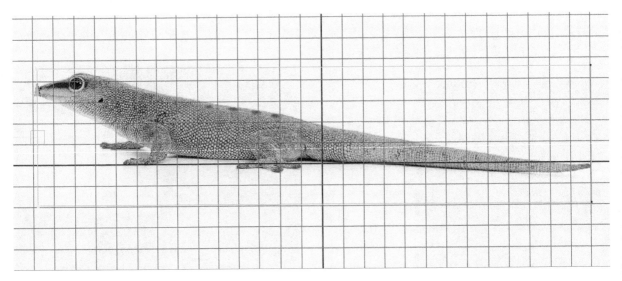

图5-11

STEP 09 鼠标单击Edit mesh>Insert Edge Loop Tool（插入循环切线工具），为正方体纵向添加两条循环切线来确定眼睛的位置，如图5-12所示。

STEP 10 以侧视图为参考标准来修改顶视图的位置及大小比例，进入顶视图选择顶视图参考图片，根据正方体的位置改更改顶视图参考图的Image Center Z属性。将顶视图参考图和侧视图参考图在大小比例上对齐，如图5-13所示。

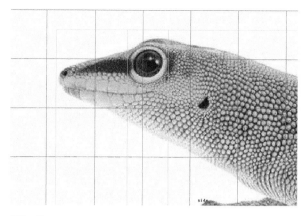

图5-12

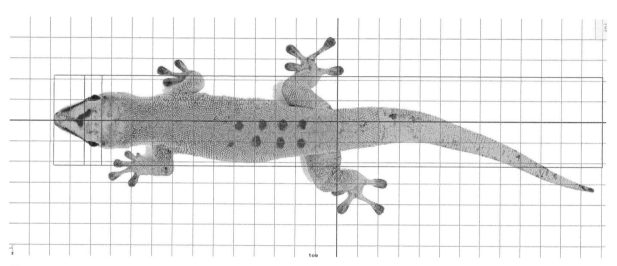

图5-13

5.3.2　任务二：制作蜥蜴头部模型

STEP 01 准备工作做好后，开始模型的制作。鼠标单击Create>Polygon primitives>Interactive Creation（交互式创建）。不勾选该选项的时候，创建的物体将默认在世界坐标轴中心出现；勾选该选项的时候，创建的物体将被拖选出现，如图5-14所示。

图5-14

技术看板：

Interactive Creation（交互式创建）

（1）功能说明：控制创建的物体是否在世界坐标轴中心出现。

（2）不勾选该选项的时候，创建的物体将默认在世界坐标轴中心出现；勾选该选项的时候，创建的物体将被拖选出现。

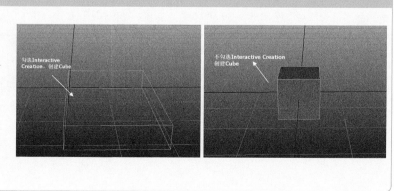

STEP 02 开始蜥蜴头部模型的制作，先制作头部的整体结构。在不勾选Interactive Creation的设置下鼠标单击Create>Polygon primitives>Cube创建正方体，也可以单击polygons快捷栏的图标来创建正方体，如图5-15和图5-16所示。

图5-15

图5-16

STEP 03 进入侧视图调整正方体的大小与参考图片头部相匹配，如图5-17所示，也可以通过编辑正方体上的点与参考图相匹配，如图5-18所示。进入顶视图对正方体进行编辑。

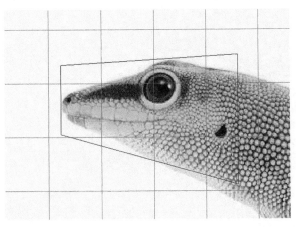
图5-17

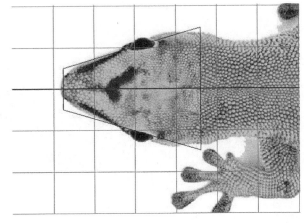
图5-18

STEP 04 鼠标单击Mesh>Smooth，对其正方体圆滑一级，如图5-19所示，也可以单击polygons快捷栏的图标来圆滑模型，如图5-20所示。

图5-19

图5-20

STEP 05 鼠标右键单击模型，在弹出的快捷操作选项中选择Vertex进入点选择模式，分别进入顶视图、侧视图调整点，对照参考图编辑头部模型的基本轮廓，如图5-21~图5-23所示。

STEP 06 选择模型，鼠标单击Mesh>Smooth对模型再圆滑一级。进入点选择模式，在正视图、顶侧视图下调整模型大体的轮廓，如图5-24和图5-25所示。

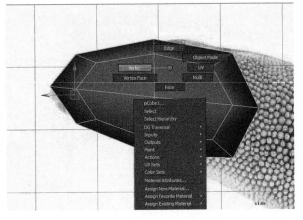
图5-21

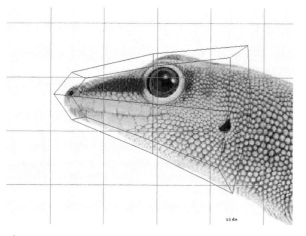

图5-22

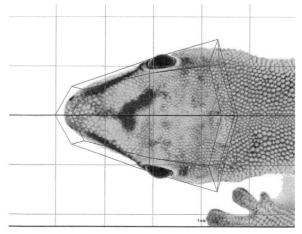

图5-23

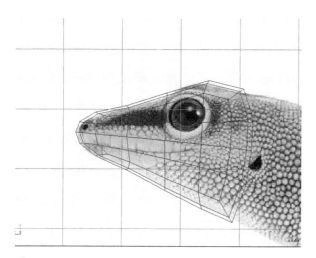

图5-24

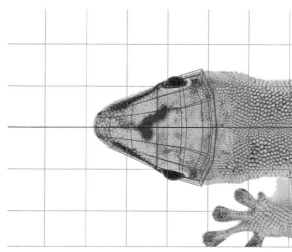

图5-25

STEP 07 为了方便对模型的编辑，减少不必要的误操，可删掉模型的一半，对其删掉一半的模型进行镜像复制，这样只需对模型的一侧进行编辑即可。鼠标右击模型，在弹出的快捷操作选项中选择Face，进入面选择，删掉模型的一半，如图5-26所示。

STEP 08 选中模型，打开Eide>Duplicate Special（指定复制）属性窗口，如图5-27所示。选中Instance（关联复制），在Scale处将x轴的数值1改写成-1，单击Apply将模型的另一半进行关联复制，如图5-28所示。这样只需对一边进行编辑，另一边也会进行同样的编辑。

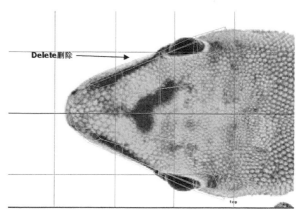

图5-26

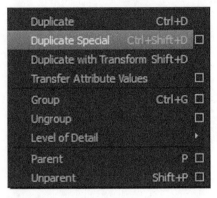

图5-27

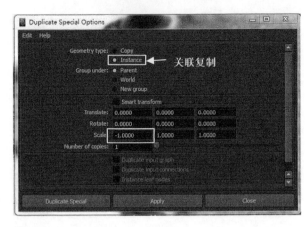

关联复制

图5-28

STEP 09 对照参考图调整模型的布线结构，调整点、线，使其与模型的嘴缝对齐，如图5-29所示。

STEP 10 对照参考图调整眼部的布线结构，如图5-30所示。

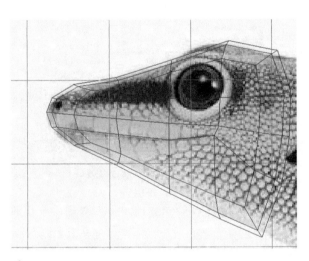

图5-29

图5-30

STEP 11 在完成头部模型的整体布线后，要对头部的各个部位进行细致刻画，先刻画模型的眼部结构。鼠标单击 Edit mesh>Insert Edge Loop Tool，为模型眼部中间添加一条纵向循环切线，并对照参考图调整布线结构，如图 5-31和图5-32所示。

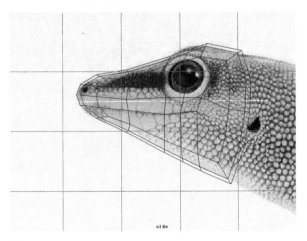

图5-31

图5-32

STEP 12 鼠标单击Edit mesh>Insert Edge Loop Tool,在模型眼部左右两侧各加入一条纵向循环切线，对照参考图调整眼部布线结构，如图5-33所示。

STEP 13 鼠标单击Edit mesh>Insert Edge Loop Tool，在模型眼部上下两侧各加入一条横向的循环切线，调整眼部布线结构，如图5-34所示。

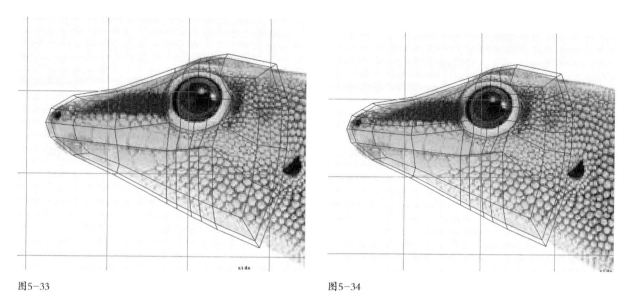

图5-33　　　　　　　　　　　　　　　　　　图5-34

STEP 14 鼠标右键单击模型，在弹出的快捷操作选项中选择Face进入面选择模式，选择模型眼部的面并将其删除，如图5-35所示，对照参考图调整点、线的结构，如图5-36所示。

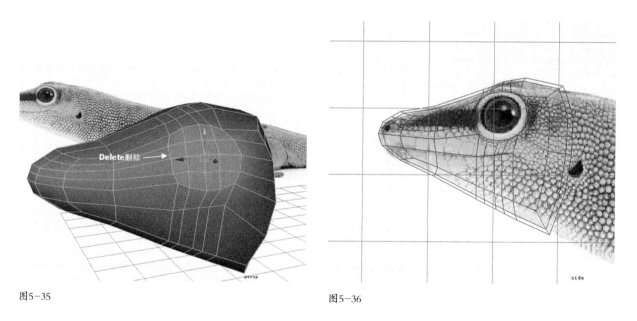

图5-35　　　　　　　　　　　　　　　　　　图5-36

STEP 15 鼠标右键单击模型，在弹出的快捷操作选项中选择Edge进入线选择模式，选择模型眼部的环线，单击缩放工具（快捷键【R】），进行x轴缩放将其推平，如图5-37所示。

STEP 16 单击旋转工具（快捷键【E】），对眼部环线进行旋转，对照顶视参考图调整眼部环线的角度与位置，如图5-38所示。

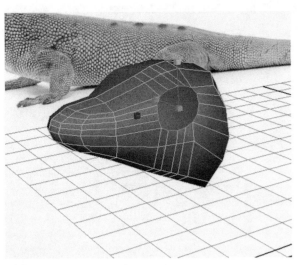

图5-37

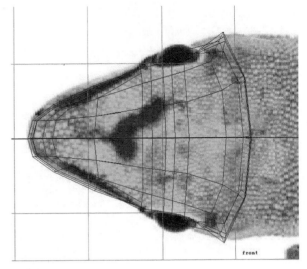

图5-38

STEP 17 选择眼部环线，鼠标单击Edit Mesh>Extrude进行挤压，如图5-39所示，然后单击缩放工具，对照侧视参考图缩放到适当的位置，如图5-40所示。

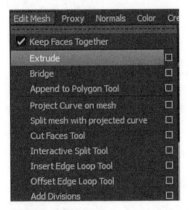

图5-39

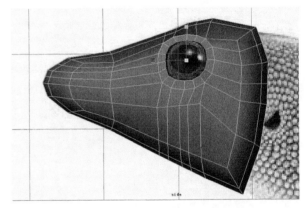

图5-40

STEP 18 鼠标单击Edit mesh>Insert Edge Loop Tool，为模型加入循环切线，并对照参考图调整布线结构，使模型布线更均匀与美观，如图5-41和图5-42所示。

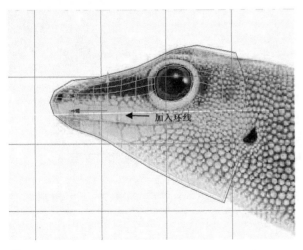

图5-41

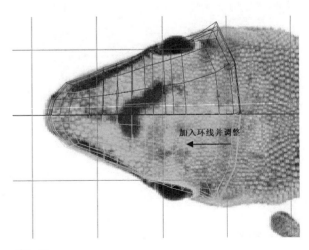

图5-42

STEP 19 进入侧视图，对照参考图，鼠标单击Edit Mesh>Extrude，对模型鼻孔处的面进行挤压并适当调整缩放，如图5-43和图5-44所示。

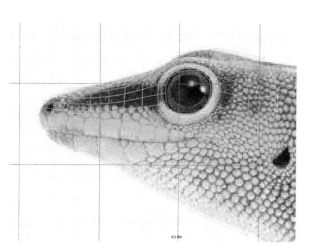

图5-43

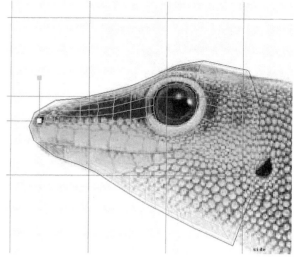

图5-44

STEP 20 鼠标单击Edit Mesh>Extrude再次挤压，然后用鼠标单击移动工具（快捷键【W】），将挤压面往里推，调整模型鼻孔处的布线结构，最后调整好的蜥蜴鼻孔的结构如图5-45所示。

STEP 21 下面开始蜥蜴嘴部的制作。对照参考图，鼠标单击Edit mesh>Insert Edge Loop Tool，在模型嘴缝处加入一条循环切线，如图5-46所示。

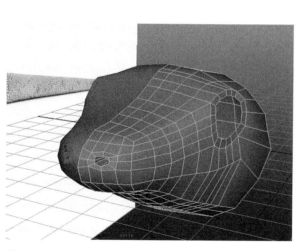

图5-45

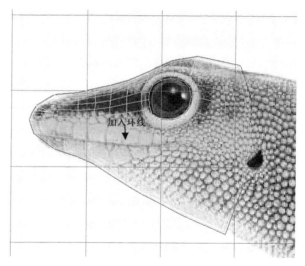

图5-46

STEP 22 鼠标单击Eide Mesh>Interactive Split Tool，在嘴角处连接切线，如图5-47和图5-48所示。

STEP 23 鼠标单击Eide Mesh>Merge，将嘴角处的两点合并，如图5-49和图5-50所示。

图5-47

图5-48

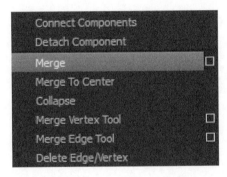

图5-49

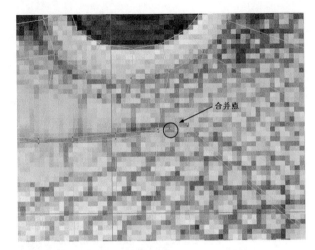

图5-50

STEP 24 进入点选择模式，选择图5-52所示的线，鼠标单击Edit Mesh>Delete Edge/Vertex删除线与点，如图5-51和图5-52所示。

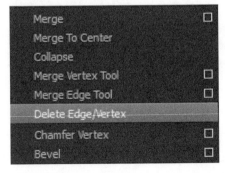

图5-51

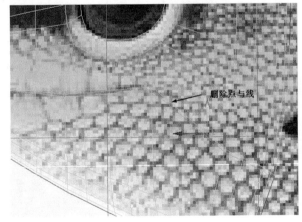

图5-52

STEP 25 进入面选择模式，选择头部模型嘴缝处的面，单击Delete删除，如图5-53所示。

STEP 26 进入面选择模式，将蜥蜴头部与身子连接处的面删除，并对照参考图调整点、线、面的结构，如图5-54所示。

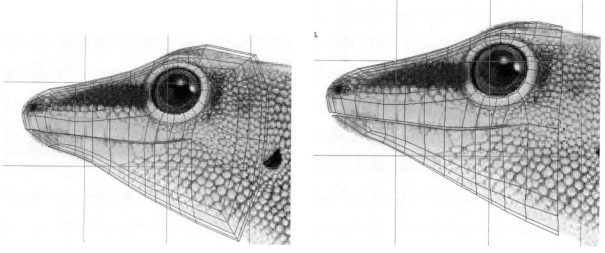

图5-53

图5-54

技术看板：

删除点与线Edit Mesh>Delete Edge/Vertex

（1）功能说明：删除线与线上的点。

（2）操作方法：选中要删除的线段，单击指令，线与线上的点就被删除了。

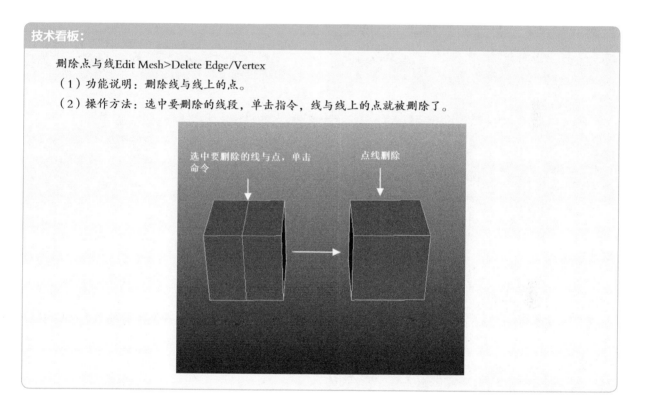

STEP 27 鼠标单击Eide Mesh>Interactive Split Tool，在嘴角处加入一条切线，调整点、线的结构，如图5-55所示。

STEP 28 模型嘴角处有两个五边面，如图5-56所示，通过Eide Mesh>Merge合并点将其变成四边面，如图5-57所示。

STEP 29 鼠标单击Edit mesh>Insert Edge Loop Tool，在模型的下颚处加入一条循环切线并调整结构，如图5-58所示。

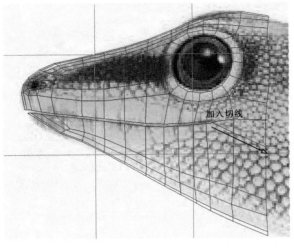

图5-55

图5-56

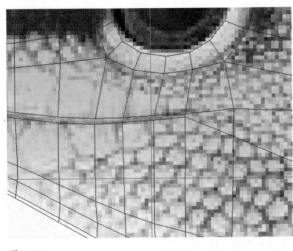

图5-57

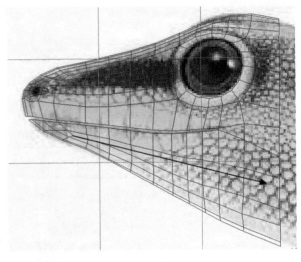

图5-58

STEP 30 鼠标单击Eide Mesh>Interactive Split Tool，在蜥蜴嘴部外圈连接一条循环切线，对照参考图调整点、线的结构，如图5-59所示。

STEP 31 鼠标单击Eide Mesh>Interactive Split Tool，通过加入切线将模型嘴部的五边面变成四边面，如图5-60所示。

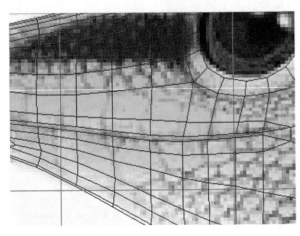

图5-59

图5-60

STEP 32 进入三维视图，鼠标右键单击模型，在弹出的快捷操作选项中选择Edge进入线选择模式，选择模型嘴部的环线，用移动工具轻轻往里面推，如图5-61所示。

STEP 33 选中左右两侧的模型，鼠标单击Mesh>Combine，如图5-62所示，将左右两侧模型合并成一个模型。再单击Eide Mesh>Merge，将模型中间的点合并，如图5-63所示。

STEP 34 在三维视图中进入蜥蜴头部模型的内部，进入线选择模式，选择模型嘴部的环线。鼠标单击Edit Mesh>Extrude向内挤压，对照参考图调整嘴部模型的结构，如图5-64所示。

STEP 35 蜥蜴头部模型的嘴部就制作完成了，如图5-65所示。

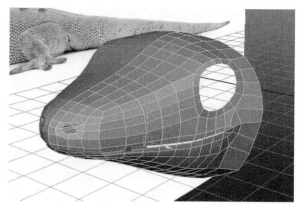

图5-61

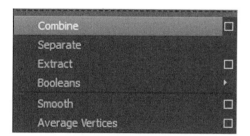

图5-62

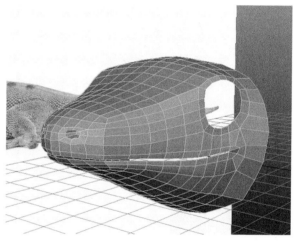

图5-63

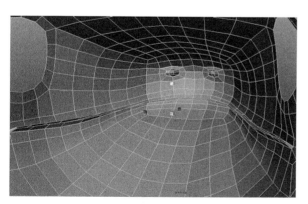

图5-64

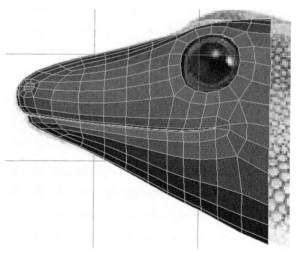

图5-65

STEP 36 鼠标右键单击模型，在弹出的快捷操作选项中选择Face进入面选择模式，选择蜥蜴眼部上方的面，对照蜥蜴参考图眼部的结构进行调整，如图5-66和图5-67所示。

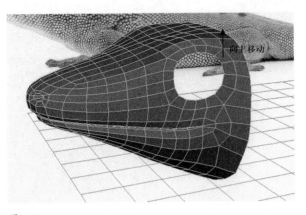

图5-66

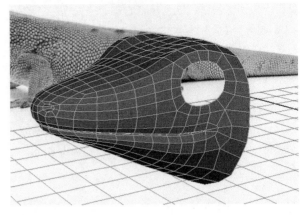

图5-67

STEP 37 鼠标单击Create>Polygon primitives>Sphere，创建多边形球体来制作蜥蜴的眼球，如图5-68所示。

STEP 38 对照参考图中蜥蜴眼球的位置，调整多边形球体的大小、位置及方向。眼球摆好后，鼠标单击Eide>Duplicate Special，将另一边的眼球复制出来，如图5-69所示。

图5-68

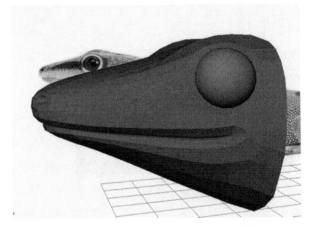

图5-69

STEP 39 蜥蜴头部的模型制作完成了，如图5-70和图5-71所示。

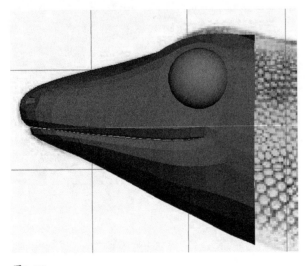

图5-70

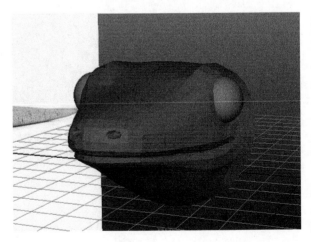

图5-71

5.3.3 任务三：制作蜥蜴身体模型

STEP 01 在制作蜥蜴身体模型前隐藏制作好的蜥蜴头部模型。选择头部模型，在右侧通道栏中单击▣，会新建一个路径，单击路径旁的V，模型就会被隐藏，再单击一下就会关闭隐藏，如图5-72和图5-73所示。

图5-72

图5-73

STEP 02 鼠标单击Create>Polygon primitives>Cube，创建正方体起形，对照参考图调整正方体的大小与形状，如图5-74所示。

STEP 03 鼠标单击Edit mesh>Insert Edge Loop Tool，在模型中间加入一条纵向循环切线，对照参考图调整结构，如图5-75所示。

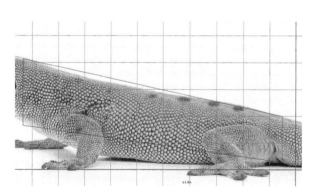

图5-74

图5-75

STEP 04 选择模型，鼠标单击Mesh>Smooth，对模型圆滑一级，对照参考图调整结构，如图5-76所示。

STEP 05 进入顶视图调整结构。由于顶视图蜥蜴参考图的身体是倾斜的，因此在这里对照参考图对模型的身体进行适当调整，如图5-77所示。

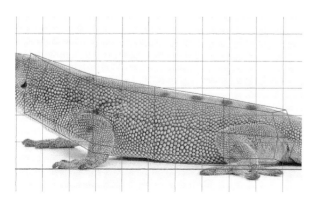

图5-76

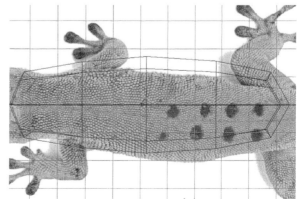

图5-77

STEP 06　选择身体模型与头部模型相连接的面，按
Delete键删除，对照参考图调整整体布线结构，如图
5-78所示。

STEP 07　选择模型，鼠标单击Mesh>Smooth，对模型
再次圆滑一级，对照参考图调整布线及整体结构，如图
5-79和图5-80所示。

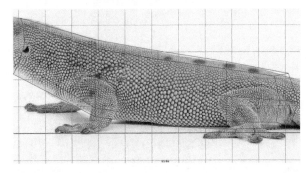

图5-78

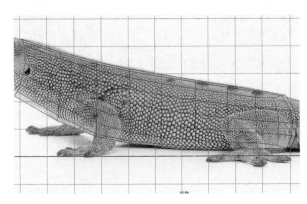

图5-79

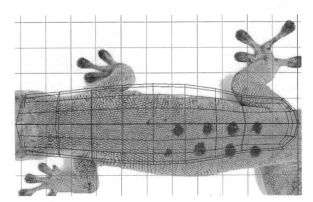

图5-80

STEP 08　鼠标单击Edit mesh>Insert Edge Loop Tool，加入横纵循环切线，如图5-81所示。

STEP 09　对照参考图调整身体与蜥蜴前肢连接处的布线结构，如图5-82所示。

图5-81

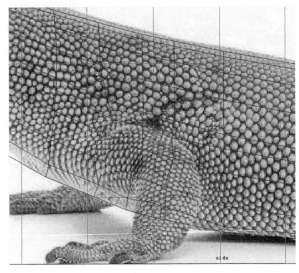

图5-82

STEP 10　鼠标单击Edit mesh>Insert Edge Loop Tool，在模型的后肢处纵向加入纵向循环斜线，如图5-83所示。

STEP 11　对照参考图调整身体与后肢连接处的布线结构，如图5-84所示。

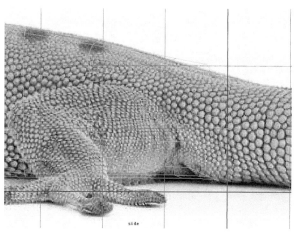

图5-83

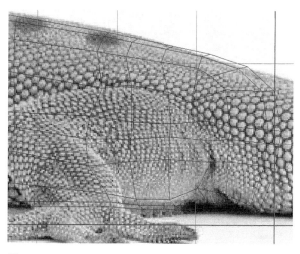

图5-84

STEP 12 进入面选择模式，选择身体模型与四肢相连接的面，按Delete键删除，对照参考图整体调整布线结构，尽量让布线均匀些，如图5-85所示。

STEP 13 选中身体模型尾部的面，鼠标单击Edit Mesh>Extrude进行挤压，向外移动来制作蜥蜴的尾巴，如图5-86所示。

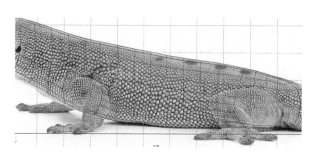

图5-85

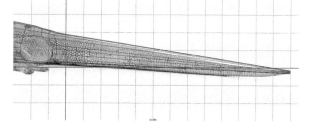

图5-86

STEP 14 鼠标单击Edit mesh>Insert Edge Loop Tool，在模型尾巴处加入适量的纵向循环切线，对照参考图调整尾巴的结构，如图5-87所示。

STEP 15 蜥蜴身体的模型制作完成了，如图5-88所示。

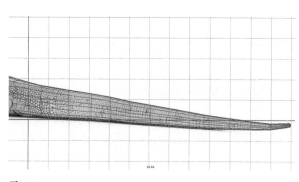

图5-87

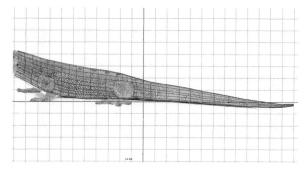

图5-88

5.3.4　任务四：制作蜥蜴四肢模型

STEP 01　在制作前先将制作好的身体模型隐藏起来，跟先前讲的隐藏头部模型的方法一致。选中身体模型，在右侧通道栏中单击🗐，会新建一个新的路径，单击路径旁的V，模型就会被隐藏。可以双击路径，将其进行命名为shenti，好与隐藏头部的路径区分开，如图5-89所示。

STEP 02　鼠标单击Create>Polygon Primitives>Cylinder，创建一个圆柱体来制作蜥蜴的前肢，如图5-90所示。

STEP 03　选择新建的圆柱体，在右侧的属性栏中将Subdivision Axis属性值调整为14，如图5-91所示，也就是将圆柱体的线段数调整为14，与身体模型前肢处的线段数是一致的，这样方便与身体模型相链接。

图5-89

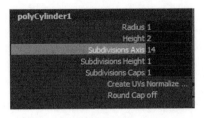

图5-90　　　　　　　　图5-91

STEP 04　删除圆柱体的顶面与底面，鼠标单击Edit mesh>Insert Edge Loop Tool，加入循环切线，对照参考图调整结构，蜥蜴的前肢就制作完成了，如图5-92和图5-93所示。

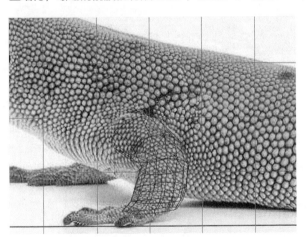

图5-92

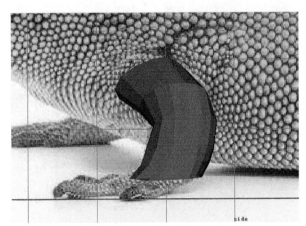

图5-93

STEP 05　鼠标单击Create>Polygon primitives>Cube，创建正方体来制作蜥蜴的前足，进入顶视图，调整正方体的位置及大小，如图5-94所示。

STEP 06　鼠标单击Edit mesh>Insert Edge Loop Tool，加入两条循环切线，并对照参考图调整前足结构，如图5-95和图5-96所示。

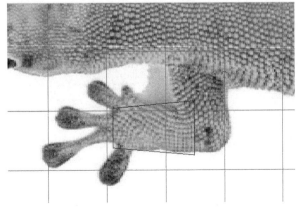

图5-94

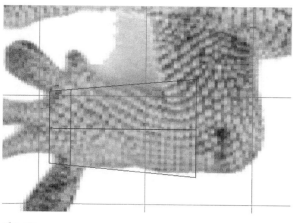

图5-95

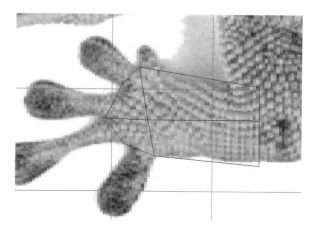

图5-96

STEP 07 鼠标单击Edit mesh>Insert Edge Loop Tool，继续加入循环切线，对照参考图调整布线结构，如图5-97所示。

STEP 08 进入面选择模式，选择其中一个与趾节相接的面进行挤压来制作蜥蜴的趾节，如图5-98所示。

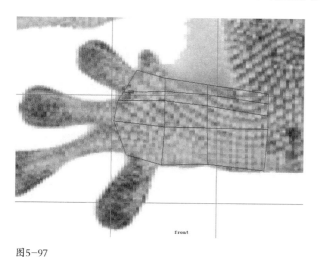

图5-97

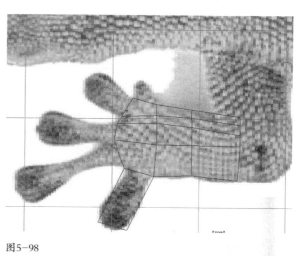

图5-98

STEP 09 鼠标单击Edit mesh>Insert Edge Loop Tool，加入循环切线，对照参考图调整趾节结构，如图5-99所示。

STEP 10 进入三维视图调整趾节模型结构，如图5-100所示。

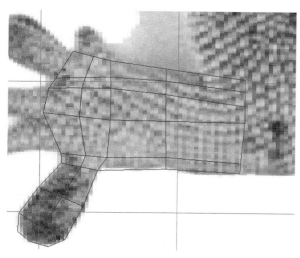

图5-99

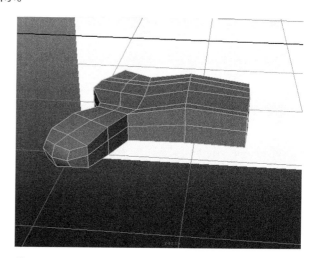

图5-100

STEP 11 用同样的方法制作其他趾节，效果如图5-101所示。

STEP 12 选择前足模型，进入面选择模式，删除与前肢相链接的面，如图5-102所示。

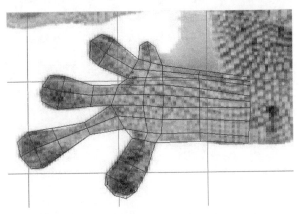

图5-101

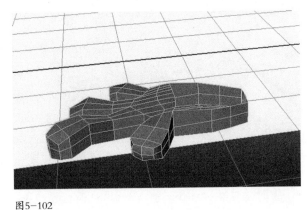

图5-102

STEP 13 前足与前肢连接的线段过多，为了方便与前肢进行连接，可通过合并点及删除线段的命令更改前足处与前肢的连接段数，使其与前肢的线段数统一。选中图5-118所示的点进行Merge点合并，调整布线结构，如图5-103和图5-104所示。

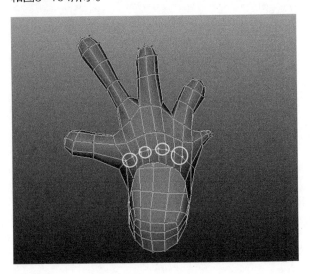

图5-103

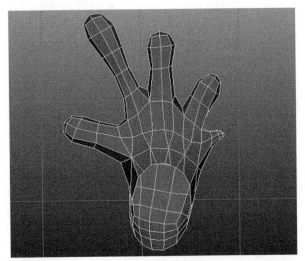

图5-104

STEP 14 将前足模型多余的线段删除，如图5-105所示。

STEP 15 前足的背面线段处理方式与正面一样，如图5-106~图5-108所示。

STEP 16 对照顶视图调整前足模型的结构，尽量让布线均匀，前足模型就制作完成了，如图5-109所示。

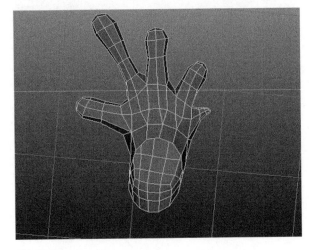

图5-105

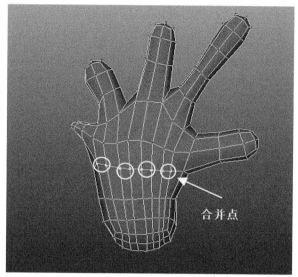

图5-106

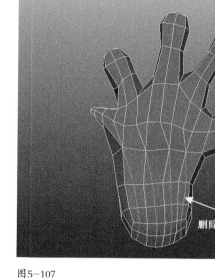

图5-107

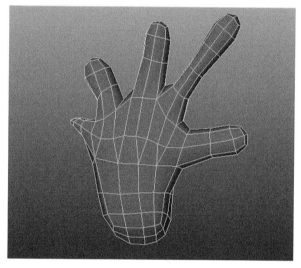

图5-108

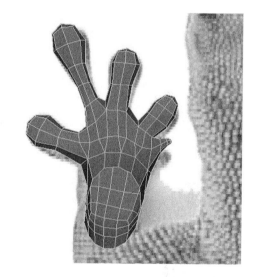

图5-109

STEP 17 下面前肢与前足之间的连接。选择前肢与前足模型，鼠标单击Mesh>Combine，将两个模型合并成一个模型，再选中前肢与前足对应的点进行点合并，并对照参考图调整结构，如图5-110和图5-111所示。

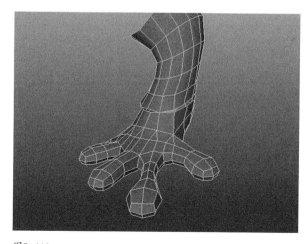

图5-110

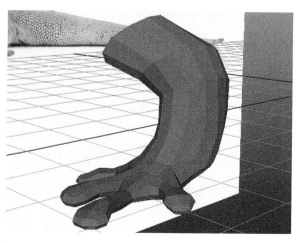

图5-111

STEP 18 蜥蜴的后足与前足的制作方法一致。鼠标单击Create>Polygon primitives>Cube，创建正方体，再单击Edit mesh>Insert Edge Loop Tool加入循环切线，并对照参考图调整结构，如图5-112所示。

STEP 19 鼠标单击Edit Mesh>Extrude，挤压出趾节，单击Edit mesh>Insert Edge Loop Tool加入循环切线，并对照参考图调整结构，如图5-113所示。

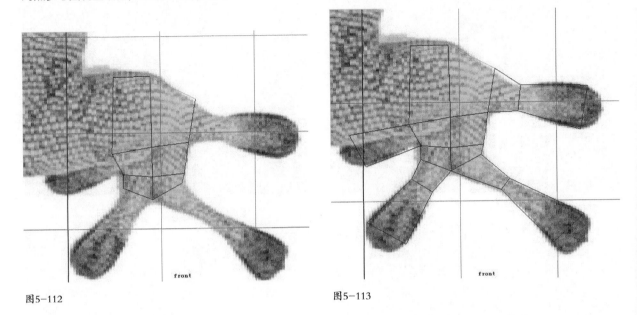

图5-112   图5-113

STEP 20 单击Edit mesh>Insert Edge Loop Tool，为趾节加入循环切线，调整趾节的结构并删除后足与后肢相连接的面，如图5-114所示。

STEP 21 鼠标单击Create>Polygon Primitives>Cylinder，创建一个圆柱体来制作蜥蜴的后肢。单击Edit mesh>Insert Edge Loop Tool加入循环切线，对照参考图调整结构，并与之前做好的后足相连接。蜥蜴的后足与后肢制作完成，效果如图5-115所示。

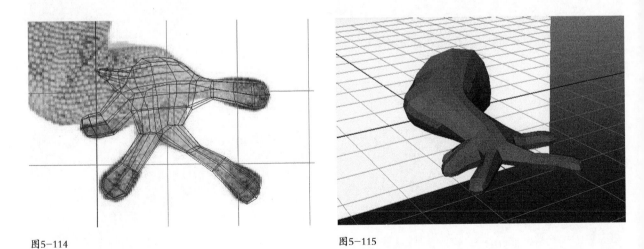

图5-114   图5-115

5.3.5 任务五：拼接蜥蜴头部模型与身体四肢模型

STEP 01 将之前做好的蜥蜴头部模型和身体模型显示出来，如图5-116所示。

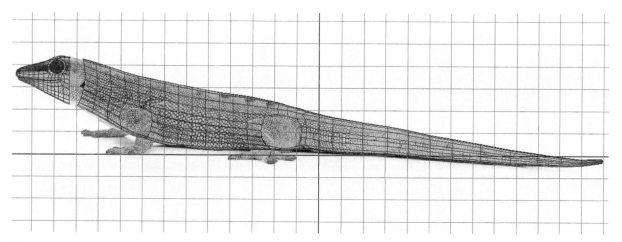

图5-116

STEP 02 在进行蜥蜴头部模型与身体模型拼接前，先更改头部模型的布线结构，通过更改头部模型的布线结构使头部模型与身体模型拼接处的线段数一致，这样方便头部与身体模型相拼接。按住【Shift】键加鼠标右键单击模型，在弹出的快捷选项中选择Split>Split Polygon Tool（分离多边形工具），在头部模型与身体模型的拼接处添加两条切线，如图5-117所示。

STEP 03 按住【Shift】键加鼠标右键单击模型，在弹出的快捷选项中选择Split>Split Polygon Tool（分离多边形工具），在上一步加入的两条切线之间再纵向加入一条切线，使之前的两条切线相连接，并删除图5-118所示的线段与点，调整模型布线结构，如图5-118和图5-119所示。

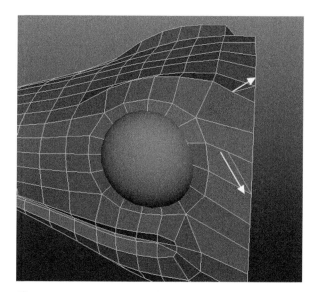

图5-117

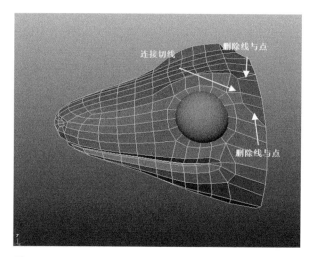

图5-118

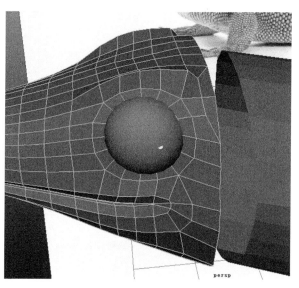

图5-119

STEP 04 删除头部模型的未更改布线的那一半，将头部模型更改好布线的一半进行x轴镜像复制。复制完毕后选中头部左右两侧的模型，鼠标单击Mesh>Combine，将头部左右两侧的模型合并成一个模型。再单击Eide Mesh>Merge，将模型中间的点合并。头部模型的布线就更改完成了，如图5-120所示。

STEP 05 蜥蜴头部模型和身体模型拼接处的线段数统一后，将头部模型与身体模型相拼接。选中头部模型与身体模型，鼠标单击Mesh>Combine，合并成一个模型。再选择头部模型与身体模型相对应的点，鼠标单击Edit Mesh>Merge进行点合并，如图5-121所示。

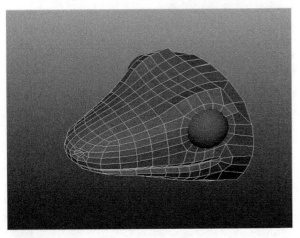

图5-120

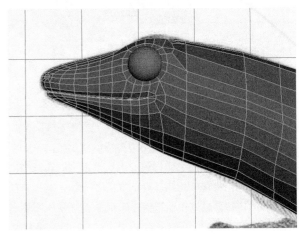

图5-121

STEP 06 蜥蜴的头部模型与身体模型拼接好后，将进行蜥蜴身体与四肢的拼接。将之前制作好的前肢与后肢进行x轴镜像复制，使另一侧的前肢和后肢复制出来。在这里身体与四肢的连接处的线段数正好一致，直接相拼接即可。选中身体模型和四肢模型，鼠标单击Mesh>Combine，将它们合并成一个模型。再选择四肢与身体相对应的点，鼠标单击Edit Mesh>Merge进行点合并，蜥蜴的模型就制作完成了，如图5-122和图5-123所示。

图5-122

图5-123

5.3.6 任务六：材质贴图运用方法与渲染

STEP 01 下面将对材质贴图的运用方法进行简单学习。在绘制模型贴图之前，要合理地拆分好UV。图5-124是拆分好蜥蜴模型的UV，如图5-124所示。

STEP 02 为分好UV的模型添加一个Lambert材质球，如图5-125所示，可以将新建材质球的名字命名为"Caizhi"，如图5-126所示。

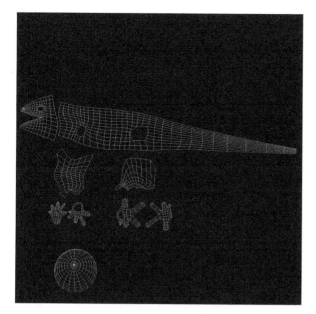

图5-124

STEP 03 选择名为"Caizhi"的材质球，鼠标单击材质球Color属性节点，在弹出的对话框中，鼠标单击"File"，如图5-127和图5-128所示。

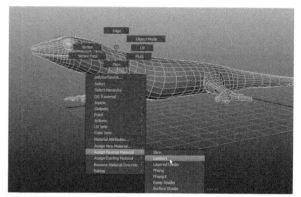

图5-125

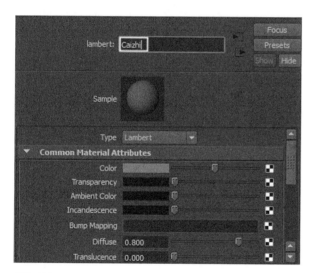

图5-126

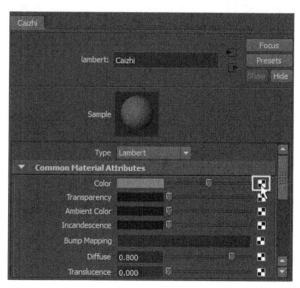

图5-127

图5-128

STEP 04 在File Attributes中的Image Name选项添加制作完成的材质贴图，如图5-129和图5-130所示。

图5-129

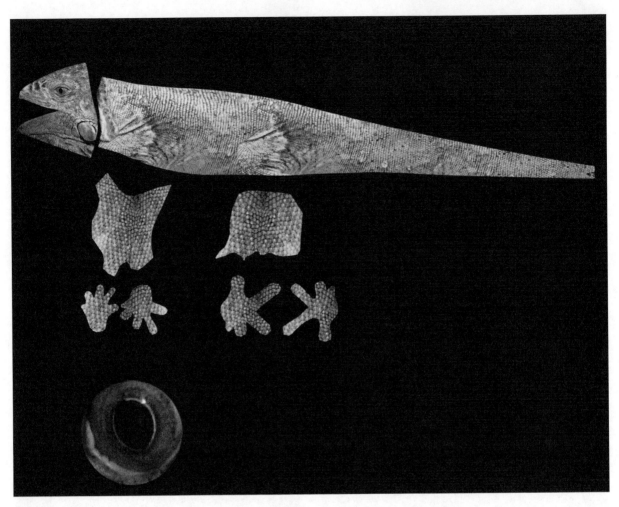

图5-130

STEP 05 将材质贴图导入模型后对其进行渲染，最终效果如图5-131~图5-134所示。

图5-131

图5-132

图5-133

图5-134

5.4　项目总结

5.4.1　制作概要

通过本项目的学习，大家应该对生物模型的制作有所掌握与了解。在模型制作过程中熟练地运用Insert Edge Loop Tool（插入循环切线工具）命令、Extrude（挤压）命令和编辑点来制作生物的头部、身体及四肢的模型。再通过Combine（合并）和Merge（缝合）两项命令来实现头部、身体和四肢的模型的拼接。

5.4.2　所用命令

（1）插入循环切线工具：Edit Mesh（编辑网格）>Insert Edge Loop Tool（插入循环切线工具）。

（2）分割多边形工具：按快捷键【Shift+鼠标右键】拖动>Split（分割）拖动>Split Polygon Tool（分割多边形工具）。

（3）平滑：Mesh（网格）>Smooth（平滑）。

（4）挤压：Edit Mesh（编辑网格）>Extrude（挤压）。

（5）合并：Mesh（网格）>Combine（合并）。

（6）缝合：Edit Mesh（编辑网格）>Merge（缝合）。

（7）指定复制：Eide（编辑）>Duplicate Special（指定复制）。

5.4.3　重点制作步骤

（1）参考图片的导入与调整：在三视图（top顶视图、front前视图和side侧视图）中，鼠标单击View（视图）>Image Plane（图像平面）>Import Image（导入图片）导入相应的参考图片作为模型制作的参考。然后通过建立正方体作为参考，来对导入的参考图片的位置、大小和比例进行调整。

（2）制作蜥蜴的头部模型：头部模型的制作是制作蜥蜴模型的第一步，在头部模型的制作过程中认真对比参考图，熟练运用Insert Edge Loop Tool（插入循环切线工具），以及点、线的编辑来细致刻画蜥蜴的眼部与嘴部的结构。

（3）制作蜥蜴的身体模型：以正方体为基础，运用Smooth（平滑）及点编辑，对比参考图来调整蜥蜴身体的整体结构，再运用Insert Edge Loop Tool（插入循环切线工具），以及点、线的编辑对身体结构进行细致刻画。

（4）制作蜥蜴的四肢模型：以圆柱体为基础，通过Insert Edge Loop Tool（插入循环切线工具）及点编辑来制作蜥蜴的四肢模型。以正方体为基础，通过Insert Edge Loop Tool（插入循环切线工具）及点编辑来制作蜥蜴的前足与后足，再通过Extrude（挤压）和Insert Edge Loop Tool（插入循环切线工具）两项命令来制作蜥蜴的趾节。

（5）拼接蜥蜴的头部模型与身体四肢模型：在模型拼接前，通过更改头部模型布线的方式，保证头部模型与身体模型拼接的线段数一致，再通过Combine（合并）和Merge（缝合）两项命令，完成蜥蜴的头部模型与身体四肢模型的拼接。

（6）材质贴图的运用方法与渲染：通过给模型添加材质球的方式，将材质贴图导入模型，完成最终的渲染。

5.5 课后练习

1. 制作图5-135和图5-136所示的蜥蜴模型。

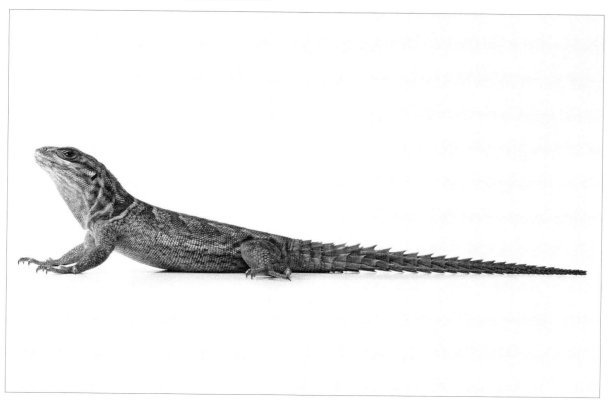

图5-135

图5-136

2. 制作要求。

（1）对比参考图，对模型的细节刻画能够达到较高的还原度。

（2）保证模型的比例准确，模型的布线要规整。